钢的成分、组织与性能

（第二版）

第五分册：不锈钢

崔　崑　编著

科学出版社

北　京

内 容 简 介

《钢的成分、组织与性能》系列专著全面介绍常用钢类的成分、组织与性能,以及它们之间的关系,同时介绍各钢类相关标准及工程应用。本书为第五分册,介绍不锈钢的性能要求、腐蚀类型、分类和相关国家标准与行业标准,以及各类不锈钢的组织与性能特点。

本书适合从事钢材研究、应用的科研人员、工程技术人员阅读,也适合高等院校金属材料类专业的师生阅读。

图书在版编目(CIP)数据

钢的成分、组织与性能. 第五分册,不锈钢/崔崑编著. —2 版. —北京:科学出版社,2019.1
ISBN 978-7-03-059782-3

Ⅰ.①钢… Ⅱ.①崔… Ⅲ.①钢-研究②不锈钢-研究 Ⅳ.①TG142

中国版本图书馆 CIP 数据核字(2018)第 276909 号

责任编辑:牛宇锋 / 责任校对:郭瑞芝
责任印制:吴兆东 / 封面设计:刘可红

科 学 出 版 社 出版
北京东黄城根北街 16 号
邮政编码:100717
http://www.sciencep.com

北京凌奇印刷有限责任公司 印刷
科学出版社发行 各地新华书店经销

*

2013 年 11 月第 一 版 开本:720×1000 1/16
2019 年 1 月第 二 版 印张:13 3/4
2023 年 3 月第五次印刷 字数:263 000

定价: 88.00 元
(如有印装质量问题,我社负责调换)

第二版前言

钢铁工业是我国国民经济的重要支柱产业,在经济建设、社会发展、国防建设等方面发挥着重要作用,为保障国民经济稳定快速发展做出了重要贡献。1996 年我国粗钢产量达 1.0002 亿 t(未包含港澳台数据),跃居世界第一产钢大国,2010 年达到 6.3 亿 t(当年世界钢产量为 14.1 亿 t)。近年我国的钢产量增长趋缓,主要任务是研发高技术水平品种,淘汰落后产能。目前,我国大型钢铁企业和一些技术先进的钢铁企业的吨钢综合能耗已接近国际先进水平。2017 年我国粗钢产量达到 8.317 亿 t(当年世界钢产量为 16.912 亿 t)。

近年来,我国钢铁工业在大型化和现代化方面有了很大的进展,许多企业优化了工艺流程,建立了高效率、低成本的洁净钢生产体系,提高了钢的冶金质量。此外,控制轧制和控制冷却技术已广泛应用,以强化冷却技术为特征的新一代控冷技术有了较快的发展和应用。我国近年兴建的中厚钢板厂已引进和自主开发了一些具有国际先进水平的轧后控冷系统,可以生产出高强度并具有良好韧性的中厚钢板,提高了众多品种的低合金钢和微合金钢的使用性能,提高了产品的规格。

建筑、机械、汽车等领域是推动钢材需求的主要部门。为节约资源,国家积极引导和促进高效钢材的应用,提倡在建筑领域使用 400MPa 及以上高强螺纹钢取代 335MPa 螺纹钢。在新修订的国家标准中,取消了 335MPa 级的螺纹钢牌号。2007 年我国成立了汽车轻量化技术创新战略联盟,努力发展高强汽车用钢以实现商用汽车减重 300kg 的目标。2006~2017 年,我国陆续制定了《汽车用高强度热连轧钢板及钢带》系列国家标准,包括 7 个部分;还制定了《汽车用高强度冷连轧钢板及钢带》系列国家标准,包括 11 个部分,其中包括双相钢、相变诱导塑性钢、复相钢、液压成形用钢、淬火配分钢、马氏体钢、孪晶诱导塑性钢等,并已成功开发出 1200MPa、1500MPa 高强钢,为汽车轻量化提供了支持。

机械、汽车、航空工业的发展促进了机械制造用钢(包括弹簧钢和轴承钢)的发展。新修订的国家标准中,对这类钢的硫、磷和其他杂质元素的含量有了更为严格的要求,对低倍组织和非金属夹杂物的要求也更为严格。为满足航空发动机、直升机等高技术领域的需求,国内外开发出高性能的轴承齿轮钢。用这些钢制成的零部件,有更好的耐磨性、韧性,以及更长的机械疲劳和接触疲劳寿命,因此,具有更高的使用寿命和安全性。

模具钢是工具钢中的一种。由于用模具生产零件具有材料利用率高、制品尺寸精度高等优点,能极大地提高生产率,在工具钢中,模具钢产量的比例日益增加。

因此,最近在修订国家标准《合金工具钢》(GB/T 1299—2000)时,将其名称更改为《工模具钢》(GB/T 1299—2014),新纳入的模具钢牌号有 46 个。

为节约战略资源镍,国内外加速了现代铁素体不锈钢的研究和发展,开发出一些新的铁素体不锈钢和超级铁素体不锈钢。我国高铬铁素体不锈钢产量份额(包括高铬马氏体不锈钢)在 20 世纪 80 年代仅占我国不锈钢产量的 10% 左右,近年已接近 20%。

耐热钢主要应用于大型火电机组和内燃机。在新修订的这种钢的国家标准或行业标准中,都加严了对成分、组织和质量的控制,并引进了国内外一些使用性能良好的钢种。高温合金的发展不仅推动了航空/航天发动机等国防尖端武器装备的技术进步,而且促进了交通运输、能源动力等国民经济相关产业的技术发展。金属材料领域中许多基础概念、新技术、新工艺都曾率先在高温合金研究领域中出现。进入 21 世纪以来,世界各国在高性能高温合金材料研究方面的步伐明显加快,需要对高温合金发展的新进展作一简单评述,主要包括:成分设计方法,组织结构等的定量表征,以及变形、强化与损伤过程的研究。

《钢的成分、组织与性能》一书的上、下册于 2013 年出版,距今已 5 年有余。在此期间,我国钢铁的生产技术不断进步,产品质量和性能持续提升,开发出一些高技术产品,更新了大部分国家标准并制定出一些新的标准。因此有必要对原书进行修订,再版发行。

在《钢的成分、组织与性能》第二版中更新了 58 个与钢种有关的国家标准或行业标准,还列入了 27 个新制定的与钢种有关的国家标准或行业标准。

为便于读者查阅,本书由原来的上、下册,更改为第二版的六个分册。其中,第一分册:合金钢基础,包括原书的第 1 章至第 4 章,第二分册:非合金钢、低合金钢和微合金钢,以原书的第 5 章为主干,第三分册:合金结构钢,包括原书的第 6 章和第 7 章,第四分册:工模具钢,以原书的第 8 章为主干,第五分册:不锈钢,以原书的第 9 章为主干,第六分册:耐热钢与高温合金,以原书的第 10 章为主干。

由于编著者学识有限,书中难免存在不妥和疏漏之处,尚祈读者不吝指正。

崔崑

2018 年 9 月

第一版前言

人类现代文明与钢材的大量生产和使用密不可分。高技术在钢铁工业上的应用使钢铁工业成为世界上最高产、最高效和技术最先进的工业之一,因而钢材价格也比较低。钢材具有良好的综合性能,是世界上最为常见的多用途制造材料。钢材制成的产品服役报废后,绝大部分可以回收利用,具有良好的循环再生能力。环保技术与钢铁生产工艺的结合,使得钢铁生产中空气排尘与污泥外排正在减少,产生的固体废弃物已近全部回收利用,因此钢铁材料是与环境协调、友好的材料。与其他基础材料相比,钢铁材料,特别是作为基础结构材料,在21世纪仍将占据主导地位。

近年来国内陆续出版了不少有关各类专用钢的书籍,也出版了一些有关钢铁材料工程的大型工具书。作者撰写本书的目的是想在一部作品中对工程上常用的钢类(不包括电工用钢)作较全面的介绍,着重阐明合金元素在钢中的作用,钢的成分与其热处理特点、组织、性能之间的关系及其工程应用。

2005年,国家标准化管理委员会召开了全国标准化工作会议,要求加大采用国际标准和国外先进标准的力度,进一步促进提高我国产品、企业和产业的国际竞争力。之后有关部门加快了钢标准的修订和制定工作,我国国家标准与国际标准一致性水平大幅提升,我国钢标准体系更加科学、技术更加先进、市场更加适应、贸易更加便利。本书尽量采用最新制定的国家标准和行业标准,对国内常引进的国外钢号和各类材料的发展方向亦作了适当的介绍。

本书重视钢种的热处理工艺、性能和应用,特别是国家标准中列入的钢号,使从事钢铁材料工程的科技人员能依据部件或构件的服役条件合理选用钢材。

全书共10章。第1章简要介绍钢的生产过程及其对钢的冶金质量的影响。自20世纪中叶以来,世界钢铁生产工业装备技术快速发展,普遍采用了炉外精炼、连铸等新技术。1978年我国钢铁工业进入了稳定快速发展时期。近年通过大量引进国外先进的工业设备和技术创新,我国一些大中型钢铁企业的装备和生产工艺已进入世界钢铁生产企业的先进行列,大大促进了我国钢质量的提高和新钢种的开发。第2章介绍常用的铁基二元相图与钢的相组成,这是各类钢的成分设计基础。第3章介绍合金元素对钢中相变的影响,主要分析钢中加入合金元素后对各种热处理相变所产生的影响,以及各类组织的特征和性能,对各种相变的不同理论不作过多的分析,因为这方面已有许多专著。第4章介绍合金元素对钢的性能的影响,这些性能包括力学性能(强度、塑性、韧性、硬度、疲劳和磨损)、钢的淬透性、热变形成形性（控制轧制和控制冷却、锻造性能）、冷变形成形性（拉伸、胀形、弯曲）、焊接性、切削加工性。对于钢的热处理性能及表面处理，除淬透性外，未专门作介绍，同样因为这方面已有许多专著和大型手册。第 5～10 章为各大类钢的介绍，在各章中又将各大类钢分为若干小类。钢的分类方法有多种：按化学成分、按质量等级、按组织、按用途等。本书的分类不拘一格，第 5 章大体上是按化学成分分类，后面各章是按用途分类，而且也不是很严格。例如，第 5 章中在论述 TRIP 钢时，既有低合金钢又有合金钢，这是为了论述的系统性。

本书第 1～9 章由崔崑撰写，并经华中科技大学谢长生教授和张同俊教授审阅，第 10 章由谢长生教授撰写，经崔崑审阅。全书最后由崔崑统一定稿。

本书对钢材领域的科学研究人员、材料科学专业的师生、广大的钢材应用部门和材料选用者均有参考价值。读者如果具有物理冶金（金属学）和金属热处理的基本知识，阅读本书不会有困难。

在撰写本书过程中，引用了大量的专著、论文，以及标准中的图、表和数据，作者均注明出处，并尽可能引用原始文献，在此谨向文献作者、标准制定者和刊物的出版者表示诚挚的感谢！

本书的撰写得到华中科技大学材料科学与工程学院和华中科技大学材料成形与模具技术国家重点实验室的支持和资助，作者表示衷心的感谢！

由于作者学识有限，书中必有不妥之处，恳请读者不吝指正。

崔 崑

目 录

第9章 不 锈 钢

不锈钢是不锈钢和耐酸钢的总称。通常将在无污染大气、水蒸气和淡水等腐蚀性较弱的介质中不锈和耐腐蚀的钢种称为不锈钢;将在酸、碱、盐等腐蚀性强烈的环境中具有耐蚀性的钢种称为耐酸钢。因此,不锈钢不一定耐酸,而耐酸钢却同时又是不锈钢。

大量试验表明,钢在各种腐蚀介质中的耐蚀性随钢中铬含量的提高而增加,当铬含量达到某一数值后,钢的耐蚀性发生突变,而引起耐蚀性发生突变的铬含量则因腐蚀环境和钢中其他元素的不同而有所不同。工业用不锈钢的最低铬含量为11%～12%[1,2]。GB/T 20878—2007《不锈钢和耐热钢　牌号及化学成分》中定义不锈钢为"以不锈、耐蚀为主要特性,且铬含量至少为 10.5%,碳含量最大不超过1.2%的钢"。

最早的工业用马氏体不锈钢 1913 年在英国开发成功,至 1946 年,不锈钢的主要钢类已基本齐全(见第一分册绪论)。目前,不锈钢广泛用于化工、石油、航天、航空、核工业、交通运输、轻工、电子、建筑等工业部门,也大量用于日常生活,还可用做耐热材料、低温材料、无磁材料等。2018 年世界不锈钢粗钢产量为 5072.9 万 t,我国不锈钢粗钢产量为 2670.68 万 t,已占世界不锈钢产量的 52.6%。

目前,不锈钢的冶炼大部分采用电弧炉(转炉)加炉外精炼(AOD 或 VOD)的两步法生产,其中 AOD 法的生产量约占不锈钢生产总量的 70%。VOD 法主要用于生产要求 C、N 含量极低的不锈钢,其生产量约占不锈钢生产总量的 15%。对于高纯、高均匀性的不锈钢品种,还广泛采用真空冶炼加电渣或真空自耗等工艺进行生产。为生产高氮不锈钢,已使用高压电渣炉。除特殊厚度和宽度的板材生产外,不锈钢已基本上实现了连铸方式生产。一些技术先进企业已能提供宽度 2m的冷轧板、宽度达 3m 的宽幅热轧中板、300mm 以上厚板、外径 0.1～2000mm 的无缝钢管、厚度大于 0.02mm 且宽度可达 600mm 的不锈钢箔、直径小于 0.02mm的超细钢丝等各类冶金产品,其中板带材约占 70%,棒、线、管等长型材约占30%[3]。

9.1 不锈钢的性能要求和腐蚀类型

9.1.1 不锈钢的性能要求

对不锈钢的主要性能要求是在腐蚀性介质中的耐蚀性。除此之外,还必须对其力学性能和工艺性能提出要求。

　　力学性能是对金属材料的一般要求，不锈钢亦不例外。在一定的韧性配合下，钢材的强度越高，越能减轻结构的重量，从而节约成本，并延长使用寿命。由于不锈钢一般都含有较多的贵重合金元素，因而力学性能显得十分重要。

　　大量的不锈钢用做焊接部件，因而要求其具有良好的焊接性能，即要求焊接以后力学性能不应降低，不允许晶粒长大或某些化合物由固溶体中析出而变脆，以及焊缝区域的耐蚀性应无显著变化。

　　不锈钢在使用前往往需要进行扩径、弯曲、卷边、冲压等加工工序使其成形，因此冷加工变形性也是某些不锈钢的一个重要工艺性能指标。

　　在第二分册 5.5.2 节已对电化学腐蚀过程和原理作了分析。根据电化学腐蚀原理，腐蚀过程中产生的电流大小可以代表腐蚀速率。由于阳极极化和阴极极化使腐蚀电池电位减小，从而降低腐蚀速率。产生阳极极化的主要原因是在腐蚀过程中，当溶液中有氧化剂时，在阳极表面产生了保护性的氧化膜，使金属钝化。其电位正移可达 0.2~2V，可使腐蚀速率降低几个数量级。

　　工业上广泛应用的铁、铬、镍、钛及其合金的活化-钝化曲线具有特殊的形式，它们的活化-钝化转变的阳极极化曲线如图 9.1 所示。图中有三个不同电化学行为区域：活化区 A、钝化区 P 和过钝化区 T。由于极化的作用，随着腐蚀电流强度的增加，阳极电位 E_a 升高，当阳极极化曲线达到最大值，相应电极电位为 E_P，电流强度为 I_P 时，产生了阳极钝化，阳极过程受到极大障碍，此时电流强度突然下降到最小值 $I_{最小}$，E_P 称为初始钝化电位，I_P 称为临界电流强度。在很宽的阳极电位范

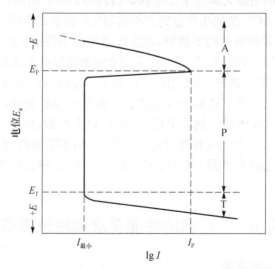

图 9.1　具有活化-钝化转变的金属的阳极极化曲线[4,5]

I 为电流强度

围内极化时,一直保持 $I_{最小}$ 的腐蚀电流强度,此时腐蚀速率大大降低,阳极处于钝化区 P。

阳极电位超过 E_T 后,腐蚀电流又增加,这种现象称为过钝化。E_T 称为过钝化电位,阳极处于过钝化区 T,此时金属的腐蚀速率又增加。

根据具有活化-钝化转变的金属或合金的阳极极化曲线和阴极极化曲线的相对位置,可以分析该金属和合金钝化状态的稳定性。

由图 9.2 可以看出在不同条件下电化学腐蚀的四种状态:

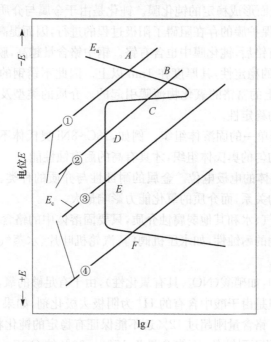

图 9.2　不同条件下具有活化-钝化转变的金属与合金钝化状态
稳定性示意图[4,5]

第一种状态(图 9.2①)是阳极电位 E_a 和阴极电位 E_c 仅有一个交点 A,即仅有一个稳定态 E_a 不超过初始钝化电位 E_P,此时金属处于活化状态,腐蚀电流强度较大,因而腐蚀速率较大。铁在稀硫酸中的腐蚀是一个典型的例子。

第二种状态(图 9.2②)是 E_a 和 E_c 有三个交点 B、C、D,C 点是不稳定的,B 点和 D 点的状态是相对稳定的,即金属可以处于钝化状态,也可以处于活化状态,这种钝化状态可以因为其他偶然因素而被破坏,从而使金属或合金处于活化状态,出现活化-钝化频繁交替的震荡现象。18Cr-8Ni 奥氏体不锈钢(简称 18-8 不锈钢)在含氧化剂的硫酸介质中即属于这种情况。

第三种状态(图 9.2③)是 E_a 和 E_c 交于 E 点,只有一个钝化稳定电位,这表明金属或合金只在钝化状态是稳定的，它能够自动钝化，此时的腐蚀速率很小。不锈钢在硝酸中便是这种情况。

第四种状态（图9.2④）是 E_a 和 E_c 交于 F，处于过钝化区，E_F 超过了过钝化电位 E_T，金属处于过钝化状态，有较高的腐蚀速率。铬不锈钢在浓缩硝酸中就会产生过钝化。

不锈钢只有在第三种状态，即处于钝化状态，才是耐腐蚀的。

为了提高钢的抗腐蚀能力，可采取以下措施：

（1）使钢的表面形成稳定的钝化膜。钝化是由于金属与介质的作用而生成一层很薄的保护膜，保护膜的存在阻碍了阳极过程的进行，因而提高了金属的化学稳定性。在钢中含有铬后，钝化膜中也含有铬。钢中铬含量越高，膜中的铬含量也越高，这将会增加膜的稳定性，其厚度在 1nm 以上。因此不锈钢的耐蚀性主要是由于厚度约 1nm 以上的富铬的氧化物薄膜引起的。介质的类型及钢中的其他元素都会影响钝化膜的稳定性。

（2）使钢得到单一的固溶体组织。例如，18Cr-8Ni 奥氏体不锈钢只有经过固溶处理获得单一均匀的奥氏体组织，才具有高的耐腐蚀性能。

（3）提高固溶体的电极电位。金属的耐蚀性与介质的种类、浓度、温度、压力等条件都有密切的关系，而介质的氧化能力影响最大。

对大气、水蒸气、水和其他弱腐蚀介质，只要固溶体中的铬含量在 10％～12％ 就可以保证不锈钢的耐蚀性，如水压机阀门、汽轮机叶片、水蒸气管子零件等都可用 Cr13 型不锈钢。

在氧化性酸中，如硝酸（NO_3^- 具有氧化性），由于有足够的氧，可使钢在短期内达到钝化状态。但是由于酸中含有的 H^+ 为阴极去极化剂，如果 H^+ 含量高，阴极去极化作用加强。铬含量刚超过 12％ 还不能保证有稳定的钝化状态，所以在沸腾硝酸中，1Cr13 钢是不耐蚀的，而铬含量为 17％～30％ 的 Cr17～Cr30 钢在 0％～65％ 浓度范围内是耐蚀的（图9.3）。这是因为随着钢中铬含量的提高，在氧化膜中Cr/Fe升高，含高铬的氧化膜在硝酸中具有很好的稳定性。在生产硝酸和硝酸铵工业中，硝酸的浓度为 10％～50％，温度约 60℃，含铬约 17％ 的 Cr17、1Cr18Ni9Ti 等钢都能满足耐蚀性的要求。

在稀硫酸等非氧化性酸中，由于 SO_4^{2-} 不是氧化剂，而溶于介质中的氧含量较低，基本上没有使钢钝化的能力。一般的铬不锈钢或铬镍不锈钢在稀硫酸中是不耐蚀的。为了提高不锈钢的耐蚀性，可以增加镍和加入钼、铜等元素，增加铬则是有害的。钼、铜、镍这几种元素在该介质中的腐蚀速率很小，加少量这类元素于不锈钢中后，这些活性阴极元素可以促进钝化。一些在硫酸中耐蚀性很高的钢种也含较高的钼和铜。

在强有机酸中，一般铬不锈钢和 Cr18-Ni8 奥氏体不锈钢均不耐蚀。在这种

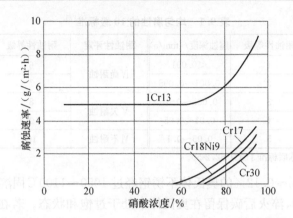

图 9.3 1Cr13、Cr17、Cr30、Cr18Ni9 钢在沸腾硝酸中的腐蚀速率[6]

情况下,选择 Cr-Mn 型不锈钢比选择 Cr-Ni 型不锈钢更有优越性。在此基础上再加入 2%～3%Mo、1%～2%Cu,使钢容易达到钝化状态。

在含有 Cl⁻ 的介质中,由于 Cl⁻ 能破坏铬不锈钢表面的钝化膜,将钢表面暴露出来形成微阳极,而未被破坏的地方成为微阴极,组成了微电池,于是加速了局部区域的腐蚀,形成点蚀。

到目前为止,还没有一种不锈钢能抵抗所有介质的腐蚀,因此必须根据钢种的特点,结合各种影响因素全面考虑,否则不锈钢便不能产生应有的耐蚀效果。

9.1.2 不锈钢的腐蚀类型

常见不锈钢的腐蚀类型有以下几种。

1) 一般腐蚀

一般腐蚀(或称连续腐蚀)一般是均匀地分布在整个金属内外表面上的。腐蚀的结果是使零件受力的有效截面不断减小而破坏。这种形式的腐蚀破坏着大量的金属材料,但从技术观点来看其危险性不大,采取适当的保护措施即可减轻。通常用腐蚀速率,即单位金属面积在单位时间内的失重(g/(m² · h))或腐蚀率,即每年腐蚀掉的金属深度(mm/a)来表示腐蚀程度。均匀腐蚀的试验方法可参考 JB/T 7901—1999《金属材料实验室均匀腐蚀全浸试验方法》。

测出金属的腐蚀速率后,可参考表 9.1 的均匀腐蚀 10 级标准评定其耐蚀性。

2) 晶间腐蚀

这种腐蚀沿金属晶粒边缘进行(图 9.4),危险性最大。虽然它通常不引起金属外形的任何变化,却使结构和零件的力学性能急剧降低,致使设备突然破坏。

晶间腐蚀在铬镍奥氏体不锈钢与高铬铁素体不锈钢中均可见到,但出现这种腐蚀的条件及避免这种腐蚀的热处理恰好相反。

表 9.1 均匀腐蚀的 10 级标准[7]

耐蚀性评定	耐蚀性等级	腐蚀深度/(mm/a)	耐蚀性评定	耐蚀性等级	腐蚀深度/(mm/a)
Ⅰ 完全耐蚀	1	<0.001	Ⅳ 尚耐蚀	6	0.1~0.5
Ⅱ 很耐蚀	2	0.001~0.005		7	0.5~1.0
	3	0.005~0.01	Ⅴ 欠耐蚀	8	1.0~5.0
Ⅲ 耐蚀	4	0.01~0.05		9	5.0~10.0
	5	0.05~0.1	Ⅵ 不耐蚀	10	>10.0

注:此标准源于苏联标准 ГОСТ 5272-50。

含碳 0.03%～0.12%的奥氏体不锈钢经过 1050～1100℃固溶处理后,碳化物溶解于奥氏体中,淬火后碳保留在奥氏体中处于过饱和状态。若在 400～800℃区间加热,碳自过饱和的奥氏体中以碳化铬($Cr_{23}C_6$)的形式沿晶界析出,使晶界附近的奥氏体的铬含量降至不锈钢耐腐蚀需要的最低含量以下,从而使腐蚀集中在晶界的贫铬区,成为微阳极,$Cr_{23}C_6$ 和其余奥氏体区为微阴极(图 9.4)。这种贫铬区的存在已为一些实验结果所证实。

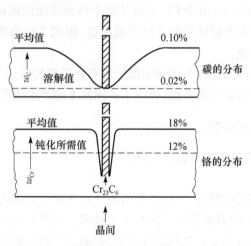

图 9.4 晶间腐蚀时晶界贫铬的示意图[8]

铁素体不锈钢的晶间腐蚀则发生在自 925℃以上急速冷却(如水淬)后,这种易受晶间腐蚀的状态经过 700～800℃短时回火便可消除。一般认为,铁素体不锈钢晶间腐蚀也是由于晶界析出 $Cr_{23}C_6$ 引起贫铬区的出现,C 和 N 在铁素体中的固溶度远小于在 γ 中的固溶度,而 C 和 N 在晶界吸附趋势大,因而 $Cr_{23}C_6$ 在晶界的析出很快,一般的冷淬无法抑制晶界析出。由于 Cr 在铁素体中扩散较在奥氏体中快,因而退火处理可以较快地消除贫铬现象。

在生产中检验不锈钢晶间腐蚀的方法是试样经过在晶间腐蚀敏感的温度范围进行晶间腐蚀灵敏化处理,即敏化处理,然后将试样置于加速晶间腐蚀剂中。试验完毕后,可将试样用弯曲法、声音法、电阻法、失重法等检验其晶间腐蚀倾向的大小。如发生晶间腐蚀,则用弯曲法将试样弯曲成 90°可看出弯曲部位有裂纹,严重者发生断裂。用试样从 1.5m 高度落在水泥地上听声音可听到丧失金属声。电阻法可测定由于晶间腐蚀使试样有效截面减少而引起的电阻增加。失重法可发现腐蚀量随试验时间增长而增加。有关不锈钢晶间腐蚀试验方法的具体规定,可参阅GB/T 4334—2008《金属和合金的腐蚀 不锈钢晶间腐蚀试验方法》。

3) 缝隙腐蚀

缝隙腐蚀是指在介质中,由于金属与金属或金属与非金属之间形成很小的缝隙,使缝内介质处于滞流状态,从而引起缝内金属的加速腐蚀。

许多金属构件由于设计不合理或者由于加工缺陷等均会造成缝隙,如法兰连接面、螺母压紧面、锈层等都可能存在缝隙,泥沙、积垢、杂屑等沉积于金属表面,也可能形成缝隙。能引起缝隙腐蚀的缝宽一般为 0.025 ~ 0.1mm。宽度大于0.1mm 的缝隙内的介质不会形成滞流,缝隙过窄,介质进不去,在这种情况下,都不会形成缝隙腐蚀。

下面以碳钢为例讨论在有氯离子和无氯离子介质中缝隙腐蚀的机理。

腐蚀刚开始时,氧的去极化腐蚀在缝内外均匀进行。因滞流关系,氧只能以扩散方式向缝内迁移,使缝内的氧消耗后难以得到补充,氧的还原反应很快便终止,而缝外的氧可以连续地得到补充,于是缝内金属表面和缝外金属表面之间组成了氧浓差电池,缝内是阳极,缝外是阴极。由于阳极的面积相对于阴极要小得多,结果缝内金属发生强烈的溶解,在缝口处腐蚀产物逐步沉积,使缝隙发展为闭塞电池。

缝内 Fe^{2+} 不断增多,在有氯离子的情况下,缝外 Cl^- 在电场作用下移向缝内,它与 Fe^{2+} 生成的 $FeCl_2$ 将水解:

$$FeCl_2 + 2H_2O \longrightarrow Fe(OH)_2 + 2HCl \tag{9.1}$$

生成腐蚀性很强的 HCl。

缝内积累的 Fe^{2+} 会发生水解:

$$3Fe^{2+} + 4H_2O \longrightarrow Fe_3O_4 + 8H^+ + 2e \tag{9.2}$$

使缝内酸度增加,加速腐蚀。

在无氯离子的情况下,上述氧的浓差电池和缝内铁离子的水解会使缝内碳钢加速腐蚀。

为防止缝隙腐蚀,在结构设计时,应避免形成缝隙和易积液的死角,可用焊接代替螺栓连接,在缝隙中间加固体填料等方法。

4) 点蚀

点蚀以腐蚀破坏形貌为点状的凹窝而命名,亦称点腐蚀、孔蚀。点蚀集中在金属表面不大的区域内,并且迅速地向深处发展,最后穿透金属。点蚀是不锈钢常见的腐蚀破坏类型之一。

点蚀的诱发不是由于浓差电池,而主要是由于金属表面的缺陷,如非金属夹杂物、晶界等。当金属表面形成钝化膜、保护膜时,这些缺陷造成的内应力会诱发表面膜产生各种缺陷。介质中的活性阴离子,往往是 Cl^-,能优先吸附于这些缺陷处,或者挤掉吸附的 OH^- 等离子,或者穿过膜的孔隙直接与金属接触后发生作用,形成可溶性化合物,引起金属表面的微区溶解生成蚀孔而形成微阳极,成为点蚀核心,其他区域为阴极,组成了微电池。孔内介质呈滞流状态,其中的金属离子(Fe^{2+}、Cr^{3+}、Ni^{2+})浓度将会上升,在电场力的作用下,半径小的 Cl^- 不断迁入孔内,以维持孔内介质的电中性,使孔内形成金属氯化物,如 $FeCl_3$ 等的浓溶液,并发生如式(9.1)所示的水解,使孔内的氢离子浓度,即酸度增加,并使蚀孔的腐蚀速率加快,形成了不锈钢的点蚀。

增加不锈钢抗点蚀能力最有效的元素是 Cr、Mo,其次是 N。

点蚀的蚀孔有大有小,多为小孔,其直径尺寸等于或小于它的深度尺寸。其直径只有几十微米,蚀孔的形状不规则,分布也往往不均匀。

点蚀也是一种危害性很大的腐蚀破坏,尤其对于各种容器是极不利的。点蚀不能按腐蚀后的质量损失来评定,因为在很多情况下单位面积上的质量损失很小,而腐蚀坑的深度却很大,例如,厚度为 6mm 的 18Cr-8Ni 奥氏体不锈钢钢板在流动海水中试验 438 天,质量损失仅 $0.7mg/(dm^2 \cdot 24h)$,但点蚀已使之蚀穿。所以一般是用单位面积上的腐蚀坑数量及最大深度来评定不锈钢的点蚀倾向大小。

5) 应力腐蚀破裂

应力腐蚀破裂(stress corrosion cracking,SCC)是静拉应力与腐蚀共同作用下导致的一种损坏,表现为断裂,断口呈脆性断裂的形态。腐蚀对断裂的影响可以是通过对裂纹前端的阳极溶解,也可以是通过氢原子的作用使裂纹前端变脆。

不锈钢在拉应力状态下,在某些介质中经过一段不长时间,就会发生破裂,随着拉应力的加大,发生破裂的时间缩短。当取消拉应力时,钢的腐蚀量很小,并且不发生破裂。应力的来源通常是由于金属经过不正确的热处理或焊接和冷加工过程产生的残余应力,也可能是外加负荷,或者二者同时存在。

应力腐蚀破坏的特征是裂缝和拉应力方向垂直,断口呈脆性破坏,显微分析可在断口附近发现许多裂纹,它们多沿晶界分布,也有穿晶分布,或晶界与穿晶混合分布。

应力腐蚀破裂时,腐蚀介质是特定的,只有某些金属-介质的组合才产生应力腐蚀破裂,如奥氏体不锈钢的氯脆、高强度钢的氢脆等。

一般认为,产生奥氏体不锈钢应力腐蚀是应力和电化学腐蚀共同作用的结果。奥氏体不锈钢在介质中形成钝化膜,在应力的作用下出现滑移台阶导致表面膜破裂,膜的局部破坏造成裸露金属成为小阳极,小阳极的溶解逐步形成裂纹,在应力与环境的共同作用下,破裂过程加速发展。应力腐蚀的另一种机制是氢脆机制,认为蚀坑或裂纹内形成闭塞电池,使裂纹尖端或蚀坑底的介质具有低的 pH,满足了阴极析氢的条件,氢原子吸附于金属表面引起氢脆,而导致应力腐蚀。

在介质的影响下,裂纹可以在低于 K_{IC} 时扩展而导致断裂,如图 9.5 所示。人们定义裂纹"长"时间或给定时间不扩展的应力场强度因子 K_I 值为 K_{ISCC},K_{ISCC} 也是一种韧性参量,它与 K_{IC} 的差异便是介质的影响[2]。K_{ISCC}/K_{IC} 则是衡量材料应力腐蚀敏感性的指标。

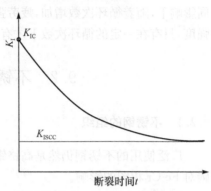

图 9.5 K_{ISCC} 与 K_{IC} 的关系[2]

当应力腐蚀裂纹前端的 $K_I > K_{ISCC}$ 时,裂纹会随时间而长大,裂纹扩展速率以 da/dt 表示。应力腐蚀的发展通常分为三个阶段:第一阶段包括孕育期、表面膜的蚀穿、裂纹的形核;第二阶段为裂纹相对稳定扩展阶段;第三阶段为裂纹快速扩展和断裂阶段。实践中,第一阶段往往最长,成为整个过程的控制阶段。

18Cr-8Ni 奥氏体不锈钢对氯脆的敏感性很大。镍含量高于 8% 时,镍含量越高,抗氯脆能力越大。镍含量低于 8% 时,镍含量越低,抗氯脆能力越大。这是由于生成的复相钢和铁素体不锈钢的氯脆趋势较小。用锰氮代替镍的铬锰氮奥氏体不锈钢有较好的抗氯脆性能。

在 18Cr-8Ni 奥氏体不锈钢中加入 1%～2%Mo 将增加氯脆趋势。钛和铌都增加铬镍奥氏体不锈钢对氯脆的敏感性。

无论在奥氏体钢或复相钢中加入 1.5% 以上的硅均能显著改善钢的抗应力腐蚀断裂性能。硅能显著缩小 γ 区,因此含硅较高的钢会含有 δ 相,形成复相钢。

有关奥氏体不锈钢氯脆各种影响因素的深入分析及其机理的研究可参阅有关文献[2]。

测量 K_{ISCC} 比较简单,最常用的是悬臂梁弯曲试验,试样采用和测 K_{IC} 的标准三点弯曲试样相同,但要长一些。样品一端固定于立柱上,另一端与一个力臂相连,力臂的另一端加上载荷。在样品的预裂纹周围配置所研究的环境,还可以同时测出 da/dt-K_I 曲线[9]。我国于 1995 年开始,制定了国家推荐标准 GB/T 15970—1995《金属和合金的腐蚀 应力腐蚀试验》,直至 2007 年先后发布了第 1～第 9 共 9 个部分。

6) 腐蚀疲劳

腐蚀疲劳是在交变应力作用下钢在腐蚀介质中的腐蚀破坏。汽轮机叶片、水泵零件、船舶螺旋桨轴及在腐蚀介质中工作的弹簧等,均可因腐蚀疲劳而破坏。腐蚀疲劳破坏的过程是,先在零件表面因介质作用形成腐蚀坑,然后在介质与交变应力作用下发展疲劳裂纹,逐渐扩张至零件疲劳断裂。因此,断口保留疲劳破坏的特征。在显微分析时裂纹多以穿晶的形式发展。

　　腐蚀疲劳不同于机械疲劳,它没有一定的疲劳极限,因为在腐蚀与疲劳破坏共同影响下,随着循环次数增加,疲劳强度一直是降低的,所以比较材料的腐蚀疲劳强度,只有在一定的循环次数下才有可能。

9.2　不锈钢的组织和分类

9.2.1　不锈钢的组织

　　广泛使用的不锈钢仍然是高铬钢,因此首先分析 Fe-Cr 二元平衡图,然后讨论碳对 Fe-Cr 相图的影响。

　　图 2.12 为 Fe-Cr 二元平衡图。Fe 和 Cr 的原子半径尺寸相近(表 2.1),Cr 加入 Fe 中后可以与 α-Fe 无限互溶。约在 12%Cr 和 1000℃时封闭 γ 区,以后是 $\alpha+\gamma$ 两相区,当铬含量超过 14%后,将得到 α 固溶体。需要指出,γ 区和 $\alpha+\gamma$ 区边界的测定结果与所用原料的纯度有关,早期使用的原料不可能很纯,所含碳及氮较高。图 2.12 的 γ 区和 $\alpha+\gamma$ 双相区边界数据来自文献[10]。

　　由图 2.27 Fe-Cr-C 在 700℃时的平衡图可以看出,随 Cr/C 的增加,钢中先后生成 $(Fe,Cr)_3C$、$(Fe,Cr)_7C_3$ 和 $(Fe,Cr)_{23}C_6$。铬是缩小 Fe-C 合金 γ 相区的元素,图 2.34 可以显示铬缩小 γ 相区的趋势,当铬含量为 20%时,γ 相区缩小为一点。

　　碳能扩大 Fe-Cr 平衡图的 γ 相区,但其溶解度极限却随铬含量的提高而减少。图 9.6 表明,在碳含量为 0.6%的 Fe-Cr-C 合金中,铬含量达 18%时高温下仍为单一的 γ 相;铬含量范围在 18%～27%时,钢在高温时的组织为 $\alpha+\gamma$ 相;铬含量高于 27%时,钢的组织将成为单一的 α 相,不可能产生马氏体相变。碳含量为 0.6%和铬含量为 18%时,单一的 γ 相区最宽,如果继续提高碳含量,将生成碳化物相。

　　不锈钢的铬含量一般在 12%以上,在 Fe-Cr-C 合金中,马氏体钢铬含量为 12%～18%,铁素体钢铬含量为 15%～30%,这两类钢的铬含量有重复的区域(15%～18%),至于属于哪一类,取决于其碳含量。

　　含铬的奥氏体(γ 相)不稳定,只存在于高温区,缓冷时转变为铁素体(α 相),急冷时可以转变为马氏体;加入碳之后,可以扩大 γ 相区;速冷后,可以获得部分残余奥氏体,但高碳的奥氏体在冷却过程中易于析出碳化铬而降低基体中的铬含量,降低了钢的耐蚀性。

　　为了能在室温获得稳定的奥氏体,可在 Fe-C 中加入镍和锰,两者都是扩大 γ 相区的元素。图 2.5、图 2.7 分别为 Fe-Mn 和 Fe-Ni 的平衡图,Fe-Mn 和 Fe-Ni 均可生成无限互溶的 γ 相区。

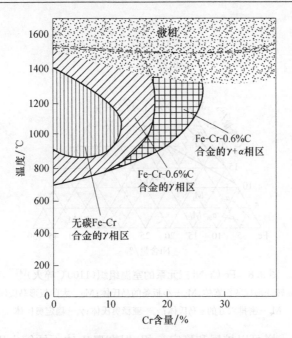

图 9.6　碳含量对 Fe-Cr 合金组织的影响[8]

虚线为无碳 Fe-Cr 合金的液相线和固相线

图 9.7 为 Fe-Cr-Ni 三元系在高温的相图,可以看出,由于镍的存在,在 1100℃下,γ 相区扩展到较高的铬含量,这种高温稳定的 γ 相急冷到室温,形成如图 9.8 所示的室温下的各种亚稳相及稳定相。

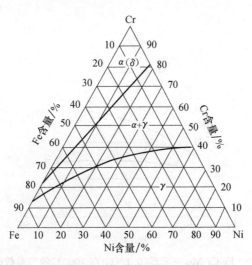

图 9.7　Fe-Cr-Ni 三元系 1100℃等温截面相图[4]

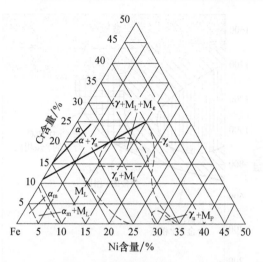

图 9.8　Fe-Cr-Ni 三元系的室温组织(1100℃淬火)[4]

α_m—由 $\gamma \rightarrow \alpha$ 转变形成的铁素体；M_L—小板条的马氏体；M_P—大的板形马氏体；

M_ε—密排六方的 ε 马氏体；γ_u—亚稳奥氏体；γ_s—稳定奥氏体

　　虽然锰和镍一样可以扩展和稳定 γ 相，但在奥氏体不锈钢中用锰完全代替镍是有困难的。根据 Fe-Cr-Mn 三元相图(图 9.9 及图 9.10)，当铬含量大于 15% 时，锰含量的增加并不能避免 α 相的出现。为了节约镍，在 18Cr-8Ni 奥氏体不锈钢中，可以用 8%Mn 代替其中的 4%Ni。图 9.11 为 Fe-Cr-Ni-Mn 相图，可以看出，在 Cr-Mn 钢中加入少量的氮可使获得奥氏体组织所需的镍含量大大减少。图 9.12 也表明，在含 18.5%Cr 的钢中，加入少量的氮可以显著减少为获得奥氏体所需的镍含量。

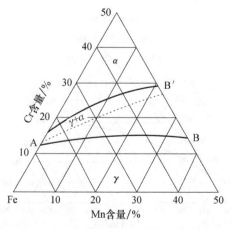

图 9.9　Fe-Cr-Mn 三元系(0.1%C)在 1000℃的等温截面[11]

虚线为 Fe-Cr-Ni 系 $\gamma/\gamma+\alpha$ 分界线

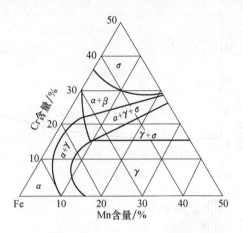

图 9.10 Fe-Cr-Mn 系(0.1%C)在 650℃时的相区分布[11]

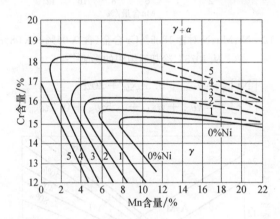

图 9.11 含 0.12%～0.15%C 及 0.08%～0.15%N 的 Fe-Cr-Ni-Mn 合金
从 1075℃冷却后的组织[12]

　　合金元素对不锈钢组织的影响基本上可以分为两大类：一类是扩大奥氏体区
或稳定奥氏体的元素，它们是碳、氮、镍、锰、铜等；另一类是封闭或缩小奥氏体区形
成铁素体的元素，它们是铬、硅、钛、铌、钼等。当这两类作用不同的元素同时存在
于不锈钢中时，不锈钢的组织就取决于它们互相作用的结果。如形成铁素体的元
素在钢中占优势，钢的基体组织就是铁素体；如稳定奥氏体的元素在钢中占优势，
钢的基体组织则为奥氏体；如稳定奥氏体的元素的作用程度还不足以使钢的马氏
体转变点(M_s)降至室温以下，自高温冷却的奥氏体在高于室温即转变为马氏体，
这样钢的基体组织就是马氏体。为了简便起见，可把铁素体形成元素折合成铬的
作用，把奥氏体形成元素折合成镍的作用，而制成铬当量$[Cr]_{eq}$和镍当量$[Ni]_{eq}$图，
以表明钢的实际成分和所得到的组织状态，见图 9.13。该图适用于从高温快速冷
却的 Cr-Ni 系不锈钢，因而可以用来确定焊缝冷却后的组织。其中：

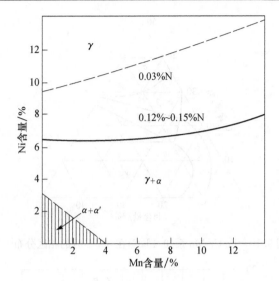

图 9.12　Ni、Mn、N 对含 18.5%Cr 合金(含 0.05%~0.08%C)
从 1075℃冷却后组织的影响[12]

$$[Ni]_{eq} = w_{Ni} + 0.5w_{Mn} + 30w_C \tag{9.3}$$

$$[Cr]_{eq} = w_{Cr} + w_{Mo} + 1.5w_{Si} + 0.5w_{Nb} \tag{9.4}$$

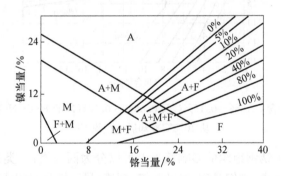

图 9.13　不锈钢组织图(Schaeffler 图)[13]

　　图 9.13 虽不能十分确切地确定不锈钢中的组织,但仍可以帮助了解稳定奥氏体元素和铁素体形成元素对不锈钢中组织的相对影响,粗略地分析一些具有复杂化学成分的不锈钢组织。

　　图 9.14 是从大量 Cr-Ni 奥氏体不锈钢的试验数据中整理得到的,适用于 1150℃热加工后冷却状态的不锈钢组织。该图考虑了元素间的交互作用:

$$w_{Cr'} = w_{Cr} + 3w_{Si} + 10w_{Ti'} + w_{Mo} + 4w_{Nb'} \tag{9.5}$$

$$w_{Ni'} = w_{Ni} + 0.5w_{Mn} + 21w_C + 11.5w_N \tag{9.6}$$

式中, $w_{Ti'}$、$w_{Nb'}$ 分别表示这些元素的有效含量(%):

$$w_{Ti'} = w_{Ti} - 4[(w_C - 0.03) + w_N]$$

$$w_{Nb'} = w_{Nb} - 8[(w_C - 0.03) + w_N]$$

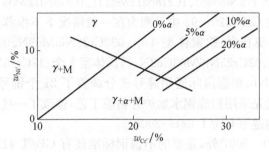

图 9.14　1150℃热加工空冷后不锈钢组织[14]

9.2.2　不锈钢的分类

不锈钢钢种多,性能各异,常见的分类方法有:按钢的组织结构分类、按钢的性能特点和用途分类、按钢的功能特点分类、按钢中的主要化学元素或一些特征元素分类等。目前已被广泛接受和使用的是以钢的组织结构为主要依据的分类方法,将不锈钢分为:①马氏体不锈钢(也称马氏体型不锈钢);②铁素体不锈钢(也称铁素体型不锈钢);③奥氏体不锈钢(也称奥氏体型不锈钢);④奥氏体-铁素体双相不锈钢(也称奥氏体-铁素体型不锈钢);⑤沉淀硬化不锈钢(也称沉淀硬化型不锈钢)。前四类按钢的最终组织结构确定,第五类以使用的热处理方式命名。

我国不锈钢的标准最早见于重 20—52 和重 21—52,两者基本上是苏联标准的翻版。重 20—52 是牌号标准,所列的不锈耐酸钢有 18 个牌号:Cr13、2Cr13、3Cr13、4Cr13、Cr14、Cr17、Cr18、Cr25、Cr28、Cr17Ni2、0Cr18Ni9、1Cr18Ni9、2Cr18Ni9、1Cr18Ni9Ti、Cr18Ni11Ti、Cr13Ni4Mn9、Cr18Ni12Mo2Ti、Cr18Ni12Mo3Ti。重 21—52 是产品技术条件,所列牌号包括上列牌号中的 16 个牌号(Cr14 和 0Cr18Ni9 除外)外,还有 Cr23Ni13、Cr23Ni18、Cr25Ti、Cr20Ni14Si2、Cr25Ni20Si2 五个牌号。1959 年对重 20—52 和重 21—52 进行修订,合并制定了 YB 10—59《不锈耐酸钢技术条件》,共 36 个牌号,按所含合金元素分类。1975 年批准为国家标准的 GB 1220—75《不锈耐酸钢技术条件》,包括了 45 个牌号,并按组织类型分为铁素体型、马氏体型、奥氏体型、奥氏体-铁素体型、沉淀硬化型。这种分类方法沿用至今。在此期间还制定了不锈钢棒、钢板、钢管、钢丝等一系列专用标准。

20 世纪 80 年代,参考了国际标准和国外先进标准,并结合我国实际情况修改和制定了一系列不锈钢标准。

1984 年制定的 GB 1220—84《不锈钢棒》列入了 55 个牌号,大多数牌号能与 JIS 或 ASTM 标准牌号对应。1992 年又修改为 GB 1220—92《不锈钢棒》,列入了

64 个钢号,大多数牌号具有世界的通用性和先进性,同时也充分考虑了我国的实际使用要求和资源情况。2007 年发布的 GB/T 1220—2007《不锈钢棒》中仍列入 64 个钢号,与 GB 1220—92 比较有了较大的修改:取消了 1Cr18Mn10Ni5Mo3N、0Cr18Ni12Mo2Ti、0Cr25Ni5Mo2、1Cr18Ni12Mo2Ti、1Cr18Ni12Mo3Ti 和 1Cr18Ni9Ti,后面三种不锈钢在 GB 1220—92 中已列为在一般情况下不推荐使用的牌号;增加了 6 个牌号,其中奥氏体-铁素体型 4 个:022Cr22Ni5Mo3N、022Cr23Ni5Mo3N、022Cr25Ni6Mo2N、03Cr25Ni6Mo3Cu2N,马氏体型 1 个:17Cr16Ni2,沉淀硬化型 1 个:05Cr15Ni5Cu4Nb;根据国际通用牌号成分调整了 21 个钢号的化学成分。在冶炼方法上提出优先采用初炼钢水加炉外精炼工艺,修改了一些牌号的性能指标。钢号的表示方法均遵照 GB/T 221—2008。

除 GB/T 1220—2007 外,重要的不锈钢标准还有 GB/T 4237—2007《不锈钢热轧钢板和钢带》和 GB/T 3280—2007《不锈钢冷轧钢板和钢带》等。

我国已制定出的有关不锈钢的国家标准有近 30 个,还有一些行业不锈钢标准。

由于不锈钢的标准和牌号甚多,我国在 1984 年制定了一项基础性标准,2007 年进行了修改,即 GB/T 20878—2007《不锈钢和耐热钢　牌号及化学成分》。该标准建立了我国不锈钢和耐热钢牌号标准系列,供制定各个不锈钢标准时使用,以避免混乱。许多牌号既是不锈钢又是耐热钢,因此该标准包括了这两大类。该标准列入 143 个牌号,其中奥氏体型 66 个、奥氏体-铁素体型 11 个、铁素体型 18 个、马氏体型 38 个、沉淀硬化型 10 个,新纳入国际通用的牌号 37 个,删除了现行标准中落后的牌号 21 个(如 1Cr18Ni9Ti),对现行标准中的 22 个牌号中的化学成分进行了调整。

GB/T 4237—2007 和 GB/T 3280—2007 这两个标准最近又修改为 GB/T 4237—2015《不锈钢热轧钢板和钢带》和 GB/T 3280—2015《不锈钢冷轧钢板和钢带》。在这两个标准中均增加了 23 个牌号及相关技术要求,调整了 5 个牌号的化学成分,调整了 13 个牌号的力学性能,将原牌号 022Cr18NbTi 修改为 022Cr18Nb。这两个标准中列入的牌号相同,均为 95 个,化学成分相同,其中奥氏体型 39 个、奥氏体-铁素体型 17 个、铁素体型 23 个、马氏体型 10 个、沉淀硬化型 6 个。

下面介绍 GB/T 20878—2007 中所列各类不锈钢和 GB/T 4237—2015 及 GB/T 3280—2015 中新增加的不锈钢的化学成分和性能要求。

1) 马氏体型不锈钢

马氏体型不锈钢在正常淬火温度下是纯奥氏体组织,淬火后的基体组织为马氏体。如果钢中含有较高的碳,在奥氏体化时仍保留部分未溶碳化物,淬火后的组织为马氏体＋碳化物及少量残余奥氏体。表 9.2 为 GB/T 20878—2007 中列入的 21 个马氏体型不锈钢的钢号与化学成分。表 9.3 为我国马氏体型不锈钢新旧牌号和相应美国、日本和国际标准牌号的对照。表 9.4 为我国马氏体型不锈钢钢棒和试样热处理后的力学性能。表 9.5 为马氏体型不锈钢热轧钢板和钢带及冷轧钢板和钢带的化学成分。

表 9.2 我国马氏体型不锈钢的钢号与化学成分（GB/T 20878—2007） （单位：%）

钢 号	C	Si	Mn	P	S	Cr	Ni	Mo	其他
12Cr12	0.15	0.50	1.00	0.040	0.030	11.50~13.00	(0.60)	—	—
06Cr13	0.08	1.00	1.00	0.040	0.030	11.50~13.00	(0.60)	—	—
12Cr13	0.08~0.15	1.00	1.00	0.040	0.030	11.50~13.00	(0.60)	—	—
04Cr13Ni5Mo	0.05	0.60	0.50~1.00	0.030	0.030	11.50~14.00	3.5~5.5	0.50~1.00	—
Y12Cr13	0.15	1.00	1.25	0.060	≥0.15	12.00~14.00	(0.60)	(0.60)	—
20Cr13	0.16~0.25	1.00	1.00	0.040	0.030	12.00~14.00	(0.60)	—	—
30Cr13	0.26~0.35	1.00	1.00	0.040	0.030	12.00~14.00	(0.60)	—	—
Y30Cr13	0.26~0.35	1.00	1.25	0.060	≥0.15	12.00~14.00	(0.60)	—	—
40Cr13	0.36~0.45	0.60	0.80	0.040	0.030	12.00~14.00	(0.60)	—	—
Y25Cr13Ni2	0.20~0.30	0.50	0.80~1.20	0.06~0.12	0.15~0.25	12.00~14.00	1.50~2.00	(0.60)	—
14Cr17Ni2	0.11~0.17	0.80	0.80	0.040	0.030	16.00~18.00	1.50~2.50	—	—
17Cr16Ni2	0.12~0.22	1.00	1.50	0.040	0.030	15.00~17.00	1.50~2.50	—	—
68Cr17	0.60~0.75	1.00	1.00	0.040	0.030	16.00~18.00	(0.60)	(0.75)	—
85Cr17	0.75~0.95	1.00	1.00	0.040	0.030	16.00~18.00	(0.60)	(0.75)	—
108Cr17	0.95~1.20	1.00	1.00	0.040	0.030	16.00~18.00	(0.60)	(0.75)	—
Y108Cr17	0.95~1.20	1.00	1.25	0.040	≥0.15	16.00~18.00	(0.60)	(0.75)	—
95Cr18	0.90~1.00	0.80	0.80	0.040	0.030	17.00~19.00	—	—	—
13Cr13Mo	0.08~0.18	0.60	1.00	0.040	0.030	11.50~14.00	(0.60)	0.30~0.60	—
32Cr13Mo	0.28~0.35	0.80	1.00	0.040	0.030	12.00~14.00	(0.60)	0.50~1.00	—
102Cr17Mo	0.95~1.10	0.80	0.80	0.040	0.030	16.00~18.00	—	0.40~0.70	—
90Cr18MoV	0.85~0.95	0.80	0.80	0.040	0.030	17.00~19.00	—	1.00~1.30	0.07~0.12V

注：表中所列化学成分，除表明范围或最小值外，其余均为最大值。括号内数值为合金元素允许添加的最大值。

表 9.3　我国马氏体型不锈钢新旧牌号和美国、日本和国际标准牌号对照

新牌号 (GB/T 20878—2007)	旧牌号	GB/T 4237—2015, GB/T 3280—2015	美国 ASTM A959-04	日本 JIS G4303-1998, JIS G4311-1991 等	国际 ISO 15510, ISO 4955
12Cr12	1Cr12	12Cr12	403	SUS 403	—
06Cr13	0Cr13	06Cr13	410S	SUS 410S	X6Cr13
12Cr13	1Cr13	12Cr13	410	SUS 410	X12Cr13
04Cr13Ni5Mo	—	04Cr13Ni5Mo	—	SUS F6NM	X3CrNiMo13-4
Y12Cr13	Y1Cr13	—	416	SUS 416	XCrS13
20Cr13	2Cr13	20Cr13	420	SUS 420J1	X20Cr13
30Cr13	3Cr13	30Cr13	420	SUS 420J2	X30Cr13
Y30Cr13	Y3Cr13	—	420F	SUS 420F	X29CrS13
40Cr13	4Cr13	40Cr13	—	—	X39Cr13
Y25Cr13Ni2	Y2Cr13Ni2	—	—	—	—
14Cr17Ni2	1Cr17Ni2	—	—	—	—
17Cr16Ni2	—	17Cr16Ni2	431	SUS 431	X17CrNi16-2
—	—	50Cr15MoV	—	—	X50CrMoV15
68Cr17	7Cr17	68Cr17	440A	SUS 440A	—
85Cr17	8Cr17	—	440B	SUS 440B	—
108Cr17	11Cr17	—	440C	SUS 440C	X105CrMo17
Y108Cr17	Y11Cr17	—	440F	SUS 440F	—
95Cr18	9Cr18	—	—	—	—
13Cr13Mo	1Cr13Mo	—	—	SUS 410J1	—
32Cr13Mo	3Cr13Mo	—	—	—	—
102Cr17Mo	9Cr18Mo	—	S44001,440C	SUS440C	X105CrMo17
90Cr18MoV	9Cr18MoV	—	S44003,440B	SUS 440B	—
50Cr15MoV	—	—	—	—	X50CrMoV15

表 9.4 我国马氏体型不锈钢钢棒和试样热处理后的力学性能（GB/T 1220—2007）

钢 号	退火工艺及退火后钢棒硬度 HBW		淬火-回火工艺及淬火回火后试样力学性能(不小于)							
	工艺	硬度	淬火工艺	回火工艺	$\sigma_{p0.2}$/MPa	σ_b/MPa	δ/%	ψ/%	A_k/J	硬度
12Cr12	800~900℃缓冷或约750℃快冷	≤200	950~1000℃油冷	700~750℃快冷	390	590	25	55	118	170HBW
06Cr13	800~900℃缓冷或约750℃快冷	≤183	950~1000℃油冷	700~750℃快冷	345	490	24	60	—	—
12Cr13	800~900℃缓冷或约750℃快冷	≤200	950~1000℃油冷	700~750℃快冷	345	540	25	55	78	159HBW
04Cr13Ni5Mo	—	≤302	退火处理		620	795	15	—	—	—
Y12Cr13	800~900℃缓冷或约750℃快冷	≤200	950~1000℃油冷	700~750℃快冷	345	540	25	55	78	159HBW
20Cr13	800~900℃缓冷或约750℃快冷	≤223	920~980℃油冷	650~750℃快冷	540	640	20	50	63	192HBW
30Cr13	800~900℃缓冷或约750℃快冷	≤235	920~980℃油冷	650~750℃快冷 200~300℃空冷	540	735	12	40	24	217HBW
Y30Cr13	800~900℃缓冷或约750℃快冷	≤235	920~980℃油冷	650~750℃快冷 200~300℃空冷	—	735	12	40	24	217HBW
40Cr13	800~900℃缓冷或约750℃快冷	≤235	1050~1100℃油冷	200~300℃空冷	—	—	—	—	—	50HRC
Y2Cr13Ni2	—	—	供应状态		685~980					207~285HB
14Cr17Ni2	680~700℃高温回火空冷	≤285	950~1050℃油冷	275~350℃空冷	—	1080	10	—	39	—

续表

钢号	退火工艺及退火后钢棒硬度 HBW		淬火-回火工艺及淬火回火后试样力学性能(不小于)							
	工艺	硬度	淬火工艺	回火工艺	$\sigma_{p0.2}$/MPa	σ_b/MPa	δ/%	ψ/%	A_k/J	硬度
17Cr16Ni2	680~800℃炉冷或空冷	≤285	950~1050℃油冷或空冷	600~650℃空冷	700	900~1050	12	45	—	—
				750~800℃+650~700℃空冷	600	850~950	14	45	—	—
68Cr17	820~920℃缓冷	≤255	1010~1070℃油冷	100~180℃快冷	—	—	—	—	—	54HRC
85Cr17	820~920℃缓冷	≤255	1010~1070℃油冷	100~180℃快冷	—	—	—	—	—	56HRC
108Cr17	820~920℃缓冷	≤269	1010~1070℃油冷	100~180℃快冷	—	—	—	—	—	58HRC
Y108Cr17	820~920℃缓冷	≤269	1010~1070℃油冷	100~180℃快冷	—	—	—	—	—	58HRC
95Cr18	820~920℃缓冷	≤255	1010~1050℃油冷	200~300℃油、空冷	—	—	—	—	—	55HRC
13Cr13Mo	820~920℃缓冷或约750℃快冷	≤200	970~1020℃油冷	650~750℃快冷	490	690	20	60	78	192HBW
32Cr13Mo	820~920℃缓冷或约750℃快冷	≤207	1025~1075℃油冷	200~300℃油、空冷	—	—	—	—	—	50HRC
102Cr17Mo	820~920℃缓冷	≤269	1000~1050℃油冷	200~300℃空冷	—	—	—	—	—	55HRC
90Cr18MoV	820~920℃缓冷	≤269	1050~1075℃油冷	100~200℃空冷	—	—	—	—	—	55HRC

注:04Cr13Ni5Mo 的数据来自 GB/T 3280—2007。Y2Cr13Ni2 的数据来自 GJB 2294—95,适于尺寸不大于 250mm 锻制、轧制和冷拉的钢棒。其余钢号适用于直径、边长、厚度或对边距离不大于 75mm 的钢棒。本表的 ψ 值对扁钢不适用。不锈钢热轧钢带与冷轧钢板和钢带的退火和淬火-回火常用数据分别见 GB/T 4237—2015 和 GB/T 3280—2015。

表 9.5 我国马氏体型不锈钢热轧及冷轧钢板及钢带的钢号与

化学成分(GB/T 4237—2015、GB/T 3280—2015) （单位:%）

钢 号	C	Si	Mn	P	S	Cr	Ni	Mo	V
06Cr13	0.08	1.00	1.00	0.040	0.030	11.50~13.50	0.60	—	—
12Cr13	0.15	1.00	1.00	0.040	0.030	11.50~13.50	0.60	—	—
40Cr13	0.36~0.45	0.80	0.80	0.040	0.030	12.00~14.00	0.60	—	—
17Cr16Ni2	0.12~0.20	1.00	1.00	0.025	0.015	15.00~18.00	2.00~3.00	—	—
50Cr15MoV	0.45~0.55	1.00	1.00	0.040	0.015	14.00~15.00	—	0.50~0.80	0.10~0.20

注:在 GB/T 4237—2015、GB/T 3280—2015 中各列入相同的 10 个钢号,其中 12Cr2、04Cr13Ni5Mo、20Cr13、30Cr13 和 68Cr17 的化学成分与表 9.2 列入的相同,本表不再列出,本表列出的 50Cr15MoV 为新增加的,其余 4 个为调整了成分的。表中所列化学成分,除表明范围或最小值外,其余均为最大值。

2) 铁素体型不锈钢

铁素体型不锈钢在加热、冷却时都没有 $\alpha \leftrightarrow \gamma$ 转变,始终保持铁素体组织。含铬大于 14% 的低碳铬不锈钢,含铬 27% 以上的任何碳含量的铬不锈钢,以及在高铬不锈钢的基础上再添加钼、钛、铌等元素的不锈钢,形成铁素体的元素占绝对优势,因此均属铁素体型不锈钢。

GB/T 20878—2007 列入了 15 个铁素体型不锈钢的钢号。由于近年国内外加速了现代铁素体型不锈钢的研究和发展,在新修订的 GB/T 4237—2015 及 GB/T 3280—2015 中列入的铁素体型不锈钢的钢号有 23 个,有 9 个是新加入的,去掉了 GB/T 20878—2007 中的 Y10Cr17。表 9.6 为 GB/T 20878—2007、GB/T 4237—2015 及 GB/T 3280—2015 中列入的铁素体型不锈钢的钢号及其化学成分。表 9.7 为我国铁素体型不锈钢新旧牌号和相应美国、日本和国际标准牌号的对照。表 9.8 为我国铁素体型不锈钢热处理后的力学性能。

3) 奥氏体型不锈钢

奥氏体型不锈钢是不锈钢中最重要的钢类,其生产量和使用量约占不锈钢总产量的 80%,钢号也最多。

奥氏体型不锈钢的基体应为奥氏体组织(γ 相)。按照获得奥氏体基体的合金化方式,奥氏体型不锈钢可分为铬镍不锈钢和铬锰不锈钢。前者以镍为主要奥氏体化元素,是奥氏体型不锈钢的主要部分。后者的奥氏体化元素除锰之外,还有氮,并常常含有适量的镍,这一系列多被称为铬锰氮或铬锰镍氮不锈钢。

表 9.6　我国铁素体型不锈钢的钢号与化学成分(GB/T 20878—2007,GB/T 4237—2015 及 GB/T 3280—2015)　(单位:%)

GB/T 4237—2015 及 GB/T 3280—2015 列入的钢号	GB/T 20878 —2007 列入的钢号	C	Si	Mn	P	S	Cr	Ni	Mo	其他
06Cr13Al	06Cr13Al	0.08	1.00	1.00	0.040	0.030	11.50~14.50	0.60	—	0.10~0.30Al
022Cr11Ti	022Cr11Ti	0.030	1.00	1.00	0.040	0.020	10.50~11.70	0.60	0.030N	Ti≥8(C+N), 0.15~0.50Ti, 0.10Nb
022Cr11NbTi	022Cr11NbTi	0.030	1.00	1.00	0.040	0.020	10.50~11.70	0.60	0.030N	Ti+Nb:8(C+N)+ 0.08~0.75
022Cr12Ni	022Cr12Ni	0.030	1.00	1.50	0.040	0.015	10.50~12.50	0.30~1.00	0.030N	—
022Cr12	022Cr12	0.030	1.00	1.00	0.040	0.030	11.00~13.50	0.60	—	—
10Cr15	022Cr12	0.12	1.00	1.20	0.040	0.030	14.00~16.00	0.60	—	—
022Cr15NbTi	—	0.030	1.20	1.00	0.040	0.030	14.00~16.00	0.60	0.50	0.030N, Ti+Nb:0.30~0.80
10Cr17	10Cr17	0.12	0.75	1.00	0.035	0.030	16.00~18.00	0.75	—	—
022Cr17NbTi	10Cr17	0.030	1.00	1.00	0.035	0.030	16.00~19.00	—	—	Ti+Nb: 0.10~1.00
—	Y10Cr17	0.12	1.00	1.25	0.060	≥0.15	16.00~18.00	0.60	0.60	—

续表

GB/T 4237—2015 及 GB/T 3280—2015 列入的钢号	GB/T 20878—2007 列入的钢号	C	Si	Mn	P	S	Cr	Ni	Mo	其他
022Cr18Ti	022Cr18Ti	0.030	1.00	1.00	0.040	0.030	16.00~18.00	0.50	—	Ti:[0.20+4(C+N)]~1.10, 0.15Al
022Cr18Nb	—	0.030	1.00	1.00	0.040	0.015	17.50~18.50	—	—	0.10~0.60Ti, Nb≥0.30+3C
10Cr17Mo	10Cr17Mo	0.12	1.00	1.00	0.040	0.030	16.00~18.00	—	0.75~1.25	—
019Cr18MoTi	019Cr18MoTi	0.025	1.00	1.00	0.040	0.030	16.00~19.00	—	0.75~1.50	0.025N, Ti,Nb,Zr或其组合: 8(C+N)~0.80
022Cr18NbTi	022Cr18NbTi	0.030	1.00	1.00	0.040	0.015	16.00~19.00	0.50	—	0.10~0.60Ti, Nb≥0.30+3C
019Cr18CuNb	—	0.025	1.00	1.00	0.040	0.030	17.50~20.00	0.60	0.30~0.80Cu	0.025N, Nb:8×(C+N)~0.8
019Cr19Mo2NbTi	019Cr19Mo2NbTi	0.025	1.00	1.00	0.040	0.030	17.50~19.50	1.00	1.75~2.50	0.035N, Ti+Nb:[0.20+4(C+N)]~0.80

续表

GB/T 4237—2015 及 GB/T 3280—2015 列入的钢号	GB/T 20878—2007 列入的钢号	C	Si	Mn	P	S	Cr	Ni	Mo	其他
019Cr21CuTi	—	0.025	1.00	1.00	0.030	0.030	20.50~23.00	—	0.30~0.80Cu	0.025N, Ti、Nb、Zr 或其组合: 8(C+N)~0.80
019Cr23Mo2Ti	—	0.025	1.00	1.00	0.040	0.030	21.00~24.00	—	1.50~2.50	0.025N,0.60Cu Ti、Nb、Zr 或其组合: 8(C+N)~0.80
019Cr23MoTi	—	0.025	1.00	1.00	0.040	0.030	21.00~24.00	—	0.70~1.50	0.025N,0.60Cu, Ti、Nb、Zr 或其组合: 8(C+N)~0.80
022Cr27Ni2Mo4NbTi	—	0.030	1.00	1.00	0.040	0.030	25.00~28.00	1.00~3.50	3.00~4.00	0.040N, Ti+Nb:0.20~1.00 且 Ti+Nb≥6(C+N)
008Cr27Mo	008Cr27Mo	0.010	0.40	0.40	0.030	0.020	25.00~27.50	—	0.75~1.50	0.015N, Ni+Cu≤0.50
022Cr29Mo4NbTi	—	0.030	1.00	1.00	0.040	0.030	28.00~30.00	1.00	3.60~4.20	0.045N, Ti+Nb:0.20~1.00 且 Ti+Nb≥6(C+N)
008Cr30Mo2	008Cr30Mo2	0.010	0.40	0.40	0.030	0.020	28.50~32.00	0.50	1.50~2.50	0.015N, Ni+Cu≤0.50

注:表中所列化学成分均为 GB/T 4237—2015 及 GB/T 3280—2015 中所列的(Y10Cr17 除外),除表明范围或单值外,其余均为最大值。从本表可以看出,GB/T 4237—2015 及 GB/T 3280—2015 中新列入的钢号有 9 个,另有 6 个钢号相对于 GB/T 20878—2007 调整了化学成分。

表 9.7 我国铁素体型不锈钢新旧牌号和美国、日本和国际标准牌号对照（GB/T 20878—2007,GB/T 4237—2015 及 GB/T 3280—2015）

GB/T 20878—2007 牌号	旧牌号	GB/T 4237—2015, GB/T 3280—2015	美国 ASTM A959-04	日本 JIS G4303-1998, JIS G4311-1991 等	国际 ISO 15510, ISO 4955
06Cr13Al	0Cr13Al	06Cr13Al	S40500,405	SUS405	X6CrAl13
022Cr11Ti	—	022Cr11Ti	S40900	(SUN409L)	X2CrTi12
022Cr11NbTi	—	022Cr11NbTi	S40930	—	—
022Cr12Ni	—	022Cr12Ni	S40977	—	X2CrNi12
022Cr12	00Cr12	022Cr12	—	SUS410L	—
10Cr15	1Cr15	10Cr15	S42900,429	SUS429	—
022Cr15NbTi	—	022Cr15NbTi	—	—	—
10Cr17	1Cr17	10Cr17	S43000,430	SUS430	X6Cr17
022Cr17NbTi	00Cr17	022Cr17NbTi	S43035,439	SUS430LX	X3CrTi17
Y10Cr17	Y1Cr17	—	S43020,430F	SUS430F	X
022Cr18Ti	00Cr17	022Cr18Ti	S43035,439	SUS430LX	X3CrTi17
—	—	022Cr18Nb	S43940	—	X2CrTiNb18
10Cr17Mo	1Cr17Mo	10Cr17Mo	S43400,434	SUS434	X6CrMo17-1
019Cr18MoTi	—	019Cr18MoTi	—	SUS436L	—
022Cr18NbTi	—	022Cr18NbTi	S43932	—	—
—	—	019Cr18CuNb	—	SUS430J1L	—
019Cr19Mo2NbTi	00Cr18Mo2	019Cr19Mo2NbTi	S41400,444	SUS444	X2CrMoTi18-2
—	—	019Cr21CuTi	—	SUS443J1	—
—	—	019Cr23Mo2Ti	—	SUS445J2	—
—	—	019Cr23MoTi	—	SUS445J1	—
—	—	022Cr27Ni2Mo4NbTi	—	—	—
008Cr27Mo	00Cr27Mo	008Cr27Mo	S44660, S44627,XM-27	SUSXM27	—
—	—	022Cr29Mo4NbTi	S44735	—	—
008Cr30Mo2	00Cr30Mo2	008Cr30Mo2	—	SUS447J1	—

表 9.8 我国铁素体型不锈钢热处理后的力学性能(GB/T 1220—2007,GB/T 4237—2015 及 GB/T 3280—2015)

| 钢　号 | 钢号(冷轧及热轧 | 退火处理温度 | 力学性能(不小于) | | | | 硬度(不大于) |
(钢棒)	钢板、钢带)	及冷却方式	$R_{p0.2}$/MPa	R_m/MPa	A/%	Z/%	HBW
06Cr13Al	06Cr13Al	780~830℃快冷或缓冷	175	410	20	60	183
—	022Cr11Ti	800~900℃快冷或缓冷	(170)	(415)	(20)	—	(179)
—	022Cr11NbTi	800~900℃快冷或缓冷	(170)	(380)	(20)	—	(179)
—	022Cr12Ni	700~820℃快冷或缓冷	(170)	(380)	(20)	—	(179)
022Cr12	022Cr12	700~820℃空冷或缓冷	(280)	(450)	(18)	—	(180)
—	10Cr15	780~850℃快冷或缓冷	195	360	22	60	183
—	022Cr15NbTi	780~1050℃快冷或缓冷	(195)	(360)	(22)	—	(183)
10Cr17	10Cr17	780~800℃空冷	(205)	(450)	(22)	—	(183)
—	022Cr17NbTi	780~950℃快冷或缓冷	(205)	(450)	(22)	—	(183)
Y10Cr17	022Cr18Ti	680~820℃空冷或缓冷	205	450	22	50	183
—	022Cr18Nb	780~950℃快冷或缓冷	(205)	(415)	(22)	—	(183)
10Cr17Mo	022Cr18Nb	800~1050℃快冷或缓冷	(250)	(430)	(18)	—	(180)
—	10Cr17Mo	780~850℃快冷或缓冷	175	410	20	60	183
—	019Cr18MoTi	800~1050℃快冷	(240)	(450)	(22)	—	(183)
			(245)	(410)	(20)	—	(217)

续表

钢 号 (钢棒)	钢号(冷轧及热轧钢板、钢带)	退火处理温度及冷却方式	力学性能(不小于)				硬度(不大于)
			$R_{p0.2}$/MPa	R_m/MPa	A/%	Z/%	HBW
—	022Cr18NbTi	780~950℃快冷或缓冷	(205)	(415)	(22)	—	(185)
—	019Cr18CuNb	800~1050℃快冷	(205)	(390)	(22)	—	(192)
—	019Cr19Mo2NbTi	800~1050℃快冷	(275)	(415)	(20)	—	(217)
—	019Cr21CuTi	800~1050℃快冷	(205)	(390)	(22)	—	(192)
—	019Cr23Mo2Ti	850~1050℃快冷	(245)	(410)	(20)	—	(217)
—	019Cr23MoTi	850~1050℃快冷	(245)	(410)	(20)	—	(217)
—	022Cr27Ni2Mo4NbTi	950~1150℃快冷	(450)	(585)	(18)	—	(241)
008Cr27Mo	008Cr27Mo	900~1050℃快冷	245	410	20	45	219
			(275)	(450)	(22)	—	(187)
—	022Cr29Mo4NbTi	950~1150℃快冷	(415)	(550)	(18)	—	(255)
008Cr30Mo2	008Cr30Mo2	800~1050℃快冷	295	450	20	45	228
			(295)	(450)	(22)	—	(207)

注:钢棒适用范围:直径、边长、厚度或对边距离不大于 75mm。力学性能为钢棒的力学性能,括号内的数字为冷轧钢板和钢带的力学性能。本表的 Z 值对冷轧钢板和钢带不适用。各钢经 180°弯曲试验时,弯曲压头直径 D=2a,a 为弯曲试样厚度。

在 GB/T 20878—2007 中列入了 42 个奥氏体型不锈钢的牌号。在新修订的 GB/T 4237—2015 及 GB/T 3280—2015 中列入的奥氏体型不锈钢的牌号有 39 个,有 7 个是新加入的,其中 5 个是 GB/T 20878—2007 中未列入的。表 9.9 为 GB/T 20878—2007、GB/T 4237—2015 及 GB/T 3280—2015 中列入的我国奥氏体型不锈钢的钢号及其化学成分。表 9.10 为我国奥氏体型不锈钢新旧牌号和相应美国、日本和国际标准牌号的对照。表 9.11 为奥氏体型不锈钢钢棒的热处理与力学性能。表 9.12 为奥氏体型不锈钢钢板和钢带热处理后的力学性能。

4) 奥氏体-铁素体(双相)型不锈钢

当钢中稳定奥氏体的元素作用不足以使钢在常温下获得纯奥氏体组织时,不锈钢的基体组织就可能是奥氏体-铁素体双相状态。其中较少相的含量一般大于 15%。

在 GB/T 20878—2007 中列入了 11 个奥氏体-铁素体型不锈钢的牌号,表 9.13 为这些奥氏体-铁素体型不锈钢和 GB/T 4237—2015 及 GB/T 3280—2015 中列入的奥氏体-铁素体型不锈钢的钢号与化学成分。表 9.14 为我国奥氏体-铁素体型不锈钢新旧牌号和相应美国、日本和国际标准牌号的对照。表 9.15 为奥氏体-铁素体型不锈钢的热处理与力学性能。

5) 沉淀硬化型不锈钢

沉淀硬化型不锈钢的基体为奥氏体或马氏体组织,并能通过沉淀硬化处理使其强化。这类钢大都属于高强度和超高强度不锈钢。

表 9.16 为 GB/T 20878—2007 列入的 10 个沉淀硬化型不锈钢的钢号与化学成分。表 9.17 为我国沉淀硬化型不锈钢新旧牌号和相应美国、日本和国际标准牌号的对照。表 9.18 为沉淀硬化型不锈钢棒的热处理与力学性能(GB/T 1220—2007)。表 9.19 和表 9.20 分别为沉淀硬化型不锈钢冷轧钢板和钢带固溶处理后和沉淀硬化处理后的力学性能(GB/T 3280—2015)。

一些不锈钢冷轧钢板和钢带可以不同冷作硬化状态供货,以低冷作硬化状态供货的用 H1/4 表示,以半冷作硬化状态供货的用 H1/2 表示,以 3/4 冷作硬化状态供货的用 H3/4 表示,以冷作硬化状态供货的以 H 表示,以特别冷作硬化状态供货的以 2H 表示。

我国 2016 年不锈钢粗钢产量为 2494 万 t,其中 Cr-Ni 钢(300 系)1269.10 万 t,所占份额为 50.89%;Cr-Mn 钢(200 系)731.69 万 t,所占份额为 29.34%;Cr 钢(400 系)484.56 万 t,所占份额为 19.43%;双相不锈钢 8.33 万 t,所占份额为 0.34%,为历史新高。

表 9.9 我国奥氏体型不锈钢的钢号与化学成分(GB/T 20878—2007,GB/T 4237—2015 及 GB/T 3280—2015)(单位:%)

GB/T 4237—2015及GB/T 3280—2015列入的钢号	GB/T 20878—2007列入的钢号	C	Si	Mn	P	S	Cr	Ni	Mo	其他
—	12Cr17Mn6Ni5N	0.15	1.00	5.50~7.50	0.050	0.030	16.00~18.00	3.50~5.50	—	0.05~0.25N
—	12Cr18Mn8Ni5N	0.15	1.00	7.50~10.0	0.050	0.030	17.00~19.00	4.00~6.00	—	0.05~0.25N
12Cr17Ni7	12Cr17Ni7	0.15	1.00	2.00	0.045	0.030	16.00~18.00	6.00~8.00	—	0.10N
022Cr17Ni7	022Cr17Ni7	0.030	1.00	2.00	0.045	0.030	16.00~18.00	6.00~8.00	—	0.20N
022Cr17Ni7N	022Cr17Ni7N	0.030	1.00	2.00	0.045	0.030	16.00~18.00	6.00~8.00	—	0.07~0.20N
12Cr18Ni9	12Cr18Ni9	0.15	0.75	2.00	0.045	0.030	17.00~19.00	8.00~10.00	—	0.10N
12Cr18Ni9Si3	12Cr18Ni9Si3	0.15	2.00~3.00	2.00	0.045	0.030	17.00~19.00	8.00~10.00	—	0.10N
Y12Cr18Ni9	Y12Cr18Ni9	0.15	1.00	2.00	0.20	≥0.15	17.00~19.00	8.00~10.00	—	—
Y12Cr18Ni9Se	Y12Cr18Ni9Se	0.15	1.00	2.00	0.20	0.06	17.00~19.00	8.00~10.00	—	≥0.15Se

续表

GB/T 4237—2015 及 GB/T 3280—2015 列入的钢号	GB/T 20878—2007 列入的钢号	C	Si	Mn	P	S	Cr	Ni	Mo	其他
06Cr19Ni10	06Cr19Ni10	0.07	0.75	2.00	0.045	0.030	17.5~19.50	8.00~10.50	—	—
022Cr19Ni10	022Cr19Ni10	0.030	0.75	2.00	0.045	0.030	17.50~19.50	8.00~12.00	—	—
07Cr19Ni10	07Cr19Ni10	0.04~0.10	0.75	2.00	0.45	0.030	18.00~20.00	8.00~10.50	—	—
05Cr19Ni10Si2CeN	05Cr19Ni10Si2CeN	0.04~0.06	1.00~2.00	0.80	0.45	0.030	18.00~19.00	9.00~10.00	—	0.12~0.18N, 0.03~0.08Ce
022Cr19Ni10N	022Cr19Ni10N	0.030	0.75	2.00	0.045	0.030	18.00~20.00	8.00~12.00	—	0.10~0.16N
—	06Cr18Ni9Cu3	0.08	1.00	2.00	0.045	0.030	17.00~19.00	8.50~10.50	—	3.00~4.00Cu
06Cr19Ni10N	06Cr19Ni10N	0.08	0.75	2.00	0.045	0.030	18.00~20.00	8.00~10.50	—	0.10~0.16N
06Cr19Ni9NbN	06Cr19Ni9NbN	0.08	1.00	2.50	0.045	0.030	18.00~20.00	7.50~10.50	0.15Nb	0.15~0.30N
10Cr18Ni12	10Cr18Ni12	0.12	0.75	2.00	0.045	0.030	17.00~19.00	10.50~13.00	—	—

续表

GB/T 4237—2015 及 GB/T 3280—2015 列入的钢号	GB/T 20878—2007 列入的钢号	C	Si	Mn	P	S	Cr	Ni	Mo	其他
08Cr21Ni11Si2CeN*	—	0.05~0.10	1.40~2.00	0.80	0.040	0.030	20.00~22.00	10.00~12.00	—	0.14~0.20N, 0.03~0.08Ce
06Cr23Ni13	06Cr23Ni13	0.08	0.075	2.00	0.045	0.030	22.00~24.00	12.00~15.00	—	—
06Cr25Ni20	06Cr25Ni20	0.08	1.50	2.00	0.045	0.030	24.00~26.00	19.00~22.00	—	—
022Cr25Ni22Mo2N	022Cr25Ni22Mo2N	0.020	0.50	2.00	0.030	0.010	24.00~26.00	20.50~23.50	1.60~2.60	0.09~0.15N
015Cr20Ni18Mo6CuN*	—	0.020	0.80	1.00	0.030	0.010	19.50~20.50	17.50~18.50	6.00~6.50	0.50~1.00Cu, 0.18~0.25N
06Cr17Ni12Mo2	06Cr17Ni12Mo2	0.08	0.75	2.00	0.045	0.030	16.00~18.00	10.00~14.00	2.00~3.00	0.10N
022Cr17Ni12Mo2	022Cr17Ni12Mo2	0.030	0.75	2.00	0.045	0.030	16.00~18.00	10.00~14.00	2.00~3.00	0.10N
07Cr17Ni12Mo2*	07Cr17Ni12Mo2	0.04~0.10	0.75	2.00	0.045	0.030	16.00~18.00	10.00~14.00	2.00~3.00	—
06Cr17Ni12Mo2Ti	06Cr17Ni12Mo2Ti	0.08	0.75	2.00	0.045	0.030	16.00~18.00	10.00~14.00	2.00~3.00	≥(5C)Ti
06Cr17Ni12Mo2Nb	06Cr17Ni12Mo2Nb	0.08	0.75	2.00	0.045	0.030	16.00~18.00	10.00~14.00	2.00~3.00	0.10N, Nb:10C~1.10
06Cr17Ni12Mo2N	06Cr17Ni12Mo2N	0.08	0.75	2.00	0.045	0.030	16.00~18.00	10.00~13.00	2.00~3.00	0.10~0.16N

续表

GB/T 4237—2015 及 GB/T 3280—2015 列入的钢号	GB/T 20878—2007 列入的钢号	C	Si	Mn	P	S	Cr	Ni	Mo	其他
022Cr17Ni12Mo2N	022Cr17Ni12Mo2N	0.030	075	2.00	0.045	0.030	16.00~18.00	10.00~14.00	2.00~3.00	0.10~0.16N
06C18Ni12Mo2Cu2	06C18Ni12Mo2Cu2	0.08	1.00	2.00	0.045	0.030	17.00~19.00	10.00~14.00	1.20~2.75	1.00~2.50Cu
—	022Cr18Ni14Mo2Cu2	0.030	1.00	2.00	0.045	0.030	17.00~19.00	12.00~16.00	1.20~2.75	1.00~2.50Cu
015Cr21Ni26Mo5Cu2	015Cr21Ni26Mo5Cu2	0.020	1.00	2.00	0.045	0.035	19.00~23.00	23.00~28.00	4.00~5.00	1.00~2.00Cu, 0.10N
06Cr19Ni13Mo3	06Cr19Ni13Mo3	0.08	0.75	2.00	0.045	0.030	18.0~20.00	11.00~15.00	3.00~4.00	—
022Cr19Ni13Mo3	022Cr19Ni13Mo3	0.030	0.75	2.00	0.045	0.030	18.0~20.00	11.00~15.00	3.00~4.00	0.10N
—	03Cr18Ni16Mo5	0.04	1.00	2.50	0.045	0.030	16.0~19.00	15.00~17.00	4.00~6.00	—
022Cr19Ni16Mo5N	022Cr19Ni16Mo5N	0.030	1.00	2.00	0.45	0.030	17.00~20.00	13.50~17.50	4.00~5.00	0.10~0.20N
022Cr19Ni13Mo4N	022Cr19Ni13Mo4N	0.030	1.00	2.00	0.45	0.030	18.00~20.00	11.00~15.00	3.00~4.00	0.10~0.22N
06Cr18Ni11Ti	06Cr18Ni11Ti	0.08	1.00	2.00	0.045	0.030	17.0~19.00	9.00~12.00	—	5C~0.70Ti
07Cr19Ni11Ti*	07Cr19Ni11Ti	0.04~0.10	0.75	2.00	0.045	0.030	17.0~19.00	9.00~12.00	—	Ti:4(C+N)~0.70

续表

GB/T 4237—2015 及 GB/T 3280—2015 列入的钢号	GB/T 20878—2007 列入的钢号	C	Si	Mn	P	S	Cr	Ni	Mo	其他
015Cr24Ni22Mo8-Mn3CuN	015Cr24Ni22Mo8-Mn3CuN	0.020	0.50	2.00~4.00	0.030	0.005	24.00~25.00	21.00~23.00	7.00~8.00	0.30~0.60Cu, 0.45~0.55N
022Cr24Ni17Mo5-Mn6NbN	022Cr24Ni17Mo5-Mn6NbN	0.030	1.00	5.00~7.00	0.030	0.010	23.00~25.00	16.00~18.00	4.00~5.00	0.40~0.60N, 0.10Nb
06Cr18Ni11Nb	06Cr18Ni11Nb	0.08	0.75	2.00	0.045	0.030	17.0~19.00	9.00~13.00	—	Nb:10C~1.10
—	06Cr18Ni13Si4	0.08	3.00~5.00	2.00	0.045	0.030	15.0~20.00	11.50~15.00	—	—
07Cr18Ni11Nb*	—	0.04~0.10	0.75	2.00	0.45	0.030	17.0~19.00	9.00~13.00	—	Nb:8C~1.00
022Cr21Ni25Mo7N*	—	0.030	1.00	2.00	0.40	0.030	20.00~22.00	23.50~25.50	6.00~7.00	0.75Cu, 0.18~0.25N
015Cr20Ni25Mo7CuN*	—	0.020	1.00	2.00	0.30	0.010	19.00~21.00	24.00~26.00	6.00~7.00	0.50~1.50Cu, 0.15~0.25N

注：表中所列化学成分均为 GB/T 4237—2015 及 GB/T 3280—2015 中所列的，除表中明范围或最小值外，其余均为最大值。GB/T 4237—2015 及 GB/T 3280—2015 中新列入的钢号有 7 个(标以 *)，另有 25 个钢号相对于 GB/T 20878—2007 调整了化学成分。

表 9.10　我国奥氏体型不锈钢新旧牌号和美国、日本和国际标准牌号对照

新牌号 (GB/T 20878—2007)	旧牌号	GB/T 4237—2015, GB/T 3280—2015	美国 ASTM A959-04	日本 JIS4303-1998, JIS G4311-1991	国际 ISO 15510 ISO 4955
12Cr17Mn6Ni5N	1Cr17Mn6Ni5N	—	S20100,201	SUS 201	—
12Cr18Mn8Ni5N	1Cr18Mn8Ni5N	—	S20200,202	SUS 202	—
12Cr17Ni7	1Cr17Ni7	12Cr17Ni7	S30100,301	SUS 301	X5CrNi17-7
022Cr17Ni7	—	022Cr17Ni7	S30103,301L	SUS301L	X2CrNi18-7
022Cr17Ni7N	—	022Cr17Ni7N	S30153,301LN	—	—
12Cr18Ni9	1Cr18Ni9	12Cr18Ni9	S30200,302	SUS 302	X10CrNi18-8
12Cr18Ni9Si3	1Cr18Ni9Si3	12Cr18Ni9Si3	S30215,302B	SUS 302B	X12CrNiSi18-9-3
Y12Cr18Ni9	Y1Cr18Ni9	Y12Cr18Ni9	S30300,303	SUS 303	—
Y12Cr18Ni9Se	Y11Cr18Ni9Se	Y12Cr18Ni9Se	S30323,303Se	SUS 303Se	—
06Cr19Ni10	0Cr18Ni9	06Cr19Ni10	S30400,304	SUS 304	X5CrNi18-10
022Cr19Ni10	00Cr19Ni10	022Cr19Ni10	S30403,304L	SUS304L	X2CrNi18-9
07Cr19Ni10	0Cr19Ni10	07Cr19Ni10	S30409,304H	SUS 304H	X7CrNi18-9
05Cr19Ni10Si2CeN	—	05Cr19Ni10Si2CeN	S30415	—	X6CrNiSiNCe19-10
06Cr18Ni9Cu3	0Cr18Ni9Cu3	06Cr18Ni9Cu3	—	SUS XM7	—
06Cr19Ni10N	0Cr19Ni9N	06Cr19Ni10N	S30451,304N	SUS 304N1	X5CrNiN19-9
06Cr19Ni9NbN	0Cr19Ni10NbN	06Cr19Ni9NbN	S30452,XM-21	SUS 304N2	—
022Cr19Ni10N	00Cr18Ni10N	022Cr19Ni10N	S30453,304LN	SUS 304LN	X2CrNiN18-9
10Cr18Ni12	1Cr18Ni12	10Cr18Ni12	S30500,305	SUS 305	X6CrNi18-12
06Cr23Ni13	0Cr23Ni13	06Cr23Ni13	S30908,309S	SUS 309S	X12CrNi23-13
06Cr25Ni20	0Cr25Ni20	06Cr25Ni20	S31008,310S	SUS 310S	X12CrNi23-13
022Cr25Ni22Mo2N	—	022Cr25Ni22Mo2N	S31050,310MoLN	—	—
015Cr20Ni18Mo6CuN	—	015Cr20Ni18Mo6CuN	S31254	SUS312L	X1CrNiMoN20-18-7
06Cr17Ni12Mo2	0Cr17Ni12Mo2	06Cr17Ni12Mo2	S31600,316	SUS 316	X5CrNiNMo17-12-2

续表

新牌号 (GB/T 20878—2007)	旧牌号	GB/T 4237—2015, GB/T 3280—2015	美国 ASTM A959-04	日本 JIS4303-1998, JIS G4311-1991	国际 ISO 15510 ISO 4955
022Cr17Ni12Mo2	00Cr17Ni12Mo2	022Cr17Ni12Mo2	S31603,316L	SUS316L	X2CrNiMo17-12-2
07Cr17Ni12Mo2	1Cr17Ni12Mo2	07Cr17Ni12Mo2	S31609,316H	—	—
06Cr17Ni12Mo2Ti	0Cr18Ni12Mo2Ti	06Cr17Ni12Mo2Ti	S31635,316Ti	SUS 316Ti	X6CrNiMoTi17-12-2
06Cr17Ni12Mo2Nb	—	06Cr17Ni12Mo2Nb	S31640,316Nb	—	X6CrNiMoNb-17-12-2
06Cr17Ni12Mo2N	0Cr17Ni12Mo2N	06Cr17Ni12Mo2N	S31651,316N	SUS 316N	—
022Cr17Ni12Mo2N	022Cr17Ni12Mo2N	022Cr17Ni12Mo2N	S31653,316LN	SUS 316LN	X2CrNiMoN-17-12-3
06Cr18Ni12Mo2Cu2	0Cr18Ni12Mo2Cu2	—	—	SUS 316J1	—
022Cr18Ni14Mo2Cu2	00Cr18Ni14Mo2Cu2	—	—	SUS 316J1L	—
015Cr21Ni26Mo5Cu2	—	015Cr21Ni26Mo5Cu2	N08904,904L	SUS890L	X1NiCrMoCu25-20-5
06Cr19Ni13Mo3	0Cr19Ni13Mo3	06Cr19Ni13Mo3	S31700,317	SUS 317	—
022Cr19Ni13Mo3	00Cr19Ni13Mo3	022Cr19Ni13Mo3	S31703,317L	SUS317L	X2CrNiMo-19-14-4
03Cr18Ni16Mo5	0Cr18Ni16Mo5	—	—	SUS 317J1	—
022Cr19Ni16Mo5N	—	022Cr19Ni16Mo5N	S31726,317LMN	—	X2CrNiMoN-18-15-5
022Cr19Ni13Mo4N	—	022Cr19Ni13Mo4N	S31753,317LN	SUS317LN	X2CrNiMoN-18-12-4
06Cr18Ni11Ti	0Cr18Ni11Ti	06Cr18Ni11Ti	S32100,321	SUS 321	X6CrNiTi18-10
07Cr19Ni11Ti	1Cr19Ni11Ti	07Cr19Ni11Ti	S32109,321H	SUN321H	X7CrNiTi18-10
015Cr24Ni22Mo8Mn3CuN	—	015Cr24Ni22Mo8Mn3CuN	S32654	—	X1CrNiMoCuN-24-22-8
022Cr24Ni17Mo5Mn6NbN	—	022Cr24Ni17Mo5Mn6NbN	S34565	—	X2CrNiMnMoN-25-18-5
06Cr18Ni11Nb	0Cr18Ni11Nb	06Cr18Ni11Nb	S34700,	SUS 347	X6CrNiNb18-10
—	—	07Cr18Ni11Nb	S34709,321	SUS 347H	X7CrNiNb18-10
06Cr18Ni13Si4	0Cr18Ni13Si4	—	—	SUS XM15J1	—
—	—	08Cr21Ni11Si2CeN	S30815	—	—
—	—	015Cr20Ni25Mo7CuN	N08926	—	—
—	—	022Cr21Ni25Mo7N	N8367	—	—

表 9.11　奥氏体型不锈钢钢棒的热处理与力学性能(GB/T 1220—2007)

钢号(钢棒)(GB/T 1220—2007)	热处理温度,冷却方式为快冷(GB/T 1220—2007)	力学性能(不小于)				硬度(不小于)		
		$\sigma_{p0.2}$/MPa	σ_b/MPa	δ/%	ψ/%	HBW	HRB	HV
12Cr17Mn6Ni5N	固溶 1010~1120℃	275	520	40	45	241	100	253
12Cr18Mn8Ni5N	固溶 1010~1120℃	275	520	40	45	207	95	218
12Cr17Ni7	固溶 1010~1150℃	205	520	40	60	187	90	200
12Cr18Ni9	固溶 1010~1150℃	205	520	40	60	187	90	200
Y12Cr18Ni9	固溶 1010~1150℃	205	520	40	50	187	90	200
Y12Cr18Ni9Se	固溶 1010~1150℃	205	520	40	50	187	90	200
06Cr19Ni10	固溶 1010~1150℃	205	520	40	60	187	90	200
022Cr19Ni10	固溶 1010~1150℃	175	480	40	60	187	90	200
06Cr18Ni9Cu3	固溶 1010~1150℃	175	480	40	60	187	90	200
06Cr19Ni10N	固溶 1010~1150℃	275	550	40	50	217	95	220
06Cr19Ni10NbN	固溶 1010~1150℃	345	685	35	50	250	100	260
022Cr19Ni10N	固溶 1010~1150℃	245	550	40	50	217	95	220
10Cr18Ni12	固溶 1010~1150℃	175	520	35	60	187	90	200
06Cr23Ni13	固溶 1030~1150℃	205	520	40	60	187	90	200
06Cr25Ni20	固溶 1030~1180℃	205	520	40	50	187	90	200
06Cr17Ni12Mo2	固溶 1010~1150℃	205	520	40	60	187	90	200
022Cr17Ni12Mo2	固溶 1010~1150℃	175	480	40	60	187	90	200

续表

钢号(钢棒)(GB/T 1220—2007)	热处理温度,冷却方式为快冷(GB/T 1220—2007)	力学性能(不小于)				硬度(不小于)		
		$\sigma_{p0.2}$/MPa	σ_b/MPa	δ/%	ψ/%	HBW	HRB	HV
06Cr17Ni12Mo2Ti*	固溶 1010~1100℃	205	530	40	55	187	90	200
06Cr17Ni12Mo2N	固溶 1010~1150℃	275	550	35	50	217	95	220
022Cr17Ni12Mo2N	固溶 1010~1150℃	245	550	40	50	217	95	220
06Cr18Ni12Mo2Cu2	固溶 1010~1150℃	205	520	40	60	217	90	200
022Cr18Ni14Mo2Cu2	固溶 1010~1150℃	175	480	40	60	217	90	200
06Cr19Ni13Mo3	固溶 1010~1150℃	205	520	40	60	217	90	200
022Cr19Ni13Mo3	固溶 1010~1150℃	175	480	40	60	217	90	200
03Cr18Ni16Mo5	固溶 1030~1180℃	175	480	40	60	217	90	200
06Cr18Ni11Ti*	固溶 920~1150℃	205	520	40	60	217	90	200
06Cr18Ni11Nb*	固溶 980~1150℃	205	520	40	60	217	90	200
06Cr18Ni13Si4	固溶 1010~1150℃	205	520	40	60	207	95	218

注:钢棒对应的热处理方式,力学性能和硬度适用于直径、边长、厚度或对边距离不大于 180mm 的钢棒。带 * 表示此钢号在需方有要求时,可进行稳定化处理,处理温度为 850~930℃。

表 9.12 奥氏体型不锈钢钢板和钢带热处理器后的力学性能

钢板和钢带 (GB/T 4237—2015 GB/T 3280—2015)	热处理温度及冷却方式	力学性能 (不小于)			硬度 (不大于)		
		$R_{p0.2}$/MPa	R_m/MPa	A/%	HBW	HRB	HV
022Cr17Ni7	≥1040℃水冷或其他快冷	220	550	45	241	100	242
12Cr17Ni7	≥1040℃水冷或其他快冷	205	515	40	217	95	220
022Cr17Ni7N	≥1040℃水冷或其他快冷	240	550	45	241	100	242
12Cr18Ni9	≥1040℃水冷或其他快冷	205	515	40	201	92	210
12Cr18Ni9Si3	≥1040℃水冷或其他快冷	205	515	40	217	95	220
022Cr19Ni10	≥1040℃水冷或其他快冷	180	485	40	201	92	210
06Cr19Ni10	≥1040℃水冷或其他快冷	205	515	40	201	92	210
07Cr19Ni10	≥1040℃水冷或其他快冷	205	515	40	201	92	210
05Cr19Ni10Si2CeN	≥1040℃水冷或其他快冷	290	600	40	217	95	220
022Cr19Ni10N	≥1040℃水冷或其他快冷	205	515	40	217	95	220
06Cr19Ni10N	≥1040℃水冷或其他快冷	240	550	30	217	95	220
06Cr19Ni9NbN	≥1040℃水冷或其他快冷	275	585	30	241	100	242
10Cr18Ni12	≥1040℃水冷或其他快冷	170	485	40	183	88	200
08Cr21Ni11Si2CeN	≥1040℃水冷或其他快冷	310	600	40	217	95	220
06Cr23Ni13	≥1040℃水冷或其他快冷	205	515	40	217	95	220
06Cr25Ni20	≥1040℃水冷或其他快冷	205	515	40	217	95	220
022Cr25Ni22Mo2N	≥1040℃水冷或其他快冷	270	580	25	217	95	220
015Cr20Ni18Mo6CuN	≥1150℃水冷或其他快冷	310	655	35	223	96	225
022Cr17Ni12Mo2	≥1040℃水冷或其他快冷	180	485	40	217	95	220

续表

钢板和钢带 (GB/T 4237—2015 GB/T 3280—2015)	热处理温度及 冷却方式	力学性能 (不小于)			硬度 (不大于)		
		$R_{p0.2}$/MPa	R_m/MPa	A/%	HBW	HRB	HV
06Cr17Ni12Mo2	≥1040℃水冷或其他快冷	205	515	40	217	95	220
07Cr17Ni12Mo2	≥1040℃水冷或其他快冷	205	515	40	217	95	220
022Cr17Ni12Mo2N	≥1040℃水冷或其他快冷	205	515	40	217	95	220
06Cr17Ni12Mo2N	≥1040℃水冷或其他快冷	240	550	35	217	95	220
06Cr17Ni12Mo2Ti	≥1040℃水冷或其他快冷	205	515	40	217	95	220
06Cr17Ni12Mo2Nb	≥1040℃水冷或其他快冷	205	515	30	217	95	220
06Cr18Ni12Mo2Cu2	1010~1150℃水冷或其他快冷	205	520	40	187	90	200
022Cr19Ni13Mo3	≥1040℃水冷或其他快冷	205	515	40	217	95	220
06Cr19Ni13Mo3	≥1040℃水冷或其他快冷	205	515	35	217	95	220
022Cr19Ni16Mo5N	≥1040℃水冷或其他快冷	240	550	40	223	96	225
022Cr19Ni13Mo4N	≥1040℃水冷或其他快冷	240	550	40	217	95	220
015Cr21Ni26Mo5Cu2	1030~1180℃水冷或其他快冷	220	490	35	—	90	200
06Cr18Ni11Ti	≥1040℃水冷或其他快冷	205	515	40	217	95	220
07Cr19Ni11Ti	≥1095℃水冷或其他快冷	205	515	40	217	95	220
015Cr24Ni22Mo8Mn3CuN	≥1150℃水冷或其他快冷	430	750	40	250	—	252
022Cr24Ni17Mo5Mn6NbN	1120~1170℃水冷或其他快冷	415	795	35	241	100	242
06Cr18Ni11Nb	≥1040℃水冷或其他快冷	205	515	40	201	92	210
07Cr18Ni11Nb	≥1095℃水冷或其他快冷	205	515	40	201	92	210
022Cr21Ni25Mo7N	≥1040℃水冷或其他快冷	310	655	30	241	—	—
015Cr20Ni25Mo7CuN	≥1100℃水冷或其他快冷	295	650	35	—	—	—

表 9.13　我国奥氏体-铁素体型不锈钢的钢号与化学成分(GB/T 20878—2007,GB/T 4237—2015 及 GB/T 3280—2015)(单位：%)

GB/T 4237—2015 及 GB/T 3280—2015 列入的钢号	GB/T 20878 —2007 列入的钢号	C	Si	Mn	P	S	Cr	Ni	Mo	其他
14Cr18Ni11Si4AlTi	14Cr18Ni11Si4AlTi	0.10~0.18	3.40~4.00	0.80	0.035	0.030	17.50~19.50	10.00~12.00	—	0.40~0.70Ti, 0.10~0.30Al
022Cr19Ni5Mo3Si2N	022Cr19Ni5Mo3Si2N	0.030	1.30~2.00	1.00~2.00	0.035	0.030	18.00~19.50	4.50~5.50	2.50~3.00	0.05~0.12N
022Cr23Ni5Mo3N	022Cr23Ni5Mo3N	0.030	1.00	2.00	0.030	0.020	22.00~23.00	4.50~6.50	3.00~3.50	0.14~0.20N
022Cr21Mn5Ni2N*	—	0.030	1.00	4.00~6.00	0.040	0.030	19.50~21.50	1.00~3.00	0.60	1.00Cu, 0.05~0.17N
022Cr21Ni3Mo2N*	—	0.030	1.00	2.00	0.030	0.020	19.50~22.50	3.00~4.00	1.50~2.00	0.14~0.20N
12Cr21Ni5Ti	12Cr21Ni5Ti	0.09~0.14	0.80	0.80	0.035	0.030	20.00~22.00	4.80~5.80	—	Ti:5(C−0.02)~0.80
022Cr21Mn3Ni3Mo2N*	—	0.030	1.00	2.00~4.00	0.040	0.030	19.00~22.00	2.00~4.00	1.00~2.00	0.14~0.20N
022Cr22Mn3Ni2MoN*	—	0.030	1.00	2.00~3.00	0.040	0.020	20.50~23.50	1.00~2.00	0.10~1.00	0.50Cu, 0.15~0.27N
022Cr22Ni5Mo3N	022Cr22Ni5Mo3N	0.030	1.00	2.00	0.030	0.020	21.00~23.00	4.50~6.50	2.50~3.50	0.08~0.20N
03Cr22Mn5Ni2MoCuN*	—	0.04	1.00	4.00~6.00	0.040	0.030	21.00~22.00	1.35~1.70	0.10~0.80	0.10~0.80Cu, 0.20~0.25N

续表

GB/T 4237—2015 及 GB/T 3280—2015 列入的钢号	GB/T 20878—2007 列入的钢号	C	Si	Mn	P	S	Cr	Ni	Mo	其他
022Cr23Ni2N*	—	0.030	1.00	2.00	0.040	0.010	21.50~24.00	1.00~2.80	0.45	0.18~0.26N
022Cr24Ni4Mn3Mo2CuN*	—	0.030	0.70	2.50~4.00	0.035	0.005	23.00~25.00	3.00~4.50	1.00~2.00	0.10~0.80Cu, 0.20~0.30N
022Cr23Ni4MoCuN	022Cr23Ni4MoCuN	0.030	1.00	2.50	0.040	0.030	21.50~24.50	3.00~5.50	0.05~0.60	0.05~0.60Cu, 0.05~0.20N
022Cr25Ni6Mo2N	022Cr25Ni6Mo2N	0.030	1.00	2.00	0.030	0.030	24.00~26.00	5.50~6.50	1.20~2.50	0.10~0.20N
—	022Cr25Ni7Mo3WCuN	0.030	1.00	1.00	0.030	0.030	24.00~26.00	5.50~7.50	2.50~3.50	0.20~0.80Cu, 0.10~0.30N, 0.10~0.50W
03Cr25Ni6Mo3Cu2N	03Cr25Ni6Mo3Cu2N	0.04	1.00	1.50	0.040	0.030	24.00~27.00	4.50~6.50	2.90~3.90	1.50~2.50Cu, 0.10~0.25N
022Cr25Ni7Mo4N	022Cr25Ni7Mo4N	0.030	0.80	1.20	0.035	0.020	24.00~26.00	6.00~8.00	3.00~5.00	0.50Cu, 0.24~0.32N
022Cr25Ni7Mo4WCuN	022Cr25Ni7Mo4WCuN	0.030	1.00	1.00	0.030	0.010	24.00~26.00	6.00~8.00	3.00~4.00	0.50~1.00Cu, 0.20~0.30N, 0.50~1.00W

注：表中所列为 GB/T 4237—2015 及 GB/T 3280—2015 各牌号的化学成分（022Cr25Ni7Mo3WCuN 除外），除表明范围或表明最大值、最小值外，其余均为最大值。GB/T 4237—2015 及 GB/T 3280—2015 中新列入的钢号有 7 个（标以*），另有 4 个钢号相对于 GB/T 20878—2007 调整了化学成分。

表 9.14　我国奥氏体-铁素体型不锈钢新旧牌号和美国、日本和国际标准牌号对照
(GB/T 20878—2007,GB/T 4237—2015,GB/T 3280—2015)

新牌号 (GB/T 20878—2007)	旧牌号	GB/T 4237—2015, GB/T 3280—2015	美国 ASTM A959-04	日本 JIS G4303—1998, JIS G4311—1991 等	国际 ISO 15510, ISO 4955
14Cr18Ni11Si4AlTi	1Cr18Ni11Si4AlTi	14Cr18Ni11Si4AlTi	—	—	—
022Cr19Ni5Mo3Si2N	00Cr19Ni5Mo3Si2N	022Cr19Ni5Mo3Si2N	S31500	—	—
12Cr21Ni5Ti	1Cr21Ni5Ti	12Cr21Ni5Ti	—	—	—
022Cr22Ni5Mo3N	—	022Cr22Ni5Mo3N	S31803	SUS329J3L	—
022Cr23Ni5Mo3N	—	022Cr23Ni5Mo3N	S32205,2205	—	—
022Cr23Ni4MoCuN	—	022Cr23Ni4MoCuN	S32304,2304	—	—
022Cr25Ni6Mo2N	—	022Cr25Ni6Mo2N	S31200	—	—
022Cr25Ni7Mo3WCuN	—	022Cr25Ni7Mo3WCuN	S31260	SUS329J2L	—
03Cr25Ni6Mo3Cu2N	—	03Cr25Ni6Mo3Cu2N	S32550,255	SUS329J4L	—
022Cr25Ni7Mo4N	—	022Cr25Ni7Mo4N	S32750,2507	—	—
022Cr25Ni7Mo4WCuN	—	022Cr25Ni7Mo4WCuN	S32760	—	—
		022Cr21Ni3Mo2N	S32003		
		03Cr22Mn5Ni2MoCuN	S32101		X2CrMnNiN21-5-1
		022Cr21Mn5NiN	S32001		
		022Cr21Mn3Ni3Mo2N	S81932		
		022Cr22Mn3Ni2MoN	S82011		X2CrMnNiN21-3-1
		022Cr23Ni2N	S32202		
		022Cr24Ni4Mn3Mo2CuN	S82441		

表 9.15 奥氏体-铁素体型不锈钢的热处理与力学性能

钢 号	产品类型	热处理温度及冷却方式	力学性能(不小于)				硬度(不大于)		
			$R_{p0.2}$/MPa	R_m/MPa	A/%	Z/%	HBW	HRB	HV
14Cr18Ni11Si4AlTi	钢棒(GB/T 3280—2007)	固溶 930~1050℃,快冷	440	715	25	40	—	—	—
	热轧,冷轧钢板和钢带	1000~1050℃,水冷或其他冷却方式	—	715	25	—	—	—	—
022Cr19Ni5Mo3Si2N	钢棒(GB/T 3280—2007)	固溶 920~1150℃,快冷	390	590	25	40	—	30	300
	热轧,冷轧钢板和钢带	950~1050℃,水冷	440	630	25	—	290	31	—
12Cr21Ni5Ti	热轧,冷轧钢板和钢带	950~1050℃,水冷或其他冷却方式	—	635	25	—	293	31	—
022Cr22Ni5Mo3N	钢棒(GB/T 3280—2007)	固溶 950~1200℃,快冷	450	620	25	—	290	—	—
	热轧,冷轧钢板和钢带	1040~1100℃,水冷或其他冷却方式	450	620	25	—	293	31	—
022Cr23Ni5Mo3N	钢棒(GB/T 3280—2007)	固溶 950~1200℃,快冷	450	655	25	—	290	—	—
	热轧,冷轧钢板和钢带	1040~1100℃,水冷	450	655	25	—	293	31	—
022Cr23Ni4MoCuN	热轧,冷轧钢板和钢带	950~1050℃,水冷或其他冷却方式	400	600	25	—	290	31	—
022Cr25Ni6Mo2N	钢棒(GB/T 3280—2007)	固溶 950~1200℃	450	620	20	—	260	—	—
	热轧,冷轧钢板和钢带	1025~1125℃,水冷或其他冷却方式	450	640	25	—	295	31	—
03Cr25Ni6Mo3Cu2N	钢棒(GB/T 3280—2007)	固溶 1000~1200℃	550	750	25	—	290	—	—
	热轧,冷轧钢板和钢带	1050~1100℃,水冷或其他冷却方式	550	760	15	—	302	32	—

续表

钢 号	产品类型	热处理温度及冷却方式	力学性能(不小于)				硬度(不大于)		
			$R_{p0.2}$/MPa	R_m/MPa	A/%	Z/%	HBW	HRB	HV
022Cr25Ni7Mo4N	热轧、冷轧钢板和钢带	1050~1100℃,水冷	550	795	15	—	310	—	—
022Cr25Ni7Mo4WCuN	热轧、冷轧钢板和钢带	1050~1125℃,水冷或其他冷却方式	550	750	25	—	270	—	—
022Cr21Mn5Ni2N	热轧、冷轧钢板和钢带	≥1040℃,水冷或其他冷却方式	450	620	25	—	—	25	—
022Cr21Ni3Mo2N	热轧、冷轧钢板和钢带	≥1040℃,水冷或其他冷却方式	450	655	25	—	293	31	—
022Cr21Mn3Ni3Mo2N	热轧、冷轧钢板和钢带	≥1040℃,水冷或其他冷却方式	450	620	25	—	293	31	—
022Cr22Mn3Ni2MoN	热轧、冷轧钢板和钢带	≥1040℃,水冷或其他冷却方式	450	655	30	—	293	31	—
03Cr22Mn5Ni2MoCuN	热轧、冷轧钢板和钢带	≥1040℃,水冷或其他冷却方式	450	650	30	—	290	—	—
022Cr23Ni2N	热轧、冷轧钢板和钢带	≥1040℃,水冷或其他冷却方式	450	650	30	—	290	—	—
022Cr24Ni4Mn3Mo2CuN	热轧、冷轧钢板和钢带	≥1040℃,水冷或其他冷却方式	540	740	25	—	290	—	—

注:钢棒对应的热处理方式、力学性能和硬度适用于直径、边长、厚度或对边距离不大于180mm的钢棒。Z值对扁钢不适用(GB/T 3280—2007)。各钢号均为列入了GB/T 4237—2015 和GB/T 3280—2015 的钢号。

表 9.16　我国沉淀硬化型不锈钢的钢号与化学成分（GB/T 20878—2007）

（单位：%）

钢　号（GB/T 20878—2007）	C	Si	Mn	P	S	Cr	Ni	Mo、Nb	其　他
04Cr13Ni8Mo2Al	0.05	0.10	0.20	0.010	0.008	12.30~13.20	7.50~8.50	2.00~3.00Mo	0.01N, 0.90~1.35Al
022Cr12Ni9Cu2NbTi	0.03	0.50	0.50	0.040	0.030	11.00~12.50	7.50~9.50	0.50Mo, 0.10~0.50Nb	1.50~2.50Cu, 0.80~1.40Ti
05Cr15Ni5Cu4Nb	0.07	1.00	1.00	0.040	0.030	14.00~15.50	3.50~5.50	0.15~0.45Nb	2.50~4.50Cu
05Cr17Ni4Cu4Nb	0.07	1.00	1.00	0.040	0.030	15.00~17.50	3.00~5.00	0.15~0.45Nb	3.00~5.00Cu
07Cr17Ni7Al	0.09	1.00	1.00	0.040	0.030	16.00~18.00	6.50~7.75	—	0.75~1.50Al
07Cr15Ni7Mo2Al	0.09	1.00	1.00	0.040	0.030	14.00~16.00	6.50~7.75	2.00~3.00Mo	0.75~1.50Al
07Cr12Ni4Mn5Mo3Al	0.09	0.80	4.40~5.30	0.030	0.025	11.00~12.00	4.00~5.00	2.70~3.30Mo	0.50~1.00Al
09Cr17Ni5Mo3N	0.07~0.11	0.50	0.50~1.25	0.040	0.030	16.00~17.00	4.00~5.00	2.50~3.20Mo	0.07~0.13N
06Cr17Ni7AlTi	0.08	1.00	1.00	0.040	0.030	16.00~17.50	6.00~7.50	—	0.40Al, 0.40~1.20Ti
06Cr15Ni25Ti2MoAlVB	0.08	1.00	2.00	0.040	0.030	13.50~16.00	24.00~27.00	1.00~1.50Mo	0.35Al, 1.90~2.35Ti, 0.001~0.010B, 0.10~0.50V

注：表中所列化学成分，除表明范围或最小值外，其余均为最大值。GB/T 4237—2015 和 GB/T 3280—2015 中对几种钢的成分略有调整：04Cr13Ni8Mo2Al 钢中的 Cr 含量由 12.30%~12.20% 改为 12.30%~12.25%，022Cr12Ni9Cu2NbTi 钢中的微量元素含量由 0.80%~1.20%Ti 改为 (Nb+Ti)：0.10%~0.50%。

表 9.17　我国沉淀硬化型不锈钢新旧牌号和美国、日本和国际标准牌号对照（GB/T 20878—2007）

新牌号（GB/T 20878—2007）	旧牌号	美国 ASTM A959-04	日本 JIS G4303-1998,JIS G4311-1991	国际 ISO 15510,ISO 4955
04Cr13Ni8Mo2Al	—	S13800, XM-13	—	—
022Cr12Ni9Cu2NbTi	—	S45500, XM-16	—	—
05Cr15Ni5Cu4Nb	—	S15500, XM-12	—	—

续表

新牌号（GB/T 20878—2007）	旧牌号	美国 ASTM A959-04	日本 JIS G4303-1998,JIS G4311-1991	国际 ISO 15510,ISO 4955
05Cr17Ni4Cu4Nb	0Cr17Ni4Cu4Nb	S17400, 630	SUS630	X5CrNiCuNb16-6
07Cr17Ni7Al	0Cr17Ni7Al	S17700, 631	SUS631	X7CrNi17-7
07Cr15Ni7Mo2Al	0Cr15Ni7Mo2Al	S15700, 632	—	X8CrNiMoAl15-7-2
07Cr12Ni4Mn5Mo3Al	0Cr12Ni4Mn5Mo3Al	—	—	—
09Cr17Ni5Mo3N	—	S35000, 633	—	—
06Cr17Ni7AlTi	—	S17600, 635	—	—
06Cr15Ni25Ti2MoAlVB	0Cr15Ni25Ti2MoAlVB	S66286, 660	SUH660	—

表 9.18　沉淀硬化型不锈钢棒的热处理与力学性能（GB/T 1220—2007）

钢　号	热处理制度		力学性能（不小于）				硬度	
	固溶处理	时效	$\sigma_{p0.2}$/MPa	σ_b/MPa	δ/%	ψ/%	HBW	HRC
05Cr15Ni5Cu4Nb	1020~1060℃快冷	—	—	—	—	—	≤363	≤38
		470~490℃空冷	1180	1310	10	35	≥375	≥40
		540~560℃空冷	1000	1070	12	45	≥331	≥35
		570~590℃空冷	850	1000	13	45	≥302	≥31
		610~630℃空冷	725	930	16	50	≥277	≥28
05Cr17Ni4Cu4Nb	1020~1060℃快冷	—	—	—	—	—	≤363	≤38
		470~490℃空冷	1180	1310	10	35	≥375	≥40
		540~560℃空冷	1000	1070	12	45	≥331	≥35
		570~590℃空冷	860	1000	13	45	≥302	≥31
		610~630℃空冷	725	930	16	50	≥277	≥28

续表

钢号	热处理制度		力学性能（不小于）				硬度	
	固溶处理	时效	$\sigma_{p0.2}$/MPa	σ_b/MPa	δ/%	ψ/%	HBW	HRC
07Cr17Ni7Al	1000~1100℃快冷	—	380	1030	20	—	≤229	—
	1000~1100℃快冷	(955±10)℃，10min，空冷到室温，24h内冷至（-73±6）℃，8h，再加热到（510±10）℃，1h，空冷	1030	1230	4	10	≥388	—
		(760±10)℃，90min，在1h内冷至15℃以下，保持30min，再加热到（565±10）℃，90min，空冷	960	1140	5	25	≥363	—
07Cr15Ni7Mo2Al	1000~1100℃快冷	—	—	—	—	—	≤269	—
	1000~1100℃快冷	(955±10)℃，10min，空冷到室温，24h内冷至（-73±6）℃，8h，再加热到（510±10）℃，1h，空冷	1210	1320	6	20	≥388	—
		(760±10)℃，90min，在1h内冷至15℃以下，保持30min，再加热到（565±10）℃，90min，空冷	1100	1210	7	25	≥375	—

注：本表适用于直径、边长、厚度或对边距离不大于75mm的钢棒。

表9.19　沉淀硬化型不锈钢冷轧钢板和钢带固溶处理后试样的力学性能(GB/T 3280—2015)

钢　号	固溶处理	钢材厚度/mm	$\sigma_{p0.2}$/MPa(不大于)	σ_b/MPa(不大于)	δ/%(不小于)	硬度(不大于)	
						HRC	HBW
04Cr13Ni8Mo2Al	(927±15)℃,按要求冷却至60℃以下	—	—	—	—	38	363
022Cr12Ni9Cu2NbTi	(829±15)℃水冷	≥0.30～<8.0	1105	1205	3	36	331
07Cr17Ni7Al	(1065±15)℃水冷	≥0.10～<0.30 ≥0.30～<8.0	450 380	1035 1035	— 20	92(HRB)	— —
07Cr15Ni7Mo2Al	(1040±15)℃水冷	≥0.10～<0.30	450	1035	25	100(HRB)	—
09Cr17Ni5Mo3N	(930±15)℃水冷,在−75℃以下保持3h	≥0.10～<0.30 ≥0.30～<8.0	585 585	1380 1380	8 12	30 30	— —
06Cr17Ni7AlTi	(1038±15)℃空冷	≥0.10～<1.50 ≥1.50～<8.0	515 515	825 825	4 5	32 32	— —

注:GB/T 3280—2015替代了GB/T 3280—2007,钢的化学成分略有调整。04Cr13Ni8Mo2Al钢中的Mo含量由2.00%～3.00%调整为2.00%～2.50%。022Cr12Ni9Cu2NbTi钢中C含量由0.03%调整为0.05%。

表9.20　沉淀硬化型不锈钢冷轧钢板和钢带沉淀硬化处理后试样的力学性能(GB/T 3280—2015)

钢　号	钢材厚度/mm	处理温度	力学性能(不小于)			硬度HRC(不大于)
			$\sigma_{p0.2}$/MPa	σ_b/MPa	δ/%	
04Cr13Ni8Mo2Al	≥0.10～<8.0	(510±6)℃,4h,空冷	1410	1515	6～10	45
		(538±6)℃,4h,空冷	1310	1380	6～10	43
022Cr12Ni9Cu2NbTi	≥0.10～<8.0	(510±6)℃,4h,空冷或(480±6)℃,4h,空冷	1410	1525	3～4	44

续表

钢 号	钢材厚度/mm	处理温度	力学性能(不小于)			硬度 HRC(不大于)
			$\sigma_{p0.2}$/MPa	σ_b/MPa	δ/%	
07Cr17Ni7Al	≥0.10~≤8.0	(760±15)℃,90min,1h内冷至(15±3)℃,30min,再加热至(566±6)℃,90min空冷	965~1035	1170~1240	3~7	38~43
	≥0.10~≤8.0	(954±8)℃,10h,快冷至室温,24h内冷至(-73±6)℃,8h,空气中升至室温,再加热到(510±5)℃,1h后空冷	1310~1240	1450~1380	1~6	44~43
07Cr15Ni7Mo2Al	≥0.10~≤8.0	(760±15)℃,90min,1h内冷至(15±3)℃,30min,再加热至(566±6)℃,90min空冷	1170	1310	3~5	40
	≥0.10~≤8.0	(954±8)℃,10h,快冷至室温,24h内冷至(-73±6)℃,8h,空气中升至室温,再加热到(510±5)℃,1h后空冷	1380	1550	2~4	46~45
09Cr17Ni5Mo3N	≥0.10~≤1.2	冷轧	1205	1380	1	41
	≥0.10~≤1.2	冷轧,(482±6)℃,4h,空冷	1580	1655	1	46
	≥0.10~≤5.0	(455±8)℃,3h,空冷	1035	1275	6~8	42
	≥0.30~≤5.0	(540±8)℃,3h,空冷	1000	1140	6~8	36
06Cr17Ni7AlTi	≥0.10~≤8.0	(510±8)℃,30min,空冷	1170	1310	3~5	39
	≥0.10~≤8.0	(538±8)℃,30min,空冷	1105	1240	3~5	37
	≥0.10~≤8.0	(566±8)℃,30min,空冷	1035	1170	3~5	35

注：各钢号的固溶处理工艺见表9.19。断后伸长率δ适用于沿宽度方向的试验,垂直于轧制方向且平行于钢板表面。

9.3 马氏体不锈钢

9.3.1 碳及合金元素对马氏体不锈钢组织和性能的影响

从图 9.15 和表 9.2 可看出,马氏体不锈钢为铬含量为 11.5%~19.0%的低、中、高碳钢。马氏体不锈钢钢种可以分为三类:①低碳及中碳的 Cr13 型;②低碳含镍的 Cr17Ni2 型;③高碳的 Cr18 型。

马氏体不锈钢所含主要元素是铬、铁和碳,其相对含量决定了钢的组织类别,如图 9.15 所示。

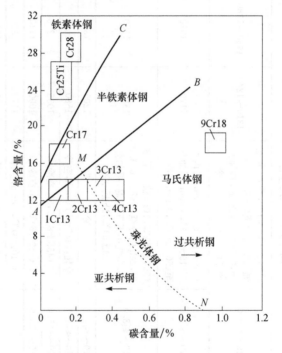

图 9.15 Fe-Cr-C 合金的组织[15]

铬是铁素体形成元素,为了得到可淬火的马氏体铬不锈钢,铬的调整是受限制的。不锈钢要求具有良好不锈性的最低铬含量约为 12%,为了能得到稳定的奥氏体相区,必须向 Fe-Cr 二元合金中加入奥氏体形成元素,碳和氮是价廉且有效的元素。在 Fe-Cr-C 三元系中,铬含量超过 20%时,无论碳含量如何均不能得到单一的奥氏体组织(图 2.34),因此马氏体不锈钢中的铬含量均低于 20%。

铬提高 Fe-C 合金的淬透性,使其过冷奥氏体转变曲线右移,具有空冷淬硬的能力。图 9.16 为 Cr13 型不锈钢的过冷奥氏体等温转变曲线。碳含量增加时,稳定性进一步提高。形状复杂的零件可分散地在空气中冷却或鼓风冷却,此时淬火温度取上限,尺寸较大的零件可采用油冷淬火。

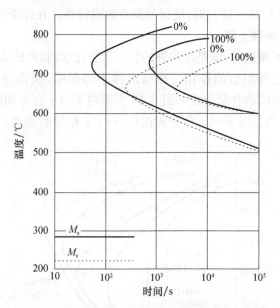

图 9.16 Cr13 型不锈钢的过冷奥氏体等温转变曲线[7,16]
实线表示含量:0.16%C、13.2%Cr;虚线表示含量:0.39%C、14%Cr

铬的最重要作用是使钢具有耐蚀性和不锈性。随着钢中铬含量的增加,其耐大气腐蚀性能也提高,引起耐蚀性突变的铬含量约为 12%,如图 9.17 所示。在高温 H$_2$S 中,铬的影响也遵循这一规律。

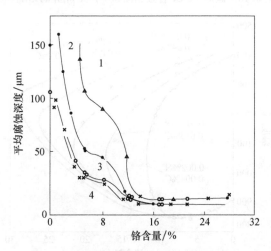

图 9.17 铬含量对 Fe-Cr 合金耐大气腐蚀性能的影响(8 年试验结果)[1]
1—海洋大气(A区);2—海洋大气(B区);3—一般大气;4—工业大气

　　在酸性水溶液中,铬对钢的耐蚀性与介质性质有关。在氧化性介质中,随铬含量的提高,钢的耐蚀性增加,这与铬能促使生成一层铬的氧化物保护膜有关。在稀硝酸中,铬含量为 17%~18%时,能得到满意的耐蚀性。在还原性介质中,随铬含量的提高,钢的耐蚀性下降。

　　在马氏体铬不锈钢中,碳是除铬外的另一重要元素,其奥氏体形成能力为镍的30倍,微量的氮也有相似的作用。在马氏体不锈钢中,碳含量一般在 0.1%~1.0%变动,视钢中的铬含量而定。图 9.18 为碳对 Fe-Cr 合金相图 $(\alpha+\gamma)/\alpha$ 相界的影响。图 9.19 为氮对 Fe-Cr 合金相图 $(\alpha+\gamma)/\alpha$ 相界的影响。碳和氮使 Fe-Cr

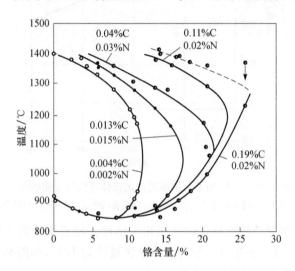

图 9.18　碳对 Fe-Cr 合金相图 $(\alpha+\gamma)/\alpha$ 相界的影响[17]

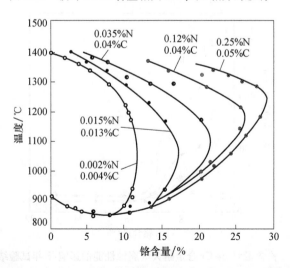

图 9.19　氮对 Fe-Cr 合金相图 $(\alpha+\gamma)/\alpha$ 相界的影响[17]

合金的 $\gamma/(\alpha+\gamma)$ 相界向右移动,使铬含量不小于 12% 的合金既具有不锈性,又能通过淬火进行强化。在给定的碳含量情况下,合金中的铬含量是受到限制的。如果铬超过一定的含量,将形成单相的铁素体组织而不能进行淬火。

图 9.20 和图 9.21 为不同铬含量时的 Fe-Cr-C 三元系垂直截面图。随铬含量的增加,共析点 S 左移,共析转变的温度区间升高,转变区间变宽。

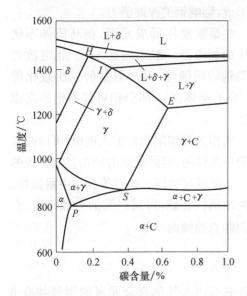 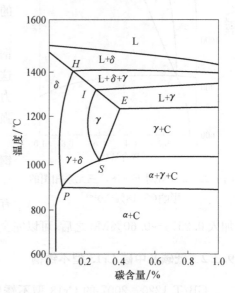

图 9.20　含 12%Cr 时的 Fe-Cr-C 三元系　　　图 9.21　含 18%Cr 时的 Fe-Cr-C 三元系
垂直截面图[8]　　　　　　　　　　　垂直截面图[8]

根据图 9.21,当铬含量为 18%,碳含量低于 0.08% 时,加热直至熔点,不出现 $\alpha \rightarrow \gamma$ 和 $\gamma \rightarrow \delta$ 转变,属于铁素体钢;在碳含量为 0.08%～0.22% 时,加热后只有部分铁素体可以转变为奥氏体,淬火后可得到铁素体＋马氏体的组织,属于半铁素体钢;在碳含量大于 0.22% 时,加热后可以得到奥氏体组织或奥氏体＋未溶碳化物,淬火后可以得到马氏体组织或马氏体＋未溶碳化物,属于马氏体钢,加热时含铬的碳化物溶解缓慢。

为改善马氏体铬不锈钢的综合性能,可以添加镍,镍是扩大 γ 相区的元素。在含 16%～18%Cr 的条件下,加入 2%Ni 对扩大 γ 相区有明显效果(图 9.22),即使碳含量很低,单一的铁素体组织也将消失,加热时出现混合的 $\alpha+\gamma$ 组织,使合金具有部分淬火能力。含碳 0.2% 时,加热可以完全转变为奥氏体,淬火后得到完全的马氏体组织,从而改善钢的力学性能。

镍能明显地改善 Cr13 型马氏体不锈钢的耐气蚀性能,含 2%Ni 的钢的耐气蚀性能较含 1%Ni 的钢约提高 3 倍。

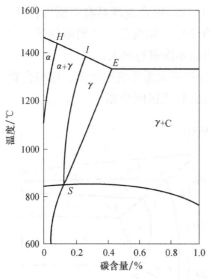

图 9.22　2％Ni 对 Fe-Cr-C 三元系相图的
影响(含 18％Cr)[8]

锰在这类钢中(易切削钢除外)含量不超过 1％,对钢的性能没有影响。

硅在这类钢中的含量不超过 1％,每增加 1％Si 可使 Ac_1 提高 $45 \sim 50℃$。硅是缩小 γ 相区的元素,提高硅含量将促进铁素体的形成,影响钢的淬硬能力。

钼是铁素体形成元素,在马氏体不锈钢中的加入量一般不超过 1％。钼可改善这类钢的耐蚀性,可增强钢的二次硬化能力,溶于基体的一部分钼可提高钢的高温强度。

硫作为易切削元素加入钢中,可以改善钢的切削性能,但降低钢的冲击韧性。硫的加入还降低这类钢在硝酸等介质中耐蚀性。有时用硒代替硫,可减轻钢的点蚀倾向,在加入 0.25％～0.60％Mo 之后,可以完全消除点蚀倾向。

9.3.2　低碳及中碳 Cr13 型不锈钢

GB/T 1220—2007 的 Cr13 型不锈钢中不加入其他合金元素的钢号共有 6 个,它们之间的主要差别在于碳含量的不同。Cr13 型不锈钢的一个共同特点是加热和冷却时具有 $\alpha \leftrightarrow \gamma$ 的转变,因此可以用热处理方法在比较宽的范围内改善它们的力学性能。从显微组织来划分,可把 06Cr13 列为铁素体钢(碳含量在上限时,进行少量 $\alpha \leftrightarrow \gamma$ 转变),12Cr13 列为马氏体-铁素体钢(半铁素体钢),20Cr13 和 30Cr13 列为马氏体钢,40Cr13 列为马氏体-碳化物钢。这些钢的主要成分、热处理工艺及力学性能见表 9.2 和表 9.4。生产实际中以 12Cr13、20Cr13、30Cr13、40Cr13 四个钢号应用较多。

Cr13 型不锈钢因含有大量铬元素,过冷奥氏体的稳定性较高(图 9.16),因此这类不锈钢高温加热后在空气中冷却即可以获得马氏体组织。锻后如冷却较快(在空气中冷却),由于变形的残余应力及组织转变的共同影响,常会使锻件表面产生裂纹,这种开裂倾向因钢中碳含量增高而增大,因此对这类钢锻后应缓慢冷却,并及时地进行软化处理。

Cr13 型不锈钢的软化处理可以两种方式进行：

(1) 高温回火。将锻件加热至 700～800℃保温 2～6h 后空冷,对形状简单的锻件基本上可避免锻造裂纹。12Cr13 钢高温回火后的硬度为 170～200HB,

20Cr13、30Cr13、40Cr13 钢为 200～230HB。

（2）完全退火。将锻件加热至 840～900℃（较常用的为 860℃）保温 2～4h 以后，以不大于 25℃/h 的速率冷却至 600℃后空冷，12Cr13 与 20Cr13 钢的硬度可降至 170HB 以下，30Cr13 与 40Cr13 钢可降至 217HB 以下。退火后的 Cr13 型不锈钢的耐蚀性能比较低，尤其是碳含量较高的钢更是如此（图 9.23）。这是因为退火的钢中存在大量的碳化铬，不仅使固溶体中的铬含量降低，并且这些碳化铬颗粒与基体构成许多微电池，加速了钢的腐蚀。

为了保证这类钢有高的耐腐蚀性，Cr13 型不锈钢都是经过淬火-回火以后才使用的。这类钢热处理的可能性取决于 $\gamma \leftrightarrow \alpha$ 相变的存在与否。含碳 0.01% 的 06Cr13 钢由于不存在 $\gamma \leftrightarrow \alpha$ 相变，不能通过淬火强化，而含碳 0.35% 的 40Cr13 钢，高于 800℃加热（钢的 $Ac_1 = 800℃$）淬火后得到马氏体组织，可以显著地得到强化。含碳在这两者之间的钢，由于 $\gamma \leftrightarrow \alpha$ 相变不完全，淬火强化效果则较小一些。

这类钢在淬火加热时，随加热温度的升高，碳化物逐渐溶解，淬火后硬度升高，见图 9.24。30Cr13 与 40Cr13 两种钢的碳含量较高，淬火温度也应高些，可保证碳化物充分溶解而得到高硬度。但如将温度提得过高（超过 1050℃），回火时碳化物的析出过程强烈，使钢的耐腐蚀性能降低（图 8.173）。30Cr13 与 40Cr13 钢淬火后的硬度一般为 51～56HRC，组织为马氏体及碳化物。应该指出的是，Cr13 型不锈钢导热性低，淬火时应缓慢加热或经过预热再加热至淬火温度。对于含碳较高的 30Cr13 与 40Cr13 钢，加热时应该注意防止表面脱碳，因为脱碳的结果可使表面层出现铁素体及粗晶粒组织，使淬火后硬度降低。

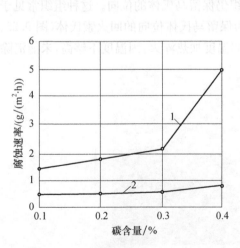

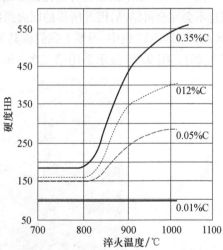

图 9.23 Cr13 型不锈钢在 10% 硝酸中的腐蚀速率[18]

1—退火状态；2—淬火状态

图 9.24 淬火温度对不同碳含量 Cr13 型不锈钢硬度的影响[16]

　　淬火状态的 Cr13 型不锈钢,由于基体组织是马氏体,大量的铬与碳均被保持在马氏体中,所以淬火状态的钢不仅硬度高,耐腐蚀性能也高。但淬火钢中具有较大的应力,必须及时进行回火,否则会引起开裂。对于尺寸较大及形状复杂的 Cr13 型不锈钢零件,淬火至回火的间隔时间最好不要超过 8h,在特殊情况下不能立即进行回火时,应将先淬火完的零件放在低温炉中等温,待全部淬火结束后再升温至规定的回火温度进行回火。

　　Cr13 型不锈钢的回火方式有两种:

　　(1) 当要求最大的硬度时,采用 200~250℃ 低温回火,得到回火马氏体组织,此时大量的铬元素仍保持在固溶体中,因此在保证较高硬度的同时,耐腐蚀性能也比较高。30Cr13 与 40Cr13 钢多采用低温回火。

　　(2) 第二种回火是在 650~750℃ 进行,此时淬火马氏体完全分解为回火索氏体,可以获得较好的强度与韧性配合,并且由于回火温度高,合金元素的扩散比较容易进行,使固溶体分解析出碳化铬附近的贫铬区重新获得铬浓度的平衡,保证了钢的耐腐蚀性能。这种回火多用于做结构零件使用的 06Cr13 至 20Cr13 钢。

　　在 400~600℃ 回火,由于析出弥散度很高的碳化物,不仅耐腐蚀性能降低(图 8.153),而且冲击韧性也比较低,因此一般不采用这个温度区间回火。

　　Cr13 型不锈钢因为含有大量的铬,抗回火稳定性比较高,为了获得比较稳定的回火状态,回火时间应比一般钢长一些。通常低温回火更应比高温回火长一些,一般为保温 2~4h,视具体情况而定。

　　由于 Cr13 型不锈钢的合金化程度比较高,淬火以后即使进行高温回火,基体组织也不会完全再结晶,因此所得的回火组织仍保留马氏体的位向。这种组织常见于12Cr13 与 20Cr13 钢中,习惯上我们称其为保留马氏体位向的回火索氏体(图 9.25、图 9.26)。图 9.26 显示采用第二次 840℃ 温度加热淬火,因温度不够高,未能消除

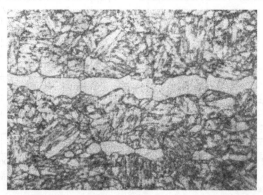

图 9.25　12Cr13 钢 1020℃ 加热后油淬,650℃ 回火处理后的组织[19]　　500×
组织为保持马氏体针位向分布的铁素体和呈带状分布的铁素体,
硬度 21~23HRC

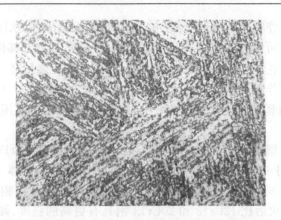

图 9.26 20Cr13 钢经 1040℃加热 1h 后油淬,然后 840℃加热 1h 后油淬,
620℃加热 3h 回火后空冷的组织[19] 500×
组织为保持原来板条马氏体位向的索氏体

第一次淬火所形成的粗大组织。

Cr13 型不锈钢具有回火脆性倾向,但不如一般合金结构钢明显。在生产实践
中,06Cr13、12Cr13 钢未发现明显的回火脆性,而 20Cr13 钢调质后则常因回火脆
性而影响冲击韧性。表 9.21 为 20Cr13 钢经 980℃油淬,670℃回火后空冷与油冷
后的力学性能比较,表明快冷可以抑制回火脆性的发展,获得较高的冲击韧度。当
零件加工后的精度要求较高时,为了不致因回火快冷的内应力影响零件加工后的
尺寸稳定性,可在回火油冷后再进行一次 400℃左右的除应力回火。

表 9.21 20Cr13 钢经 980℃油淬,670℃回火后空气冷却与油冷却后的力学性能[18]

回火后冷却介质	σ_b/MPa	σ_s/MPa	δ_5/%	ψ/%	HB	a_{kU}/(J/cm²)
空气	826	662	20.4	59.0	230	42~47
油	796	644	21.0	71.5	233	196~206

Cr13 型不锈钢是最价廉的不锈钢,由于铬含量相同而碳含量不同,其耐腐蚀
性能也不完全相同,但总的说来,它们的耐腐蚀性能属于同一数量级,都能抵抗大
气及水蒸气的腐蚀。

12Cr12 钢在一定温度下能承受较高的应力,在淡水、蒸汽条件下可耐腐蚀,用
做汽轮机叶片及较高应力下工作的部件等。

06Cr13 钢的耐腐蚀性、耐锈蚀性及焊接性能优于 12Cr13 至 40Cr13 钢,还具
有较高韧性、塑性和冷变形性能,用做受水蒸气、碳酸氢氨母液、热态含硫石油等腐
蚀设备的衬里,也用做要求较高韧性及受冲击载荷的零件。

12Cr13 钢属于半马氏体型钢,经淬火和高温回火后具有较高的强度、韧性,良
好的耐腐蚀性和机加工性能,主要用于要求较高韧性、一定的不锈性并承受冲击载

荷的零部件，如工作温度不超过 480℃的汽轮机叶片、紧固件、水压机阀、热裂解抗硫腐蚀设备等，也可制作在常温条件下耐弱腐蚀介质的设备和部件。

20Cr13 钢的主要性能与 12Cr13 钢相近，其强度和硬度稍高，而韧性和耐蚀性略低，主要用于制作承受高应力载荷的零件，如工作温度不超过 450℃的汽轮机叶片、热油泵轴和轴套、叶轮、水压机阀片等，也用于造纸工业和医用器械、家庭用具、餐具等。

虽然 20Cr13 钢因碳含量高，在室温下的冲击韧度低于 12Cr13 钢，但在低温下的冲击韧度却高于 12Cr13 钢，这是因为 12Cr13 钢中存在铁素体，使其冷脆倾向较大，因此要求在低温下具有较高冲击韧度的零件宜采用 20Cr13 钢[17]。

30Cr13 钢淬火后比 12Cr13 和 20Cr13 钢具有更高的强度、硬度和淬透性，在室温下对稀硝酸和弱有机酸有一定的耐蚀性，但不及 12Cr13 和 20Cr13 钢。30Cr13 钢主要用于高强度部件，以及在承受高应力载荷并在一定腐蚀介质中工作的磨损件，如在 300℃下工作的刀具、弹簧，以及 400℃以下工作的轴、螺栓、阀门、轴承等，也用做测量器械、医用工具。

40Cr13 钢的强度、硬度比 30Cr13 钢高，而韧性和耐蚀性略低，焊接性较差，其他性能与 30Cr13 钢相近。40Cr13 钢主要用做较高硬度及高耐磨性的部件，如外科医疗器械、轴承、阀门、阀片、弹簧等，以及制作要求耐蚀的塑料模具。

GB/T 1220—2007 中列入了两个易切削型 Cr13 不锈钢钢号：Y12Cr13 和 Y30Cr13，其热处理工艺与不含硫的相应钢号相同。

Y12Cr13 是不锈钢中切削性能最好的钢种，适用于自动车床加工的零件和标准件，如螺栓、螺母等。

Y30Cr13 是改善 30Cr13 钢切削加工性能的钢种，适用于自动车床加工的零件和标准件。

在 GB/T 1220—2007 中还列入了两个含钼的 Cr13 型不锈钢：13Cr13Mo 和 32Cr13Mo。

13Cr13Mo 钢是在 12Cr13 钢的基础上加 Mo，其耐蚀性和强度均比 12Cr13 好，用于制造要求韧性较高并承受冲击载荷的零件，如汽轮机叶片、水压机部件及耐高温的零部件等。

32Cr13Mo 钢是在 30Cr13 钢基础上加入 Mo，改善了强度和硬度，并增强了二次硬化效应，提高了耐蚀性。32Cr13Mo 钢用于要求较高硬度及高耐磨性的热油泵轴、阀片、阀门轴承、医疗器械、弹簧等零件。

014Cr13Ni5Mo 钢是一种超低碳马氏体不锈钢，具有良好的强度、韧性、可焊性及耐磨性能。钢中加入了 3.5%～5.5%Ni，可以明显改善 Cr13 型马氏体不锈钢的耐气蚀性能。图 9.27 为镍对 Cr13 型不锈钢耐气蚀性能的影响，可以看出，镍的加入提高了钢在流动的含泥沙水中的耐磨蚀性能。该钢在自来水中也具有良好的疲劳性能[1]。表 9.22 为该钢的室温力学性能。

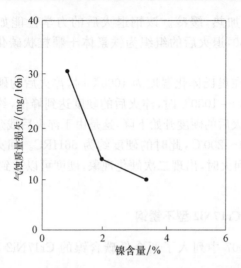

图 9.27 镍对 Cr13 型不锈钢耐气蚀性能的影响[1]

试验用钢：0.05%~0.08%C,14%Cr

表 9.22 014Cr13Ni5Mo 钢特厚钢板的室温力学性能[1]

取样部位	σ_b/MPa	σ_s/MPa	δ_5/%	ψ/%	a_k/(J/cm²)
常规	865	730~740	19~21	58.5	120~130
S,T	865~870	740	20~21	60~63	200~250
C,T	865	740	19.8~21.1	58.5	120
S,L	865	730~740	21.2~22	67.9~69.3	200~250
C,L	855	710~725	21.2~21.8	65.6~65.7	200
Z 向	820~830	595~615	8.5~11.2	16.1~16.9	110~120

注：电炉＋VOD冶炼,锭重 13.1t,板厚 120mm。固溶处理(1080℃×2h 空冷)＋回火(600℃×4h)。
S—表面;C—心部;T—横向;L—纵向。

014Cr13Ni5Mo 钢通过适当的热处理可具有低碳板条状马氏体与逆转变奥氏体的复相组织,从而既具有高的强度水平,又具有良好的韧性和可焊性,适用于厚截面尺寸且要求良好可焊性的使用条件,如大型水电站转轮和转轮下环等。该钢在含泥沙水中的磨蚀性能优于奥氏体不锈钢和一般马氏体不锈钢。

014Cr13Ni5Mo 钢具有良好的热加工和热弯成形性能,其热加工的加热温度可参照 18Cr-8Ni 奥氏体不锈钢,特厚板的热弯成形宜在 700~1000℃进行。该钢具有良好的焊接性能,其热影响区仍具有良好的综合性能。

在新制订的 GB/T 4237—2015 和 GB/T 3280—2015 中增加了一个中碳 Cr15 型马氏体不锈钢 50Cr15MoV。50Cr15MoV 是国外常用的一种马氏体不锈钢(美国 AI-SI425、德国 DIN X50CrMoV15),经常用于制造高档刀具,可以满足高利度的要求。

50Cr15MoV 钢具有比较高的淬透性,锻后或热轧后应缓慢冷却,适宜的退火工艺为 770~830℃加热,缓冷。该钢退火后的力学性能如下:$R_m \leqslant 850MPa$、$A > 12\%$、$HBW \leqslant 280$,退火后的组织为铁素体+颗粒状碳化物,碳化物主要是 $M_{23}C_6$ 型。

50Cr15MoV 钢在奥氏体化温度为 1000℃时,淬火后的硬度为 55~56HRC,奥氏体化温度为 1050~1080℃时,淬火后的硬度达到峰值,约为 60HRC,奥氏体化温度继续升高,淬火后的硬度开始下降,这是由于淬火后残余奥氏体的增加。回火温度应选择在 170~200℃,此时的硬度约为 56HRC。回火温度升高,硬度下降,但在 500℃左右回火时,出现二次硬化现象,硬度可以达到 57HRC 左右,但防锈性能下降[20]。

9.3.3　低碳含镍的 Cr17Ni2 型不锈钢

GB/T 1220—2007 中列入了两个低碳含镍的 Cr17Ni2 型钢:14Cr17Ni2 和 17Cr16Ni2。

14Cr17Ni2 钢是在 Cr17 钢的基础上加入了 2%Ni。由于镍能使 γ 区扩大,使 Cr17 钢的纯铁素体组织过渡到在高温时为 α+γ 的两相状态,使钢能够淬火成马氏体而部分地接受强化。因此,14Cr17Ni2 钢既具有相当于 Cr13 型不锈钢 (12Cr13、20Cr13)的力学性能,又保持了 Cr17 型不锈钢的耐腐蚀性能,特别是在海水中与铜合金(青铜)接触时具有很高的电化学稳定性。所以,14Cr17Ni2 钢被广泛应用于化工机械、造船工业及航空工业等方面。

由于 14Cr17Ni2 钢中的碳、铬、镍三个主要元素含量的上、下限较宽,并且含有锰、硅等元素,一般炼钢方法不可避免的氮也存在于钢中,这样钢中既有稳定奥氏体的元素碳、镍、锰、氮,又有形成铁素体的元素铬、硅,就使钢的组织变得复杂,但在大多数情况下都具有两相组织(图 9.22)。由图 9.22 可知,14Cr17Ni2 钢自高温快冷以后的组织是奥氏体、马氏体和铁素体。14Cr17Ni2 钢化学成分的不大变化(在规定的范围内),即可引起铁素体含量的很大差别。如表 9.23 所示的两种成分的 14Cr17Ni2 钢,前者含有 20% 的铁素体,后者由于成分中少了 1.35%Cr,多了 0.4%Ni 和 0.04%N,组织中没有了铁素体。可见 14Cr17Ni2 钢的碳、锰、镍偏上限,铬和硅偏下限时,铁素体含量减少,反之则增多。氮虽然不是规定的元素,但微量的氮却起着很大的作用(图 9.19)。

表 9.23　两种成分的 14Cr17Ni2 钢的铁素体含量比较[18]

化学成分/%						铁素体含量/%
C	Mn	Si	Cr	Ni	N	
0.16	0.60	0.30	16.95	1.90	0.03	20
0.16	0.60	0.30	15.60	2.30	0.07	0

与 12Cr13 钢一样,14Cr17Ni2 钢中出现大量的铁素体时,使力学性能降低,主要表现在冲击韧度方面(表 9.24),对强度的影响较小。14Cr17Ni2 钢的冲击韧度还与铁素体的分布有关,铁素体呈断续网状分布的 a_k 值最低,而呈明显带状分布的 a_k 值比前者可高出 3 倍左右。14Cr17Ni2 钢存在的大量铁素体还会使热塑性降低,锻造时形成裂纹的倾向增大。根据生产实践经验,将 14Cr17Ni2 钢的成分控制在下列范围内:C 含量为 0.13%~0.17%,Si 含量不大于 0.37%,Mn 含量不大于 0.6%,Cr 含量为 16.5%~17.5%,Ni 含量为 2.2%~2.5%,可使 δ 铁素体含量为 10%~15%,保证一般力学性能的要求。也有人主张将钢中的三个主要元素调整在下列范围内:C 含量为 0.15%~0.25%,Cr 含量为 16%~16.8%,Ni 含量为 2%~2.5%,这样可使 δ 铁素体含量限制在 3%~5%,保证要求的力学性能,但会带来下述两个问题:一是增加碳和降低铬以后会损及钢的耐腐蚀性能;二是由于碳及镍的提高导致钢中残余奥氏体含量增多。

表 9.24 铁素体含量不同的 14Cr17Ni2 钢锻件切向力学性能的比较[18]

化学成分/%					热处理	$\sigma_b/$ MPa	$\sigma_s/$ MPa	$\delta_5/\%$	$\psi/\%$	硬度 HB	$a_{kU}/$ (J/cm²)	铁素体 含量/%
C	Cr	Ni	Mn	Si								
0.15	17.04	2.24	0.46	0.10		846	662	17.5	51.1	255	64~72	<10
0.15	16.76	2.40	0.55	0.29	1000℃油淬, 650~680℃ 回火	853	672	15.0	43.7	265	42~45	~15
0.16	16.77	1.70	0.41	0.53		814	662	15.5	41.9	233	16~22	~30
0.41	18.71	2.30	0.68	0.70		745	594	15.8	29.8	220	15~19	~50

注:铁素体含量用金相法测定。

14Cr17Ni2 钢的锻造加热规范是:始锻温度 1150℃,终锻温度 800~900℃。锻造加热温度不能过高,在高温下停留的时间也不要过久,以免析出大量的铁素体,影响热处理以后的力学性能。图 9.28 为 14Cr17Ni2 钢(成分:0.18%C、0.41%Si、16.10%Cr、1.90%Ni、0.70%Mn)于不同温度和时间加热后的铁素体数量的变化。可以看出,加热温度较之加热时间更能影响钢中的铁素体含量,而且在加热至 1000℃以上才显著增多,因此过热易发生于锻造加热不当时。淬火加热温度过高及保温时间过久也会使铁素体含量增多,但不及锻造过热显著。

锻造时还应注意要有足够的锻造比,合理地分配每次加热的变形量,以使铁素体晶粒破碎,获得有利于韧性的分布状态,以及防止因变形不均匀而在两相的界面上产生裂纹。

14Cr17Ni2 钢的软化处理与 Cr13 型不锈钢一样,也是采用高温回火或完全退火。前者是加热至 650℃左右保温后于空气中冷却;后者是加热至 850~880℃保温后炉冷至 750℃后空冷。需要特别指出的是,14Cr17Ni2 钢是不锈钢中对白点很敏感的钢,用以生产大型锻件,锻后应进行去白点退火,否则锻件有产生白点的可能。

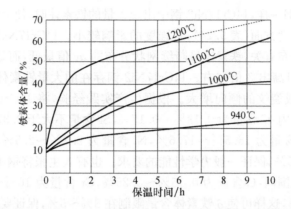

图 9.28　加热温度和时间对 14Cr17Ni2 钢铁素体含量的影响[18]

　　14Cr17Ni2 钢的淬火温度以 950～980℃比较适宜,温度超过 1000℃时由于组织中铁素体增加及出现残余奥氏体,使淬火后的硬度降低(图 9.29)。淬火加热温度过高,一方面使奥氏体中溶解大量的碳及合金元素,稳定性增高;另一方面,当高温时析出 δ 铁素体以后,使奥氏体中的合金元素,特别是起稳定奥氏体作用的合金元素相对地增多,使马氏体转变点降低,残余奥氏体含量增多。由图 9.29 可以看出,稍许成分的差异也会使淬火后的硬度相差甚大。14Cr17Ni2 钢的组织中出现大量残余奥氏体时,会出现晶间腐蚀。在正常淬火情况下,14Cr17Ni2 钢没有晶间腐蚀倾向。

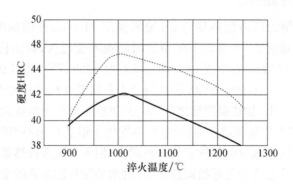

图 9.29　淬火温度对 14Cr17Ni2 钢硬度的影响[8]

----- 0.075%C、17.65%Cr、2.12%Ni

——0.090%C、16.8%Cr、1.65%Ni

　　14Cr17Ni2 钢的淬火一般采用油冷,淬火后的组织为马氏体、铁素体及少量的残余奥氏体。

　　14Cr17Ni2 钢通常采用在 275～350℃与 550℃以上回火。275～350℃低温回火后的基体组织为回火马氏体,具有高的硬度(350～402HB)与耐腐蚀性能,适用于要求高硬度及耐腐蚀的零件。550~700℃高温回火后的基体组织为回火索氏体,强度与韧性配合较好,耐蚀性也高。这两种状态的显微组织虽然不同,但都具有较高的耐腐蚀性能,没有明显的差别,在浓度为50%的冷态或沸腾的5%硝酸中,均具有10级标准中的第3级(表9.1)。高温回火工艺主要用于要求强度和韧性配合较好和耐腐蚀的结构零件。

与Cr13型不锈钢一样,14Cr17Ni2钢一般不采用350~550℃回火,在这一温度区间回火的14Cr17Ni2钢的耐蚀性能与冲击韧性均低,这与它具有回火脆性和"475℃脆性"有关。14Cr17Ni2钢在550℃左右回火后,油冷后的冲击值比空冷后约高出一倍。14Cr17Ni2钢在450℃重复加热时,随加热时间的延长,冲击值显著降低,与冷却条件无关,这表明该钢还具有高铬钢固有的475℃脆性(见9.4节)。

当淬火的14Cr17Ni2钢中存在残余奥氏体时,在高温回火过程中它们不可能完全等温分解,而是析出一部分碳化物后残余奥氏体的稳定性降低,于回火过程中转变为马氏体,结果使调质后钢的强度升高,而塑性与韧性降低。在这种情况下,可在原来的回火温度再进行一次回火,使新生成的马氏体分解为回火索氏体,从而使强度降低,而塑性与韧性提高[18]。

14Cr17Ni2钢热处理后具有较高的强度和硬度,对氧化酸类及有机盐类的水溶液有良好的耐蚀性,一般用于既要求高力学性能的可淬硬性,又要求较高的耐硝酸及有机酸腐蚀的零件、容器和设备,如轴类、活塞杆、泵、阀等的部件,以及弹簧和紧固件等。

17Cr16Ni2是新列入GB/T 1220—2007中的钢号。与14Cr17Ni2钢相比,17Cr16Ni2钢适当增加了碳含量,略减少铬含量,从而明显改善了钢的加工性能。该钢适于制作要求较高强度、韧性和良好耐蚀性的零部件,以及在潮湿介质中承受应力的部件。

9.3.4 高碳Cr18型不锈钢

在GB/T 1220—2007中列入了7个高碳Cr18型不锈钢,其中的95Cr18和102Cr17Mo钢的化学成分与高碳铬不锈轴承钢G95Cr18和G102Cr18Mo基本相同,对其组织、成分与工艺已在第三分册7.2.8节介绍过。

95Cr18钢淬火后具有很高的硬度和耐磨性,并且较Cr17型马氏体钢的耐蚀性能有所改善,在大气、水及某些酸类和盐类的水溶液中有优良的耐蚀性,其他性能与Cr17型不锈钢类似。由于钢中极易形成不均匀碳化物,需在生产时予以注意。该钢主要用做要求耐蚀、高强度和耐磨损的部件,如轴、泵、阀件、杆类、弹簧、紧固件等。

102Cr17Mo和90Cr18MoV钢的基本性能和用途与95Cr18钢相近,但热强性和抗回火性能更好,用做承受摩擦并在腐蚀介质中工作的零件,如量具、塑料模具、轴承、医用手术刀具等。

68Cr17、85Cr17、108Cr17等钢均为高碳马氏体不锈钢,在淬火和低温回火状态下使用,具有高的强度和硬度,这几种钢淬火-回火后的硬度随钢中碳含量的增加而增加,但韧性相应降低。

68Cr17钢一般用做要求有不锈性和耐稀氧化性酸、有机酸和盐类腐蚀的零部件,如刀具、量具、轴类、杆类、阀门、钩件等。

85Cr17钢在硬化状态下,比68Cr17钢硬度高,而比108Cr17钢韧性好,其他性能与用途类似于68Cr17钢,用做刀具、阀门、阀座等。

108Cr17钢是目前所有不锈钢和耐热钢中硬度最高的钢种,性能与用途类似于68Cr17钢,主要用于制造喷嘴、轴承等。

Y108Cr17钢是在108Cr17钢基础上改善切削性能的钢种,适用于自动车床加工标准件。

9.4　铁素体不锈钢

铁素体不锈钢可根据钢中铬含量的不同分为低铬(11%~15%)、中铬(16%~20%)和高铬(21%~32%)三类。

铁素体不锈钢除具有一般的耐蚀性能外,耐氯化物应力腐蚀、耐点蚀、耐缝隙腐蚀性能是其耐蚀性能方面的主要特点。铁素体不锈钢的强度高,冷加工硬化倾向较低,导热系数为奥氏体不锈钢的1.3~1.5倍,线膨胀系数为奥氏体不锈钢的60%~70%。虽然铁素体不锈钢有这些优点,但其用途还是有限的。其主要原因是这类不锈钢,特别是铬含量大于16%的铁素体不锈钢存在一些突出的问题:室温及低温韧性差、缺口敏感性高、对晶间腐蚀比较敏感,而且这些缺点随钢截面尺寸的增加、冷却速率的变慢而更加强烈地显示出来。由于冶炼技术的进步,已可生产出超高纯铁素体不锈钢,可使铁素体不锈钢上述缺点得到一定程度的克服,通过适当的合金化,出现了"超级铁素体不锈钢",使其在苛刻介质中的耐腐蚀、耐氯化物的点蚀和缝隙腐蚀等的应用方面取得了新的进展[1]。我国的高铬铁素体不锈钢产量份额(包括高铬马氏体不锈钢)在20世纪80年代仅占我国不锈钢产量的10%,近年已接近20%。

9.4.1　铁素体不锈钢的组织和脆性

高铬铁素不锈钢主要缺点是脆性大。引起脆性的原因主要有以下几个方面:

(1)粗大的原始晶粒。这类钢在冷却与加热时不发生相变,故铸态组织粗大。粗大的组织只能通过压力加工碎化,无法用热处理方法来改变它。工作温度超过再结晶温度后,晶粒长大倾向很大,加热至900℃以上,晶粒即显著粗化。由于晶粒粗大,这类钢的冷脆性高,韧脆转变温度高,室温的冲击韧性很低。图 9.30 为退火状态铁素体不锈钢的显微组织。

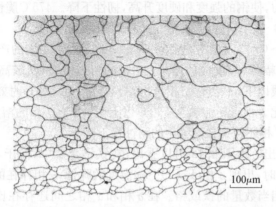

图 9.30 退火状态铁素体不锈钢(26%Cr、1%Mo)的显微组织[21]

对这类钢正确地控制热变形的开始温度和终止温度是十分重要的,如对 Cr25 和 Cr28 钢,锻造和轧制应在 750℃或较低的温度结束。此外,向钢中加入少量的钛,可使晶粒粗化的倾向略微降低。

(2) 475℃脆性。含铬超过 15%时,在 400~550℃停留较长时间后,钢在室温时变得很脆,其冲击韧性和塑性接近于零,并使钢的强度和硬度显著提高(图 9.31),最高脆化温度接近于 475℃,故文献中把这种脆化现象称为 475℃脆性。

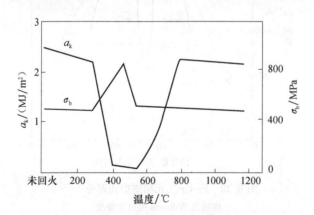

图 9.31 加热温度对 Cr28 铁素体不锈钢强度和韧性的影响[8]
300~1200℃加热 100h

导致 475℃脆性的原因是在该温度区间,自 α 相中析出富铬的 α' 相,铬含量高达 61%~83%,具有体心立方点阵,点降常数为 0.2877nm。这种高度弥散的亚稳定析出物与基体保持共格关系,长大速率极缓慢,在475℃保温2h后具有20nm直径,而34000h后只长到500nm。由于α'相的点阵常数大于铁素体的点阵常数,析出时产生共格应力,使钢的强度和硬度升高,韧性下降。475℃脆性具有还原性,可以通过加热至600~650℃保温1h后快冷予以消除。

图9.32为Fe-Cr二元相图的中间部分。可以看出,α'相的产生是由于520℃以下$\sigma \rightarrow \alpha + \alpha'$(调幅分解)反应的结果。$\alpha'$相的析出缓慢,从较高温度下的单相$\alpha$区空冷至溶解度线以下,不会有$\alpha'$相析出,只有随后在520℃时效,才会有$\alpha'$相沉淀而引起钢的脆化。当重新加热至550℃以上时,由于α'相的溶解,钢的塑性、韧性又得到恢复。α'相还使钢在硝酸中的耐蚀性下降。

(3)σ相的析出。由图2.12可以看出,在铁铬合金中,低于820℃时,当成分约相当于45%Cr时,出现σ相(FeCr)。随温度的降低,σ相存在的范围逐渐扩大,即σ相可以溶解相当数量的铁或铬。在σ相和α相之间还存在比较宽的两相区。σ相的形成需要在600~800℃长时间加热,更低的温度因原子扩散困难,故不能生成,如果自高温以较快的速率冷却,亦可以抑制σ相的生成。

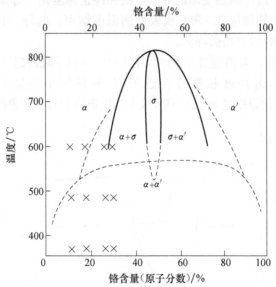

图9.32　Fe-Cr二元相图中间部分[21,22]

虚线为Williams提出的修改

σ相是一种具有复杂正方点阵(单位晶胞中有30个原子)的金属间化合物。在铬钢中,杂质及大多数合金元素Mo、Si、Mn、Ni等(C、N除外)都促使σ相的生成范围移至较低的铬含量并加速其形成,因此工业用的含17%Cr的铁素体钢,在600~700℃长期加热便可能形成σ相。σ相不仅见于高铬铁素体钢,也见于其他奥氏体-铁素体钢,以至于奥氏体钢中,不过σ相在铁素体中形成较容易。

σ相具有高的硬度(大于 68HRC)和脆性,析出时伴有大的体积变化,故引起很大脆性。由于 σ 相富铬,其析出会引起基体中铬分布的变化,而使钢的耐蚀性下降,连续成网状的 σ 相较岛状者更为有害。

除σ相外,在含钼的高铬铁素体不锈钢中还发现有 χ 相存在。χ 相同样是一种脆性相,可以显著降低钢的缺口韧性。χ 相中富集 Mo、Cr 的程度高于 σ 相且析出速率较 σ 相快。

铁素体不锈钢中出现 σ 相和 χ 相后,可以采用加热到它们的形成温度以上保温后急冷的方法予以消除。

在铁素体不锈钢中还会存在其他影响钢性能的相,主要是碳化物、氮化物和少量的马氏体。

碳和氮在铁素体中的溶解度很低,如含铬 26% 的铁素体不锈钢在 1093℃时,碳在钢中的溶解度为 0.04%,在 927℃时仅为 0.004%,温度再降低,其溶解度要降到 0.004% 以下;927℃以上时,氮在铁素体中的溶解度为 0.023%,而在 593℃时仅为 0.006%。因此,铁素体不锈钢在高温加热和在随后的冷却过程中,即使急冷,也难以防止碳化物和氮化物的析出,析出的碳化物主要是 $(Cr,Fe)_{23}C_6$ 和 $(Cr,Fe)_7C_3$,析出的氮化物主要是 CrN 和 Cr_2N。

析出的碳化物和氮化物对铁素体不锈钢的性能是有害的,主要表现在对耐蚀性、韧性、缺口敏感性的影响上。

在含约 17%Cr 的铁素体不锈钢中,如果 C+N 含量不大于 0.03% 时可以得到纯铁素体组织,当 C+N 含量大于 0.03% 后,高温下会生成 $\alpha+\gamma$ 双相结构。在随后的冷却过程中,γ 相转变为马氏体,使钢的组织具有 $\alpha+M$ 双相结构,从而使钢的组织细化,韧脆转变温度下移。当钢中马氏体含量在 9% 以上时,其耐腐蚀性良好且不受钢中碳、氮含量的影响。

9.4.2 合金元素对铁素体不锈钢组织和性能的影响

铬是使铁素体不锈钢具有铁素体组织和良好耐蚀性的主要元素。在铁素体钢中,铬含量的增加加速了 α' 相和 σ 相的形成和析出,并使铁素体晶粒更加粗大,增大了钢的脆化倾向。当铬含量超过 15% 以后,韧性的下降更加明显,韧脆转变温度显著上移。α' 相和 σ 相的析出对铁素体不锈钢的耐蚀性也有不利影响。

在铁素体不锈钢中,随铬含量的增加,钢的强度下降,当铬含量高于约 25% 后,随铬含量的增加,钢的强度稍有提高。这是因为在铬含量小于约 25% 时,铬含量的增加抑制了在纯铁素体组织中马氏体的形成。铬含量约大于 25% 后,随铬含量的增加,因铬的固溶强化作用而使钢的强度提高。

铁素体不锈钢在氧化性介质中,铬能使钢的表面上迅速生成致密稳定的富铬的钝化膜,即使被破坏也能迅速修复。不同铬含量的 Fe-Cr 合金在 10%H₂SO₄ 介质中的阳极极化曲线如图 9.33 所示。随铬含量的增加,合金的腐蚀电位和临界(初始)钝化电位 E_p 均逐渐向负电位方向移动,合金的临界电流强度(活性溶解时的最大电流密度)逐渐减小,钝化后腐蚀电流 $I_{最小}$ 也随之降低,即铬含量越高越易钝化。铬含量低时只有在较高的阳极电位下钝化才稳定,钝化所需要的时间要增长。当铬含量高至 12%~18%时,则在比较低的阳极电位下就能达到稳定的钝化状态。

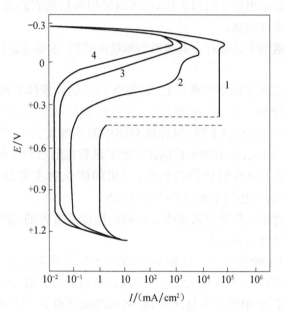

图 9.33　Fe-Cr 合金不同铬含量对阳极极化曲线的影响(10%H₂SO₄)[1,5]
1—2.8%Cr;2—9.5%Cr;3—14%Cr;4—18%Cr

　　钢中铬含量低于 10%时,钝化膜中不存在铬的氧化物,当铬含量超过 10%后,钝化膜中富集了铬的氧化物。这种富铬的氧化物具有尖晶石结构,在许多介质中有很高的稳定性。

　　在铁素体不锈钢中,随铬含量的提高,钢的晶间腐蚀敏感性降低。

　　铁素体不锈钢随钼含量的提高更易于获得纯铁素体组织,并促进 $α'$ 相、σ 相,特别是 χ 相的析出。

　　钼含量的增加可以通过固溶强化使铁素体不锈钢的硬度、强度提高,但使塑性、韧性下降,并进一步提高铁素体不锈钢的韧脆转变温度。图 9.34 为钼对含铬 25%的高纯铁素体不锈钢(C+N 含量不大于 0.019%)韧脆转变温度的影响。钼含量在约 2%以下时,对钢的韧脆转变温度无显著影响(图 9.34),钼含量进一步提高,对提高韧脆转变温度的影响才比较显著。钼对含铬 25%的非高纯钢(C+N 含量约 0.08%)的影响也是如此。

钼在铁素体不锈钢中最重要的作用是提高钢的耐蚀性,特别是耐点蚀、耐缝隙腐蚀等性能[1]。在铁素体不锈钢中加入钼时,随钼含量的提高,钢的耐点蚀性能提高,当钼含量大于或等于 2% 后便显示出明显的效果。虽然在有些环境中铁素体不锈钢不含钼,即使钢中的铬含量高也很难获得满意的耐点蚀性,但是钼在铁素体不锈钢中具有良好耐点蚀作用的前提是钢中必须含有足够量的铬。在一般情况下,钢中的铬含量越高,钼提高钢的耐点蚀的效果越明显(图 9.35)。研究表明,钼在铁素体不锈钢中的耐点蚀能力大约相当于铬的三倍,因此常用铁素体不锈钢中 Cr+3Mo 的含量来表征该钢的耐点蚀当量,此值越高,铁素体不锈钢的耐点蚀能力越强。钼同样显著提高铁素体不锈钢的耐缝隙腐蚀性能。

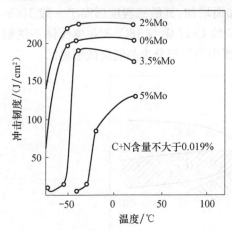

图 9.34 钼对含 25%Cr 高纯铁素体不锈钢
韧脆转变温度的影响[1]
980℃×1h,水冷处理;试样为 V 型缺口
1/4 尺寸冲击试样

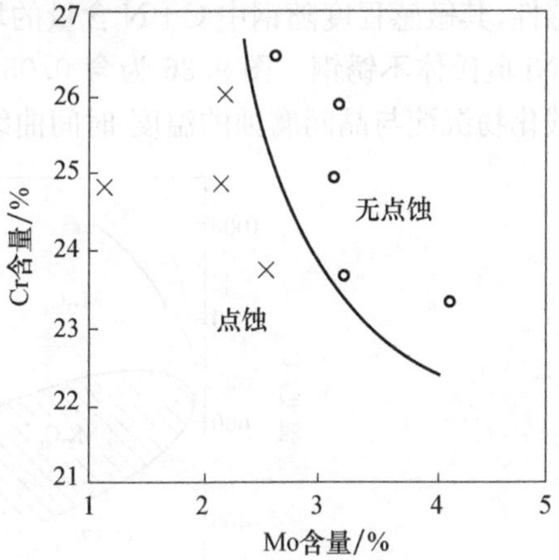

图 9.35 Cr、Mo 对高纯铁素体不锈钢
耐点蚀性能的影响[1]

钼对铁素体不锈钢应力腐蚀的影响,随钢的化学成分和试验条件的不同而异。含钼铁素体不锈钢一般较不含钼或低钼钢具有更好的耐应力腐蚀能力。

碳和氮在铁素体不锈钢中是不受欢迎的,因为它们除了能使钢强化外,对钢的其他各种性能都是不利的,如升高韧脆转变温度、增大缺口敏感性、降低焊后耐蚀性等。由于冶金技术的进步,目前工业规模上已可生产出超低碳、氮的高纯(C+N 含量不大于 0.015%)铁素体不锈钢,使铁素体不锈钢的一些不足得到了很大程度的克服。

碳和氮都是扩大 Fe-Cr 合金中 γ 相区的元素,使 α+γ 两相区向更高铬含量方向移动(图 9.18 和图 9.19),因而使碳、氮含量较高的铁素体不锈钢中可能出现铁素体+马氏体的双相结构。

由于碳、氮在铁素体中的溶解度很低,铁素体不锈钢在高温加热后的随后冷却过程中会有碳、氮化物析出,它们对铁素体不锈钢的性能产生重要的影响。

碳、氮含量的增加将使铁素体不锈钢的冲击韧性下降,特别是钢中铬含量高达15%~18%时更为明显,同时使钢的韧脆转变温度明显上移,增加钢的缺口敏感性。

铁素体不锈钢中碳、氮含量的增加也加强了钢的冷却速率效应和尺寸效应。前者指随冷却速率的不同,钢的韧性有很大的不同,后者是指随截面尺寸的变化,钢的韧性有很大的不同。

除碳、氮外,铁素体不锈钢中的氧含量对其韧性也有类似的影响。

碳、氮在铁素体不锈钢中存在的另一重要影响是使其具有很高的晶间腐蚀敏感性,其敏感程度随钢中 C+N 含量的增加而增加,其敏感程度远高于一般 18Cr-8Ni 奥氏体不锈钢。图 9.36 为含 0.05%C 的 Cr17 钢与 18Cr-8Ni 奥氏体不锈钢碳化物沉淀与晶间腐蚀的温度-时间曲线,图中阴影部分为晶间腐蚀敏感区。

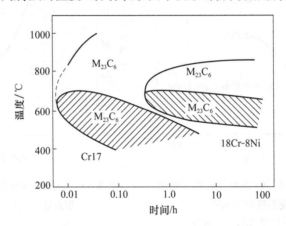

图 9.36　含 0.05%C 的 Cr17 钢与 18Cr-8Ni 奥氏体不锈钢碳化物
沉淀与晶间腐蚀的温度-时间曲线[1]

碳、氮在铁素体中的溶解度低,而碳、铬在 α 相中的扩散速率比在 γ 相中快得多,因此铁素体不锈钢在高温加热后的冷却过程中,包括快速冷却,极易析出碳化物和氮化物。其敏化行为与奥氏体不锈钢不同,除了如图 9.36 所示,在 400~600℃区间,因析出 $Cr_{23}C_6$ 而出现敏化区外,在 1100℃ 以上的高温区域也可以出现敏化区,这是由于从高温冷却过程中经过 400~600℃ 生成 $Cr_{23}C_6$ 所致。在两个敏化区之间的 700~850℃ 生成 $Cr_{23}C_6$ 时,由于铬的再扩散而补充了因形成 $Cr_{23}C_6$ 所需要的 Cr,因而不产生贫铬区,敏化现象消失。

一些研究结果还指出,碳、氮在铁素体不锈钢中对耐一般腐蚀、耐点蚀、耐缝隙腐蚀、耐应力腐蚀等都是有害的。

镍是扩大 Fe-C 合金 γ 相区的元素，使 α+γ 两相区向更高铬浓度方向移动（图 9.37）。为了使含镍铁素体不锈钢具有单一的纯铁素体组织，随镍含量的增加，不仅需要提高钢中铬含量，有时还要加入 Mo、Ti、Nb 等铁素体形成元素。

镍提高铁素体不锈钢的 475℃ 脆性，这是由于镍促进了 α′ 相的析出。镍对 σ 相的析出影响并不显著。

镍可以提高铁素体不锈钢的室温强度和韧性，并使钢的韧脆转变温度下移。表 9.25 为镍对几种高铬铁素体不锈钢室温力学性能的影响。由于镍的良好作用，目前常用的一些高铬含钼铁素体不锈钢中，在控制 C+N 总量的同时，还加入 2%～4%Ni。

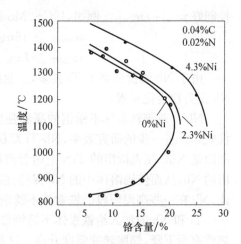

图 9.37 镍对 Fe-Cr 二元相
图 γ 相区的影响[17]

表 9.25 镍对几种高铬铁素体不锈钢室温力学性能的影响[1]

材料	σ_b/MPa	σ_s/MPa	δ/%	ψ/%	HRB
高纯 Cr25Mo3	590～610	450～480	24～34	72～81	—
高纯 Cr25Mo3Ni3	670～790	590～600	26～28	74～75	—
高纯 Cr28Mo	550	390	29	—	—
高纯 Cr28MoNi4	647	567	26	70	83～94
高纯 Cr29Mo4	620	515	25	95	94
高纯 Cr29Mo4Ni2	715	585	22	97	95

铁素体不锈钢中加入镍，在某些介质中可进一步提高钢的耐一般腐蚀、耐点蚀和耐缝隙腐蚀性能，但对于铁素体不锈钢耐氯化物应力腐蚀，镍的加入是有害的。随镍含量的增加，Cr18 型钢在 42% 沸腾 $MgCl_2$ 中的耐应力腐蚀性能下降，且敏化态（1050℃水冷）较退火态具有更高的破裂倾向。一般认为，镍对铁素体不锈钢的滑移、膜破裂和再钝化行为均有影响，镍提高钢的膜破裂倾向，延缓再钝化速率并显著增加钢的氢脆敏感性[1]。

目前已可在工业条件下生产 C+N 含量不大于 0.015% 的铁素体不锈钢，但仍未能防止一些铁素体不锈钢的晶间腐蚀问题。例如，为了防止 Cr26Mo1 铁素体不锈钢的晶间腐蚀，应使钢中的 C+N 含量在 0.005%～0.007%，这在工业生产条件下是难以做到的。人们考虑在铁素体不锈钢中加入能与 C、N 结合成稳定碳化物的 Ti 或 Nb 以抑制铬的碳、氮化物的形成，从而提高铁素体不锈钢的耐晶间腐蚀性能。

向铁素体不锈钢中加入 Ti 或 Nb 的量应视钢中的 C+N 含量的不同而异，要

控制好 w_{Nb+Ti}/w_{C+N}。例如,19Cr-2Mo 钢,按下式计算加入量,即能抑制敏化[23]:

$$w_{Nb+Ti} \geqslant 16w_{C+N}, w_{C+N} \geqslant 0.07 \qquad (9.7)$$

$$w_{Nb+Ti} \geqslant 8w_{C+N}, w_{C+N} < 0.07 \qquad (9.8)$$

由于 Nb 的价格高于 Ti 甚多,工业应用的铁素体不锈钢大多采用 Ti 或 Ti+Nb 作为稳定化元素。

Nb 在改善铁素体不锈钢的高温强度方面(含 19%Cr),较其他元素显示出最佳效果。进一步的研究表明,Nb-Ti 双稳定化较单纯加 Nb 有更好的强化效果,其原因是 NbC 在先析出的 TiN 上附着而抑制了 Fe_3Nb_3V 的粗大化,减少了沉淀析出的 Nb,从而使固溶体中的 Nb 保持在相对高的水平,增加了 Nb 的固溶效果。因此,Nb 在一些高温服役的铁素体不锈钢中得到广泛应用[24]。

Ti 和 Nb 的加入给铁素体不锈钢带来一些其他问题,主要是铁素体不锈钢的韧性有所下降,韧脆转变温度升高。这是由于 Ti 和 Nb 的析出物在变形过程中强烈地阻碍位错运动,造成位错塞积,产生了应力集中,导致解理裂纹在析出物附近形核,而后沿解理面扩展直至断裂[1]。

向铁素体不锈钢中加入 Ti、Nb,由于其细化钢晶粒的作用,对提高非高纯铁素体不锈钢焊后的塑性有着有益的影响。

研究过 Ti 和 Nb 加入 Cr18 型铁素体不锈钢中对耐点蚀的影响,结果表明,它们可升高钢的点蚀电位,提高钢的耐点蚀性[1]。

锰、硅在铁素体不锈钢中的含量不大于 1.0%,多作为脱氧元素加入,即便如此,对铁素体不锈钢的韧脆转变温度也有明显不利影响。铝作为脱氧剂加入量适宜,钢的韧脆转变温度降低,铝含量不小于 0.05% 时,钢的韧脆转变温度升高。在铁素体不锈钢中为了提高抗氧化和硫化的能力,可加入较高的硅和铝。

在铁素体不锈钢中,加入适量的铜可提高钢的耐蚀性和冷成形性能。在一些超级铁素体不锈钢中可延缓金属间相的析出并降低韧脆转变温度,但对钢的热加工性能将产生不利影响。

铁素体不锈钢薄板已得到较多的应用,改善它们的冷冲压成型性是十分重要的。衡量铁素体不锈钢的成型性可用平均塑性应变比 $\bar{r}$ 和平均加工硬化指数 $\bar{n}$,也常用极限拉伸比(LDR)予以判定,一般希望这些参数越高越好。一些典型的铁素体不锈钢的 $\bar{r}$ 值为 1.4~1.5,$\bar{n}$ 为 0.20~0.21,LDR 值为 2.15~2.20。铁素体钢的 LDR 值与普通碳钢接近,远优于奥氏体不锈钢。为了生产出高 $\bar{r}$ 值的薄板(带),要求板坯的加热温度适宜、低的终轧温度、高的退火温度和适宜配比的二次冷轧压下量[1]。铁素体不锈钢的胀形成形性不如奥氏体不锈钢,在选择用于胀形成形材料时,应予以考虑。

起皱或皱褶是铁素体不锈钢在成形过程中应变较大时易产生的一种表面缺陷,发生在平行于变形的方向上,表现为具有波峰和波谷的一束平行条纹。这种缺陷严重影响其外观和使用性能,导致大量零件降级或报废[24]。

国内外学者对铁素体不锈钢表面产生皱褶的机理和控制技术进行了大量的研究,普遍认为其产生原因与微观取向分布有关,具有相同取向的晶粒聚集在一起而形成的晶粒簇(grain colony)使得微观取向不均匀,当取向晶粒簇与基体之间的塑性应变不均匀性产生差别时,将导致铁素体不锈钢在成形过程中表面产生皱褶[25]。

对于含 Ti 的铁素体不锈钢应尽可能降低钢中的碳含量并保持适当的氮含量水平,w_{C+N} 应不大于 0.02%。微合金化元素 Ti 对抗皱褶的作用优于 Nb,这是由于 Ti 与 N 的化学亲和力强于 Nb,在连铸阶段生成少量较粗大的 TiN 沉淀,细化了凝固组织,热轧过程中易于出现再结晶。

提高铁素体不锈钢铸坯凝固组织的等轴晶的比例可以明显改善薄板的抗皱性能。等轴晶凝固组织的成品板具有较少的⟨001⟩∥ND(厚度方向)不利织构组分和较多的⟨111⟩∥ND,而且各种织构在整个纵截面呈随机弥散分布。柱状晶凝固组织的成品板则与之相反,⟨001⟩∥ND 不利织构组分多分布在板材的中心层,且呈聚集状态,形成了明显的晶粒簇,在拉伸过程中引起金属的各向异性流动而导致表面起皱。因此,提高凝固组织等轴晶的比例可以明显地改善薄板的抗皱性能。

热轧工艺对铁素体不锈钢成品板表面起皱也有重要影响。粗轧时应精确控制终轧温度、延长粗轧道次间隔时间、提高道次变形量,促进铁素体的静态再结晶,使晶粒取向更加弥散化,可以降低成品板的表面起皱。控制精轧的终轧温度也很重要,低温轧制可使冷轧退火钢板明显细化、晶粒尺寸更为均匀,有利的⟨111⟩∥ND γ 纤维取向晶粒明显增多,提高了成品板的抗皱性能。

当铁素体不锈钢的显微组织中形成奥氏体或马氏体第二相时,在高温双相区($\alpha+\gamma$)进行退火,可以促进再结晶并打破取向晶粒簇,冷轧退火后呈等轴 α 相单相组织,对提高成品板抗表面起皱有重要作用。

依据上述工艺因素对铁素体不锈钢成形性和抗皱褶性的研究结果应用于工业生产中,可使铁素体不锈钢的成形性能和抗皱褶性能稳定在比较理想的水平,促进了铁素体不锈钢板在工业部门的广泛应用[24,25]。

9.4.3 常用铁素体不锈钢的钢号、性能和应用

高铬铁素体不锈钢多在退火软化状态使用。

传统的铁素体不锈钢,如 10Cr17,碳氮含量较高,热轧过程中存在一定数量的奥氏体,热轧后钢板中存在相应数量的马氏体相,碳化物常呈带状分布,影响加工性能和耐蚀性能。因此,需要进行罩式炉退火,使马氏体分解为铁素体和碳化物,并使碳化物在铁素体中均匀弥散分布,达到软化钢材、提升耐蚀性的目的。退火温度通常为 750~850℃[25]。

新型超纯铁素体不锈钢,具有很低的碳氮含量,在高温下不存在奥氏体相。因此这类铁素体不锈钢通常采用连续退火的方式,使热轧变形组织发生再结晶,以提

高组织的均匀性和成形性,其退火温度在 1000℃ 左右[25]。

热轧退火后的铁素体不锈钢板(带)中大部分须经冷轧制成冷轧铁素体不锈钢板(带),热轧钢板在冷轧前必须经过酸洗,以去除热轧和退火过程中钢板表面形成的氧化铁皮。不锈钢冷轧时发生加工硬化,将加工硬化的钢材加热至 600℃ 以下,可消除变形应力;加热至 600℃ 以上,冷轧变形组织将发生再结晶,钢材显著软化。冷轧钢板(带)的退火包括中间退火和最终退火,目的都是为了使加工硬化的组织发生再结晶,降低强度,提高塑性和韧性。铁素体不锈钢一般在 700℃ 以上发生再结晶,其冷轧退火温度通常在 800~900℃。退火温度超过 900℃ 后,会引起晶粒长大而使其变脆。退火时间不得过长,温度达到均匀即可,退火保温时间为 1~2h,或按厚度计算(1.5min/mm)。铁素体不锈钢在退火后应快速冷却(水冷或空冷),一定要缩短在 370~550℃ 温度范围的停留时间,特别是高铬铁素体不锈钢,以防 475℃ 脆性,即硬度增高,伸长率大幅度下降,其耐蚀性也将降低[23]。

铁素体钢经过退火以后,$(Fe,Cr)_7C_3$ 比较均匀地析出,以后转变为稳定的 $Cr_{23}C_6$,固溶体的浓度比较一致,此时钢的耐蚀性最好。

下面分别对一些铁素体不锈钢的性能和应用进行简要介绍[1,3,26]。

9.4.3.1　低铬铁素体不锈钢

1) 06Cr13Al

06Cr13Al 是一种低铬的铁素体不锈钢,由于碳含量低且加入铝,从而抑制了高温的 $\alpha \leftrightarrow \gamma$ 转变。

06Cr13Al 钢的始锻温度为 1040~1150℃,终加工温度不大于 760℃,应控制热加工工艺以得到比较细的晶粒组织,以便通过随后的处理获得所要求的塑性和韧性。06Cr13Al 钢的退火温度为 780~830℃,空冷或缓冷。经退火后钢板的力学性能见表 9.26。

表 9.26　低铬铁素体不锈钢钢板(带)退火后的力学性能(GB/T 4237—2015、GB/T 3280—2015)

牌　号	R_m/MPa	$R_{p0.2}$/MPa	A/%	冷弯 180°(d—弯芯直径,a—钢板厚度)	HBW
	不小于				不大于
06Cr13Al	415	170	20	$d=2a$	179
022Cr11Ti	380	170	20	$d=2a$	197
022Cr11NbTi	380	170	20	$d=2a$	179
022Cr12Ni	450	280	18	—	180
022Cr12	360	195	22	$d=2a$	183

注:可参阅表 9.8。

06Cr13Al 钢的耐锈性优于含碳高的 12Cr13、20Cr13、30Cr13、40Cr13 等马氏体不锈钢,其抗氧化使用温度、断续加热温度不大于 760℃,连续加热温度不大于

677℃。06Cr13Al 钢具有良好的塑性、韧性和冷成形性,优于铬含量更高的其他铁素体不锈钢,可采用一般不锈钢所采用的方法进行焊接。06Cr13Al 钢在 475℃长时间加热,不呈现 475℃脆性。06Cr13Al 钢主要用于石油精炼塔槽衬里和各种部件、蒸汽透平叶片等。

2) 022Cr11Ti

022Cr11Ti 钢是一种超低碳的铁素体不锈钢,具有良好的成形性、经济性、耐蚀性、抗氧化性等综合性能,断续高温使用温度为 815℃,连续使用温度为 675℃。

022Cr11Ti 钢的开始热加工温度为 1100~1150℃,卷取温度约 600℃,热轧带坯在罩式炉内退火工艺为(830~870℃)×8h,冷轧带的退火温度控制在(860±10)℃。退火后的力学性能见表 9.26。

022Cr11Ti 钢由于低的碳、氮含量又加入钛,钢板平行面{111}较发达,因此 $\bar{r}$ 值较高,深拉伸性能较好,当钛的加入量为 C+N 的 10 倍以上时可得到高的 $\bar{r}$ 值。022Cr11Ti 钢还具有较好的胀形性。胀形性是以形变强化指数 n 为指标的(式(4.68)),置换式固溶元素和间隙式固溶元素对 n 值均有不利影响(表 4.14)。022Cr11Ti 钢中的铬元素和碳、氮的含量均低并加入微量的钛,因此具有良好的胀形性。表 9.27 为 022Cr12 和 022Cr11Ti 铁素体不锈钢的成形性对比[3]。

表 9.27 022Cr12 和 022Cr11Ti 铁素体不锈钢的成形性

钢种	板厚/mm	n 值	$\bar{r}$ 值	E_r/mm	CCV 值	扩孔率	弯曲性
022Cr12	0.8	0.22	1.1	10.1	39.1	1.1	良好
(410L)	0.15	0.22	0.8	11.3	62.0	1.1	良好
022Cr11Ti	0.8	0.24	1.7	11.2	38.0	1.4	良好
(409L)	0.15	0.24	1.2	11.9	61.1	1.5	良好

注:n 值的计算根据式(4.68);$\bar{r}$ 值的计算根据式(4.65);E_r 为 Erichsen 杯突试验的 IE 值(图 4.95);CCV 值为杯锥试验的锥杯值(GB/T 15825.6—2008);扩孔率的计算见式(5.24);弯曲性是沿轧制方向弯曲,弯曲角为 0°。

022Cr11Ti 钢有良好的焊接性,可采用各种方法焊接,焊接时输入的热量应该小些,避免晶粒过分长大。

022Cr11Ti 钢广泛用于汽车排气系统中,如消音器、尾气管、触媒转换器壳体等。煤气燃烧喷嘴等需深拉伸成形部件也大量采用 022Cr11Ti 钢。

3) 022Cr11NbTi

022Cr11NbTi 钢中含有钛和铌,可以细化晶粒并提高钢的耐晶间腐蚀性,改善焊后塑性。022Cr11NbTi 钢的性能比 022Cr11Ti 钢更好。该钢的退火温度为 780~950℃,快冷或缓冷,退火后的力学性能见表 9.26。

022Cr11NbTi 钢的用途与 022Cr11Ti 钢相同,多用于制造汽车排气处理装置。

4) 022Cr12

022Cr12 钢是一种超低碳铁素体不锈钢,其焊接焊缝部位的弯曲性能、加工性能和耐高温氧化性能均良好。022Cr12 钢退火温度为 700～820℃,快冷或缓冷,退火后的力学性能见表 9.26。该钢用于汽车排气处理装置、锅炉燃烧室、喷嘴等,以及集装箱行业。

5) 022Cr12Ni

022Cr12Ni 钢是在 022Cr12 钢中加入 0.60%～1.00%Ni,其基本性能与 022Cr12 钢相同,可用于制作压力容器,主要用于运输、交通、结构、石油和采矿等行业。

9.4.3.2 中铬铁素体不锈钢

1) 10Cr15

10Cr15 是一种中铬铁素体不锈钢,有良好的耐蚀性和较好的焊接性。该钢的始锻温度为 1040～1120℃,终锻温度为 705～790℃,锻后空冷,退火温度为 780～850℃,快冷或缓冷,退火后的力学性能见表 9.28。

表 9.28 中铬铁素体不锈钢钢板(带)退火后的力学性能(GB/T 4237—2015、GB/T 3280—2015)

牌 号	R_m/MPa	$R_{p0.2}$/MPa	A/%	冷弯 180°(d—弯芯直径,a—钢板厚度)	HBW
	不小于				不大于
10Cr15	450	205	22	$d=2a$	183
022Cr15NbTi	450	205	22	$d=2a$	183
10Cr17	420	205	22	$d=2a$	183
022Cr17NbTi	360	175	22	$d=2a$	183
10Cr17Mo	450	240	22	$d=2a$	183
019Cr18MoTi	410	245	20	$d=2a$	217
022Cr18Ti	415	205	22	$d=2a$	183
022Cr18Nb	430	250	18	—	180
022Cr18NbTi	415	205	22	$d=2a$	183
019Cr18CuNb	390	205	22	$d=2a$	192
019Cr19Mo2NbTi	415	275	20	$d=2a$	217

注:可参阅表 9.8。

10Cr15 钢用于建筑内装饰、重油燃烧室部件、家庭用具、家用电器部件。该钢的韧脆转变温度在室温以上,对缺口敏感,不适于做室温以下的承载零件。

2) 10Cr17

10Cr17 钢是一种耐蚀性良好的通用钢。该钢易于热加工,适合的热变形温度为 1050～1150℃,为了获得细的晶粒和较好的塑性,热变形终止温度应小于 800℃并尽量低,同时在此温度下应有足够的变形量。该钢退火温度为 780～800℃,空冷,其退火后的力学性能见表 9.28。

10Cr17 钢可以焊接,在碳含量较高而铬含量较低时,其组织结构为铁素体＋少量珠光体或铁素体＋碳化物。由于它的韧脆转变温度在室温以上,且对缺口敏感,不适宜制作室温以下承受载荷的设备和部件,通常使用的钢材截面尺寸不允许超过 4mm。

10Cr17 钢有晶间腐蚀倾向,其敏化温度范围在 400～600℃,在 700～850℃进行稳定化处理,敏化消失。在 10Cr17 钢中加入 $5w_C$～0.80% 的 Ti 可以抑制其晶间腐蚀倾向。

10Cr17 钢在大气、水蒸气等介质中具有不锈性,当介质中含有较多氯离子时,则耐锈性不足,在氧化性类溶液中有良好的耐蚀性,尤其在稀硝酸中。该钢主要用于生产硝酸、氨酸的化工设备,也可用于制造食品和酿酒的设备、管道,薄板广泛用于建筑内装修、日用办公设备、厨房器具、汽车装修、气体燃烧器等。

3) 022Cr18Ti

022Cr18Ti 钢的耐蚀性优于 10Cr17 钢,钢中单独加入钛或铌,焊接性和冷成形性有所改善,抗晶间腐蚀性较好,其塑性、韧性也有所改善。该钢存在 475℃脆性问题,其使用温度应低于 300℃。

022Cr18Ti 钢的开始热加工温度为 1050～1150℃,终止温度为 705～790℃,空冷。该钢热轧带在罩式炉内退火,退火温度为 825～875℃,时间不小于 8h;冷轧带在连续退火炉中退火,温度控制在 850～860℃,退火后的力学性能见表 9.28。

022Cr18Ti 钢适于制造生产硝酸、氨酸等要求耐氧化酸的容器和管道设备,可以部分代替 18Cr-8Ni 奥氏体不锈钢,也可用于建筑内外装饰、车辆部件、厨房用具、餐具等。

4) 022Cr15NbTi

022Cr15NbTi 是一种超低 C、N 的铁素体不锈钢,由于复合加入了 Nb、Ti,高温性能优于 00Cr18Ti 钢,用于车辆部件等。

5) 10Cr17Mo

10Cr17Mo 钢是在 10Cr17 钢中加入了 0.75%～1.25%Mo,从而提高了钢的耐点蚀和耐缝隙腐蚀性和钢的强度。10Cr17Mo 钢比 10Cr17 钢耐盐溶液腐蚀性强。

10Cr17Mo 钢的热加工制度和退火制度与 10Cr15 钢相同,其退火后的力学性能见表 9.28。

10Cr17Mo 钢主要用于制造汽车外装材料、轮毂、紧固件及室外装饰材料。

6) 022Cr17NbTi

与 10Cr17Mo 钢相比,022Cr17NbTi 钢降低了 C 和 N 含量,单独或复合加入 Ti、Nb 或 Zr,改善了加工性和焊接性,用于建筑内外装饰、车辆部件。

7) 022Cr18Nb

022Cr18Nb 是加入 Nb 的一种中铬超低碳铁素体不锈钢,Nb 可以稳定钢中的 C、N,提高钢的耐蚀性,还可以提高钢的高温强度。钢中加入了不少于 0.3% 的 Nb 和 0.1%~0.6%的 Ti,降低了碳含量,改善了钢的高温力学性能、成形性、抗皱性及焊接性能。该钢主要用于汽车排气系统的热端歧管、中心加热管、柴油机粒子过滤器、摩托车排气管、燃烧器、太阳能热水器、太阳能电池板等[24]。

8) 019Cr18MoTi

019Cr18MoTi 钢是一种超低碳铁素体不锈钢,钢中允许少量氮存在,适当加入钛、铌和锆,使钢的加工性和焊接性有所改善。由于铬、钼的复合作用,对弱还原性酸(醋酸、果酸等)的耐全面腐蚀能力较 022Cr18Ti 钢为优。该钢的开始热加工温度为 1100~1140℃,终止温度为 710~790℃,空冷,退火温度为 780~850℃,空冷或缓冷,退火后的力学性能见表 9.28。

019Cr18MoTi 钢可用于制造与有机酸相接触的设备及人造纤维、造纸、食品工业用的耐蚀设备,还可用于建筑内外装饰、车辆部件、厨房用具、餐具等。该钢不适合在氧化酸(如硝酸)中使用。

9) 022Cr18NbTi

022Cr18NbTi 钢降低了 10Cr17 中的 C,复合加入 Nb、Ti,其高温性能优于 022Cr11Ti 钢,用于车辆部件、厨房设备、建筑内外装饰等。

10) 019Cr19Mo2NbTi

019Cr19Mo2NbTi 钢是一种超低碳铁素体不锈钢,由于加入了 1.75%~2.50%Mo,耐蚀性得到提高,耐应力腐蚀性好。该钢的热加工工艺为始锻温度 1100~1140℃,终锻温度 705~790℃,空冷,退火温度为 800~1050℃,快冷,退火后的力学性能见表 9.28。

019Cr19Mo2NbTi 钢用于制造汽车排气系统、储水槽、太阳能热水器、换热器、食品机械、印染机械和耐应力腐蚀设备。

11) 019Cr18CuNb

019Cr18CuNb 钢是一种超纯中铬铁素体不锈钢,由于添加了 Nb、Cu,其耐蚀性能相当于 06Cr19Ni10(0Cr18Ni9)钢,同时冷成形性能也显著提高,Nb 的加入既起到稳定化作用,又改善了钢的高温性能,如抗氧化性能和高温强度,其抗氧化温度可达 950℃,可满足汽车排气系统歧管的需求。该钢还用于建筑的外装饰部件、家电等[24]。

9.4.3.3 高铬铁素体不锈钢

1) 019Cr21CuTi[24]

019Cr21CuTi 钢源于日本 JFE 公司 2005 年研发的 443CT 钢。443CT 钢典型化学成分:0.01%C、≤0.04%P、≤0.01%S、21%Cr、0.4%Cu、0.3%Ti、0.01%N。019Cr21CuTi 钢与 SUS 305(18Cr-8Ni)钢有同等的耐蚀性,不含 Ni 和 Mo,并且具有较好的成形性,是在许多领域可取代 06Cr18Ni10(0Cr18Ni9)的廉价不锈钢,已广泛用于厨房用品、电器设备、建筑用材、汽车等领域。

019Cr21CuTi 钢的特点是加入了稳定化元素 Ti 以固定间隙原子 C 和 N,形成了无害化的 Ti(C,N),使该钢具有良好的成形性和耐晶间腐蚀性能。钢中的高 Cr 含量及加入 Cu 的复合作用,在于它们提高了钝化膜中的 Cr 含量,强化了几个纳米厚的钝化膜抵抗 Cl^- 击穿的能力和快速修复钝化膜的作用,使钢的耐腐蚀作用显著提高。

2) 019Cr23MoTi,019Cr23Mo2Ti[24]

这两种钢都属于高铬超纯铁素体不锈钢,它们的耐蚀性均优于 019Cr21CuTi 钢,可用于太阳能热水器内胆、水箱、洗碗机、油烟机、建筑屋顶、外墙等。

019Cr23Mo2Ti 钢的 Mo 含量高于 019Cr23MoTi 钢,耐蚀性高于后者,可作为 022Cr17Ni12Mo2 的替代钢种用于管式换热器。

表 9.29 为几种高铬铁素体不锈钢钢板(带)退火处理后的力学性能。

表 9.29　高铬铁素体不锈钢钢板(带)退火处理后的力学性能(GB/T 4237—2015、GB/T 3280—2015)

牌　号	R_m/MPa	$R_{p0.2}$/MPa	A/%	冷弯 180°(d—弯芯直径,a—钢板厚度)	HBW
	不小于				不大于
019Cr21CuTi	390	205	22	$d=2a$	192
019Cr23Mo2Ti	410	245	20	$d=2a$	217
019Cr23MoTi	410	245	20	$d=2a$	217

注:可参阅表 9.8。

由于冷轧不锈钢板应用于建筑行业日益增多,我国最近制定了 GB/T 34200—2017《建筑屋面和幕墙用冷轧不锈钢钢板和钢带》,共列入了 7 个牌号,其化学成分见表 9.30,这些牌号都是已列入 GB/T 3280—2015 的牌号,但 GB/T 34200—2017 中对其化学成分有更为严格的要求,其中有 3 个牌号为铁素体不锈钢。

表 9.30 中各牌号推荐使用的地区:019Cr23MoTi、06Cr19Ni10、022Cr19Ni10 推荐用于中西部地区及农村地区;019Cr23MoTi 推荐用于沿海地区;019Cr23Mo2Ti、022Cr17Ni12Mo2 推荐用于沿海地区及重污染城市;022Cr23Ni5Mo3N 推荐用于

海洋岛屿及沿海地区。

表 9.30　我国建筑屋面和幕墙用冷轧不锈钢钢板和钢带的牌号与化学成分(GB/T 34200—2017)

(单位:%)

牌号	C	Si	Mn	P	S	Cr	Ni	Mo	Cu	N	其他
铁素体不锈钢											
019Cr21CuTi	0.015	0.50	0.50	0.040	0.005	20.50~23.00	—	—	0.30~0.80	0.020	Nb+ Ti≥16(C+N)
019Cr23MoTi	0.015	0.50	0.50	0.040	0.005	21.00~24.00	—	0.70~1.50	—	—	Nb+ Ti≥16(C+N)
019Cr23Mo2Ti	0.015	0.50	0.50	0.040	0.005	22.00~24.00	—	1.50~2.50	—	—	Nb+ Ti≥16(C+N)
奥氏体不锈钢											
06Cr19Ni10	0.070	0.075	2.00	0.045	0.005	18.00~20.00	8.00~10.50	—	—	0.10	—
022Cr19Ni10	0.030	0.075	2.00	0.045	0.005	18.00~20.00	8.00~12.00	—	—	0.10	—
022Cr17Ni12Mo2	0.030	0.075	2.00	0.045	0.005	10.00~14.00	8.00~10.50	2.00~3.00	—	0.10	—
奥氏体-铁素体(不锈钢)											
022Cr23Ni5Mo3N	0.030	1.00	2.00	0.030	0.010	22.00~23.00	4.50~6.50	3.00~3.50	—	0.14~0.20	—

注:表中所列成分除标明范围,其余均为最大值。各牌号相对于 GB/T 3082—2015 调整了化学成分。3 个铁素体不锈钢的碳含量减少了,但牌号未变,因此碳表示方法与 GB/T 221—2008 的规定不一致。各牌号的力学性能见 GB/T 3082—2015,但 180°弯曲试验的要求为 $D=1a$,试样弯曲后不许有目视可见的裂纹。

9.4.3.4　超级铁素体不锈钢

超级铁素体不锈钢产生于 20 世纪 70~80 年代,当时工业发展急需能适应各种水质条件的换热器材料,尤其是以海水为冷却介质的电厂表面冷凝器。为此,许多国家开发了高铬钼的超级铁素体不锈钢,即 $w_{Cr}>25\%$、$w_{Mo}>2\%$,其耐点蚀和耐缝隙腐蚀的性能远优于常规铁素体不锈钢,相当于超级奥氏体不锈钢,其耐点蚀指数 PREN($w_C+3.3\ w_{Mo}$)≥35,最高可达 40 以上[27]。表 9.31 为已商业化的超级铁素体不锈钢的化学成分。

超级铁素体不锈钢按碳、氮含量的不同,可区分为高纯和一般纯度两类。前者 $w_C≤0.01\%$、$w_N≤0.015\%$、$w_{C+N}≤0.01\%$;后者采用加入 Ti、Nb 稳定化措施以防止敏化后耐蚀性降低。高纯超级铁素体不锈钢性能好,但生产成本偏高,除在特殊情况下一般不被采用;一般纯度并加入稳定化元素一类,可采用通用不锈钢装备进

表 9.31　国内外一些已商业化的超级铁素体不锈钢的化学成分[24,27]　（单位：%）

名称	C	Si	Mn	P	S	Cr	Ni	Mo	Cu	N	Ti 或 Ti+Nb
25Cr-4Mo，Monit(瑞典)	0.025	0.75	1.00	0.040	0.030	24.50~26.00	3.50~4.50	3.50~4.50	—	0.035	0.20+4×w_{C+N}~0.80
Sea-Cure，S44660(美国)	0.03	1.0	1.0	0.040	0.030	25.00~28.00	1.00~3.80	3.00~4.00		0.04	6×w_{C+N}~1.0
X1CrNiMoNb28-4-2，DIN 1.4575(德国)	0.015	1.00	1.00	0.025	0.015	26.00~30.00	1.80~4.50	1.80~2.50	—	0.035	w_{Nb}≥12×w_C≤1.20 w_{C+N}≤0.04
29Cr-4Mo，S44700(美国)	0.01	0.2	0.3	0.025	0.02	28.00~30.00	0.15	3.50~4.20	0.15	0.02	
AL29-4C，S44735(美国)	0.03	1.00	1.00	0.04	0.03	28.00~30.00	1.00	3.60~4.20		0.045	6×w_{C+N}~1.0
AL29-4-2，S44800(美国)	0.01	0.2	0.30	0.025	0.02	28.00~30.00	2.00~2.50	3.50~4.20	0.15	0.02	
AL29-4-2C，S44736(美国)	0.03	1.00	1.00	0.04	0.03	28.00~30.00	2.00~2.50	3.50~4.20		0.045	6×w_{C+N}~1.0
SUS 447J1 (日本)	0.01	0.4	0.4	0.025	0.02	28.5~32.0	—	1.50~2.50	—	0.015	加 Nb
00Cr27Mo4Ni2NbTi (中国)	002	1.00	1.00	0.025	0.02	27~28.00	1.5~2.5	3.5~4.0		0.02	10×w_{C+N}~0.5

注：表中所列各牌号的化学成分除表明范围外，其余均为最大值。AL 为美国 Allegheny Ludlan 公司的缩写。

行生产，其性能亦可达到高纯度类的水平，因此采用较多[27]。GB/T 4237—2015 和 GB/T 3080—2015 纳入了 4 个超级铁素体不锈钢（见表 9.6）。

由于电力行业使用铁素体不锈钢制作热交换器和冷凝器焊接钢管日益增多，以替代铜材、钛合金，我国制定了 GB/T 30066—2013《热交换器和冷凝器用铁素体不锈钢焊接钢管》，共列入了 23 个牌号，其中低铬类 5 个、中铬类 6 个、高铬类 4 个，其余 8 个为超级铁素体不锈钢，超级铁素体不锈钢用于氯离子浓度高的海水等介质。外径不大于 60mm、壁厚不大于 2.7mm 时，钢管应以冷轧钢带为原料，采用不添加填充金属的自动焊接方法制造。

GB/T 30066—2013 中列入的 8 个超级铁素体不锈钢牌号为 008Cr27Mo、022Cr27Ni2Mo4NbTi、022Cr29Mo4NbTi、008Cr30Mo2、019Cr25Mo4Ni4NbTi、008Cr29Mo4、008Cr29Mo4Ni2、012Cr28Ni4Mo2Nb。前面 4 个牌号亦列入了 GB/T 3280—2015，其化学成分见表 9.6，但略有差异，主要是对 S、P 的要求更为严格。其余的 4 个牌号：019Cr25Mo4Ni4NbTi 即瑞典的 25Cr-4Mo(Monit)钢，008Cr29Mo4 即美国的 29Cr-4Mo(S44700)钢，008Cr29Mo4Ni2 即美国的 AL29-4-2(S44800)钢，012Cr28Ni4Mo2Nb 即德国的 X1CrNiMoNb28-4-2 钢，这些钢的化学成分见表 9.31。

Cr、Mo 复合合金化是超级铁素体不锈钢的合金化特点,Strecher 于 1974 年公布的 Cr、Mo 含量与钢的耐点蚀、耐缝隙腐蚀、耐应力腐蚀之间的关系曲线,是超级铁素体不锈钢发展的基础[27]。为了能满足所规定的 3 种腐蚀条件,铁素体不锈钢中的 Cr、Mo 含量需恰当配比,当 w_{Cr} 在 25%～32% 范围内,随 Cr 含量的提高,为满足对耐蚀性的要求,所需加入的 Mo 含量随之下降。此外,还应考虑 Cr、Mo 对脆性和韧脆转变温度的影响,过高的 Cr、Mo 含量将加剧脆性相的析出和升高韧脆转变温度。因此,超级铁素体不锈钢中的 Cr、Mo 均限制在一定范围之内,形成了 25Cr-4Mo、27Cr-4Mo、28Cr-2Mo、29Cr-4Mo、30Cr-2Mo 等类型的铁素体不锈钢。

这类钢铬、钼含量高,在 600～950℃ 加热和停留,极易析出 σ、χ、Laves 等相,严重恶化钢的性能。因此,在高温加热进行热处理时,保温后需急冷,焊后也要求快速冷却。

铁素体不锈钢的韧脆转变温度过高是影响其应用的一个重要因素,可以通过控制 C、N 含量,热处理时采用快速冷却和减小截面尺寸予以解决。

1) 008Cr27Mo

008Cr27Mo 钢是一种高铬的铁素体不锈钢,钢中的碳、氮含量降至极低。该钢具有耐点蚀和抗应力腐蚀的能力,并具有软磁性。

008Cr27Mo 钢的开始热加工温度为 1040～1120℃,终止温度为 705～790℃,快冷,退火温度为 900～1050℃,退火后的力学性能见表 9.32。

表 9.32　超级铁素体不锈钢钢板(带)退火后的力学性能(GB/T 4237—2015、GB/T 3280—2015)

牌　号	R_m/MPa	$R_{p0.2}$/MPa	A/%	冷弯 180°(d—弯芯直径,a—钢板厚度)	HBW
	不小于				不大于
008Cr27Mo	450	275	22	$d=2a$	187
022Cr27Ni2Mo4NbTi	585	450	18	$d=2a$	241
022Cr29Mo4NbTi	550	415	18	$d=2a$	255
008Cr30Mo2	450	295	22	$d=2a$	207

注:可参阅表 9.8。

008Cr27Mo 钢与 Cr-Ni 奥氏体钢相比,屈服强度较高,伸长率较低。008Cr27Mo 钢加入了 0.75%～1.25%Mo,基体组织没有明显的变化,只是由于加钼后会出现碳化物 MoC、Mo_2C 等,淬火加热时这些化合物溶解在铁素体中,经过时效(回火)后以弥散的细粒状析出,从而使钢获得强化,如图 9.38 所示。该钢仍存在 475℃ 脆性,长期使用的最高温度不得超过 300℃。

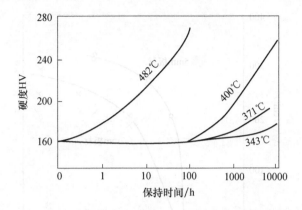

图 9.38 343～482℃时效对高纯 008Cr27Mo 钢硬度的影响[3]

图 9.39 显示高纯的 008Cr27Mo 钢有较高的冲击韧性和低的韧脆转变温度,但其韧脆转变温度仍受材料尺寸和冷却速率的影响,这是由于铁素体不锈钢中碳、氮溶解度极低,极易析出所致。图 9.40 为不同厚度板材的韧脆转变温度曲线。008Cr27Mo 钢在工程上的应用,板厚以不超过 6mm 为宜。008Cr27Mo 钢的板材冷成形性与 022Cr12 钢相近,可以焊接。

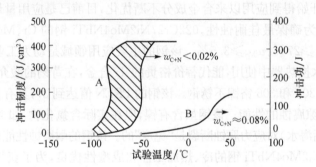

图 9.39 高纯 008Cr27Mo 钢的韧脆转变曲线[4]
A—电子束熔炼,夏比 V 型缺口冲击试样;B—大气熔炼,1/4 尺寸 V 型缺口冲击试样

高纯的 008Cr27Mo 钢有优异的应力腐蚀断裂性能,特别是在氯化物和含氧化剂的 NaOH 溶液中更为突出。

008Cr27Mo 钢耐点蚀和耐缝隙腐蚀的能力优于 022Cr17Ni12Mo2 奥氏体不锈钢,但由于钼含量较低,不适用于耐海水腐蚀的一些场合。该钢还具有优异的耐晶间腐蚀性能。

008Cr27Mo 钢用于制造与乙酸、乳酸等有机酸有关的设备,以及制造苛性碱设备等。

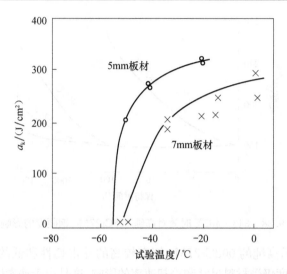

图 9.40　高纯 008Cr27Mo 钢不同厚度钢板韧性随试验温度的变化[3]

2) 022Cr27Ni2Mo4NbTi[27]

022Cr27Ni2Mo4NbTi 钢的化学成分与 Sea-Cure 钢相同。Sea-Cure 钢自 20
世纪 70 年代开始得到应用以来合金成分不断优化,目前已是应用量最大的超级铁
素体不锈钢。为确保最佳耐蚀性,022Cr27Ni2Mo4NbTi 钢的 Cr、Mo 含量均按上
限控制,即 $w_{Cr} \geq 27\%$、$w_{Mo} \geq 3.5\%$。该钢的主要应用领域是动力工业用冷凝器薄
壁焊管,在海水换热器中使用,能代替价格贵的 Ti 合金,在苛刻的酸介质中,其耐蚀
性能显著优于 304 和 306 铬镍不锈钢。该钢的 PREN 值达到 37,具有良好的耐氯化
物耐点蚀和缝隙腐蚀的性能。该钢虽含有镍,但在实际含氯化物,如 NaCl、CaCl_2 等
的水介质(包括海水)对应力腐蚀断裂是"免疫"的。该钢的耐磨蚀性能也很好。

022Cr27Ni2Mo4NbTi 钢的冷、热加工性和成型性优良,为了获得热加工后良
好的塑、韧性,需要控制适宜的热加工终止温度和足够的变形量。该钢适宜的热处
理温度为 950～1100℃,加热保温后快冷。该钢的焊接性能良好,可采用不锈钢通
用的焊接方法。

022Cr27Ni2Mo4NbTi 钢的最高使用温度为 260℃,超过此温度长期使用会因
析出脆化相而脆化。

3) 022Cr29Mo4NbTi[27]

022Cr29Mo4NbTi 是问世最早的一种超级铁素体不锈钢,用于发电厂海水冷
凝器和海水淡化厂等介质环境中,并可代替超级奥氏体不锈钢、钛合金和铜合金。
该钢较之钛合金和铜合金有更高的强点,但伸长率几乎相同。

022Cr29Mo4NbTi 钢中 Cr、Mo 含量高,在中温时效时(热成型、焊接)会有脆
性相析出,影响其塑、韧性和耐蚀性,在生产和焊接过程时需采取措施防止。

022Cr29Mo4NbTi 钢的 PREN 达到 42,有高的耐点蚀、缝隙腐蚀的能力。该钢无晶间腐蚀倾向,耐氯化物应力腐蚀性能极佳。该钢的冷热加工性能与其他铁素体不锈钢比较,没有显著区别,焊接性能良好。该钢热处理工艺为 950~1100℃加热,保温后快冷。

4) 008Cr30Mo2

008Cr30Mo2 是一种高铬铁素体不锈钢,碳、氮含量降至极低,加入了 1.5%~2.5%Mo。该钢有较高的耐蚀性,耐卤离子应力腐蚀破坏性好,具有良好的韧性,韧脆转变温度低,具有优良的加工成形性和焊接性,同时具有软磁性。该钢的热加工和退火工艺与 008Cr27Mo 钢相同,退火后的力学性能见表 9.32。

008Cr30Mo2 钢的韧脆转变温度随板厚的增加向高温方向移动,因此要求韧性的焊接构件厚度应不大于 6mm。图 9.41 为不同厚度高纯 008Cr30Mo2 钢的韧脆转变曲线。

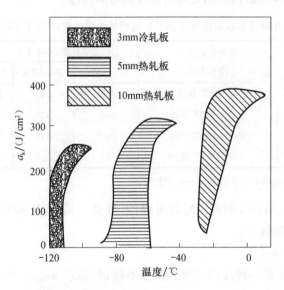

图 9.41 不同厚度的高纯 008Cr30Mo2 钢板材的韧脆转变温度曲线[3]

高纯的 008Cr30Mo2 钢在氯化物溶液中具有极好的耐应力腐蚀性能,并具有优异的耐点蚀、耐缝隙腐蚀性能。该钢难于析出碳化物和氮化物,不容易形成贫碳层,具有特别优异的耐晶间腐蚀性能。

008Cr30Mo2 钢的主要用途:制作乙酸、乳酸等有机酸的制造设备;制作苛性钠生产浓缩工序的设备;制作火力发电厂冷凝器;制作石油精炼设备;制作要求耐蚀性和磁性的部件,如电磁阀芯材料和钟、表等。

铬含量为 12%~30%的铁素体钢有时亦做不起皮钢使用,或做承受负荷不大的构件。为了获得更高的抗氧化性能,通常还向钢中加入硅和铝,其成分、性能、使用范围见第 10 章。

5) 019Cr25Mo4Ni4NbTi[27]

019Cr25Mo4Ni4Nb,简称 25-4-4,是 1974 年瑞典开发的一种超级铁素体不锈钢,并经过不断的改进而成。由于 $w_{C+N} \leqslant 0.025\%$,并加入了 Nb+Ti,防止了晶间腐蚀倾向,并且具有低的韧脆转变温度和较高的室温韧性。该钢的耐点蚀和耐缝隙腐蚀的性能优良。当温度不大于 100℃,水中 Cl⁻ 浓度不大于 30% 时,该钢不产生氯化物应力腐蚀。

019Cr25Mo4Ni4Nb 钢的冷、热加工性能良好。由于该钢的屈服强度高,为奥氏体不锈钢的 2~3 倍,故在冷成形的最初阶段需要较大的能量,而随后又由于该钢的冷作硬化倾向低,一般不需要进行中间退火。该钢不适宜拉伸成形。表 9.33 为几种超级铁素体不锈钢的热处理制度及其力学性能。

表 9.33　几种超级铁素体不锈钢热处理后的力学性能(GB/T 30066—2013)

牌　号	热处理制度及冷却方式	力学性能(不小于)			硬度(不大于)	
		$R_{p0.2}$/MPa	R_m/MPa	A/%	HBW	HV
019Cr25Mo4Ni4NbTi	≥1000℃快冷	620	515	20	270	279
008Cr29Mo4	950~1100℃快冷	550	415	20	241	251
008Cr29Mo4Ni2	950~1050℃快冷	550	415	20	241	251
012Cr28Ni4Mo2Nb	950~1050℃快冷	600	500	16	240	251

注:断后伸长率不适用于壁厚小于 0.4mm 的钢管。

019Cr25Mo4Ni4Nb 钢有良好的可焊性,焊前不需预热,焊后不需热处理,焊接接头无晶间腐蚀倾向。

6) 008Cr29Mo4[27]

008Cr29Mo4 是一种高纯超级铁素体不锈钢,要求 $w_{C+N} \leqslant 0.025\%$,通常采用 AOD、VOD、VIM 冶炼,再经 ESR、VAR 重熔。该钢耐氯离子的点蚀和缝隙腐蚀的能力强,没有晶间腐蚀倾向,具有抗应力腐蚀的能力,用做沿海、高污染区域的高耐蚀性用不锈钢,比 022Cr27Ni2Mo4NbTi(Sea-Cure)钢性能更好。

该钢的强度比较高,但低温脆性较大,不适合在低温下强应力场合(如船壳)使用。

7) 008Cr29Mo4Ni2[27]

008Cr29Mo4Ni2 钢是在上述 008Cr29Mo4 钢的基础上加入了 2%Ni,因此具有更加优良的耐全面腐蚀和耐点蚀、耐缝隙腐蚀的能力。镍的加入还使该钢有更高的韧性和更低的韧脆转变温度。

008Cr29Mo4Ni2 钢的力学性能见表 9.33,图 9.42 为该钢的韧脆转变温度与钢的截面尺寸和热处理后的冷却速率之间的关系曲线。在同样条件下,该钢的韧脆转变温度低于其他超级铁素体不锈钢。该钢在含 NaCl 的溶液中不会产生应力腐蚀。

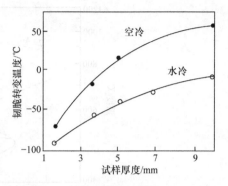

图 9.42 试样尺寸和热处理后冷却速率对 008Cr29Mo4Ni2 韧脆转变温度的影响[27]

008Cr29Mo4Ni2 钢热加工性能好,冷加工塑性好,冷加工硬化倾向较小,冷成形性较好。该钢冷轧变形 20% 以上,伸长率有明显下降,此时需中间软化退火。该钢具有良好的焊后性能,但需保持其高度清洁,焊前需对保护气体、填充金属、母材等进行细致准备,焊后要及时清理焊头所受到的污染。

008Cr29Mo4Ni2 钢可用于以海水和含 Cl^- 水作为冷却介质的热交换设备,也可用于硫酸、甲酸、乙酸、草酸等酸性介质中。

8) 012Cr28Ni4Mo2Nb[27]

012Cr28Ni4Mo2Nb 钢的特点是控制 C+N 含量(≤0.03%)并加入约 4% 的 Ni 以改善钢的韧性,特别是降低钢的韧脆转变温度;用 Nb 稳定化,既可以防止由于加入 Ti 形成 TiN 所导致的韧性下降,又可以借 Nb 具有更强的固定碳的能力降低钢的晶间腐蚀的敏感性,同时 Nb 对钢的韧脆转变温度的不利影响要比 Ti 为弱并可以细化晶粒[27]。图 9.43 显示了 012Cr28Ni4Mo2Nb(28-4-2) 钢由于在中温区(约 800℃)σ 相的析出和 475℃脆性区 α′ 相的析出对韧性的影响。图中还显示,由于 Cr29Mo4Ni2(29-4-2) 钢的 Cr、Mo 含量高而 Ni 含量低,σ 相的析出倾向更为敏感[3]。012Cr28Ni4Mo2Nb 钢的力学性能见表 9.33。

012Cr28Ni4Mo2Nb 钢在许多酸介质优于 304 和 316 奥氏体不锈钢,在含 F^-、Cl^- 的 H_3PO_4 中具有极佳的耐蚀性,在高温(约 150℃)高浓度(>95%)H_2SO_4 中的耐蚀性优异,因而已成功用于硫酸厂的热回收系统和生产系统中。012Cr28Ni4Mo2Nb 钢耐点蚀和缝隙腐蚀的能力也优于 304 和 316 钢。

012Cr28Ni4Mo2Nb 钢的热加工性能良好,高温变形抗力小,塑性高,较易热加工和热成型,其适宜的热加工温度为 900~1150℃。该钢的冷加工硬化倾向低于 18Cr-8Ni 奥氏体不锈钢,少量冷变形不需中间退火,但大变形量后应进行消除应力处理。该钢的钢板、管材的冷成型无特殊困难。这类高铬钼超级铁素体不锈钢,由于对碳、氮敏感且易吸氢,应采用惰性气体保护焊,目前已可焊接约 12mm 厚的板材。

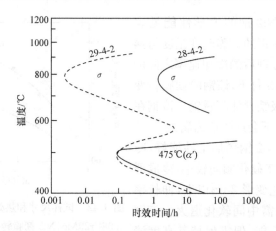

图 9.43　时效对 012Cr28Ni4Mo2Nb 钢析出相的影响[27]
图中 σ 相和 475℃脆化区的冲击功均均低于 50J(钢中 w_{C+N}=0.015%)

由于 012Cr28Ni4Mo2Nb 钢耐氯化物介质的点蚀和缝隙腐蚀及应力腐蚀的良好性能,主要用于常规电厂和核电厂用海水和含 Cl⁻ 水的冷却系统中的设备,也可用于海水淡化厂的有关装置。该钢在磷肥和硫酸生产厂中也可用做生产、储存和运输的设备和管线。

9.5　奥氏体不锈钢

奥氏体不锈钢除了具有良好的耐腐蚀性能以外,还有许多优点,如具有高的塑性,易于加工变形成各种形状的钢材(薄板、管材等);加热时没有 $\alpha \leftrightarrow \gamma$ 相变,焊接性能良好;韧性和低温韧性好,没有冷脆倾向;不具有磁性。由于奥氏体比铁素体再结晶温度高,故这类钢还可用做 550℃以上工作的热强钢等。但奥氏体钢一般都含有大量的合金元素,价格较贵,容易加工硬化,使切削加工较难进行。此外,奥氏体钢线膨胀系数高,导热性差,在加热及冷却时应予以注意。

9.5.1　奥氏体不锈钢的组织

奥氏体不锈钢的绝大部分是以 Fe-Cr-Ni 三元合金为基体,并在其基体上加入其他元素,在室温下仍保持奥氏体基体。有时为了节镍,加入适量的锰和氮,同时将镍含量降低以至完全取消,也能保持其基体在室温下完全呈奥氏体组织。随着钢中元素含量的变化,以及受热处理或冷变形的影响,在奥氏体基体上还会出现其他相,主要有 $\alpha(\delta)$ 相(铁素体)、α' 相(体心立方马氏体)、ε 相(密集六方马氏体)、碳化物和氮化物,以及一些金属间化合物。

1) 铁素体

铬在钢中是铁素体形成元素。从图 9.7 可以看出,在 1100℃的 Fe-Cr-Ni 三元系等温截面图中,随着镍含量的减少和铬含量的增加,合金从单一的 γ 相区将过渡到 α+γ 双相区,合金中将出现铁素体相。图 9.8 为 Fe-Cr-Ni 三元合金自 1100℃ 快冷至室温后的组织,一些常用奥氏体不锈钢的成分正处于该图中 γ 相区内靠近 α+γ 双相区下部边界线的地方,有的已跨入双相区,因而这些奥氏体不锈钢中很容易出现少量铁素体。

在奥氏体不锈钢中为了某种需要而加入的一些元素中,有的和镍一样是奥氏体形成元素,有的则和铬一样是铁素体形成元素。在大量试验研究的基础上,一些研究者提出了铬当量和镍当量的概念和计算公式,如式(9.3)~式(9.6),并据此提出了一些不锈钢的组织图(图 9.13、图 9.14),可以用于近似估计钢中可能形成的铁素体含量。图 9.44 为室温下不锈钢变形材的组织与铬、镍当量的关系[28]。一般情况下,常用奥氏体不锈钢的铁素体含量不过百分之几,在含量较低时以小块状分布于奥氏体晶界处,若含量稍高,会拉成长条状(图 9.45)。奥氏体不锈钢中一旦有铁素体生成,用热处理或再加工等方法均无法消除。

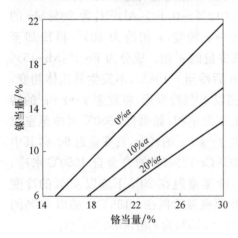

图 9.44 不锈钢室温组织图[28]

铬当量$=w_{Cr}+1.5w_{Si}+w_{Mo}$;

镍当量$=w_{Ni}+30w_{C}+30w_{N}+0.5w_{Mn}$

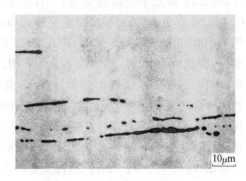

图 9.45 304L(022Cr19Ni10)不锈钢
板材中的铁素体[21]

由于铁素体与奥氏体基体之间的化学成分、力学性能、热稳定性等方面的差异,铁素体的出现对奥氏体不锈钢的性能带来一些不利的影响:使热加工产生裂纹的倾向增加,在斜轧穿孔制管生产加工中的危害性尤为显著;导致在很多腐蚀环境中的耐蚀性恶化;在高温下较长时间保持时,铁素体会转变为 σ 相使钢变脆等。在通常情况下应尽量避免铁素体相的形成,但在不锈钢焊缝金属中有少量铁素体的存在会降低焊缝热裂纹倾向,因此用于焊接材料的不锈钢都含有一定量的铁素体。奥氏体不锈钢中 α 相面积的测定方法和评级标准见 GB/T 13305—2008《不锈钢中 α-相面积含量测定方法》。

为了防止奥氏体不锈钢中生成铁素体,根本的方法是提高钢中的奥氏体形成元素的含量。首先是镍,但从经济角度考虑,氮和锰也受到重视。氮抑制铁素体的能力为镍的 30 倍,氮又有改善耐蚀性和提高强度的作用,因而用氮合金化的奥氏体不锈钢的数量和氮合金化的程度与日俱增。

2) 马氏体

大部分常用镍铬系奥氏体不锈钢自高温奥氏体状态冷至室温获得的奥氏体基体组织都是亚稳定的,当继续冷却到室温以下更低的温度,或者经受冷变形,其中的一部分或大部分奥氏体会发生马氏体转变,变成马氏体组织。不锈钢中马氏体有两种形态:体心立方的 α' 马氏体,呈铁磁性;六方结构的 ε 马氏体,为非铁磁性。由于 ε 马氏体总是与 α' 马氏体伴随而出现,有人认为 ε 马氏体是 $\gamma \rightarrow \alpha'$ 过程中的一种过渡相,也有人认为 ε 马氏体是一种独立相[4]。

马氏体转变受钢的化学成分、温度、冷变形量及变形速率的影响。

曾对不同成分的 Fe-Mn-Cr-Ni 合金的马氏体相变进行过研究(含 0.03%C、0.01%~0.03%Si、0.006%~0.019%N、0.012%~0.10%Al)[29]:含 20%Mn 的 Fe-Mn合金自 1050℃水冷至室温,发生 $\gamma \rightarrow \varepsilon$ 转变,ε 相约为 40%,再冷却至 -196℃,γ 相几乎全部转变为 ε 相,只生成少量的 α' 相。成分为 Fe-5%Mn-15%Cr-9%Ni 合金自 1050℃水冷至室温,10min 后冷至 -196℃,不发生马氏体相变,仍为 100% 的 γ 相;冷至室温,再在 20℃下施以 40%冷变形,将发生 $\gamma \rightarrow \varepsilon + \alpha'$ 的转变,转变量约为 20%,其中约 2/3 为 ε 相,1/3 为 α' 相;如果自 1050℃水冷至室温后,再在 -196℃下施以 40%的冷变形,发生 $\gamma \rightarrow \varepsilon + \alpha'$ 的转变,转变量近 90%,其中约 1/4 为 ε 相,3/4 为 α' 相。成分为 Fe-20%Cr-12%Ni 的合金自 1050℃水冷,10min 后冷至 -196℃,不发生马氏体相变,冷至室温在 20℃下施以 40%的冷变形,仅发生 $\gamma \rightarrow \varepsilon$ 转变,ε 相约为 10%;如果冷至室温后再在 -196℃下施以 40%的冷变形,将发生 $\gamma \rightarrow \varepsilon + \alpha'$ 转变,转变量约为 55%,15% 为 ε 相,40%为 α' 相。

对于奥氏体不锈钢的马氏体转变的临界温度 M_s,已建立起若干 M_s 点(α')与合金成分关系的经验公式[4],下面是其中的一个表达式[30]:

$$M_s(\alpha') = 1305 - 41.7w_{Cr} - 61.1w_{Ni} - 177w_{C+N} - 3.3w_{Mn} - 27.8w_{Si} \quad (9.9)$$

式中,$M_s(\alpha')$ 的单位是℃;w 表示各元素质量分数(%)。各元素的适用范围如下:10%~18%Cr、6%~12%Ni、0.004%~0.12%C、0.3%~2.6%Si、0.6%~5%Mn、0.01%~0.06%N。这种忽略元素间交互作用的近似线形公式,只能作粗略的估计。许多试验表明,各种元素,除钴外,均降低 M_s 点。此外,还建立了冷变形诱导马氏体转变最高温度 $M_d(\alpha')$ 与合金成分的关系式[31]:

$$M_d(\alpha')(30/50) = 413 - 9.5w_{Ni} - 13.7w_{Cr} - 8.1w_{Mn} - 9.2w_{Si} - 18.5w_{Mo}$$
$$- 462w_{C+N} \quad (9.10)$$

式中,$M_d(\alpha')(30/50)$ 是指真应变量 30%的冷变形后生成 50%α' 马氏体的温度(℃);

w 表示各元素质量分数(%)。

上面两个公式说明,奥氏体不锈钢中合金元素含量越高,马氏体点就越低,马氏体转变就越不容易发生。

在 18Cr-8Ni 奥氏体不锈钢中,α' 马氏体形成量随冷变形量加大和变形温度降低而增多,如图 9.46 和图 9.47 所示[31]。可以看出,在每一变形温度下,α' 马氏体含量随冷变形量加大而增长到一定数值后将趋于饱和。随变形温度的降低,在同样变形量的条件下,α' 马氏体的生成量增加,其增加也有一个饱和值,亦即无论采取什么措施,不可能完全转变为马氏体。这种奥氏体稳定化受多种因素影响,除合金成分和晶粒度等内在因素外,还有奥氏体化温度、冷却速率等外界因素[1]。

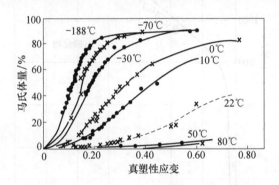

图 9.46 冷变形对 18Cr-8Ni 奥氏体不锈钢 α' 马氏体转变的影响[31]

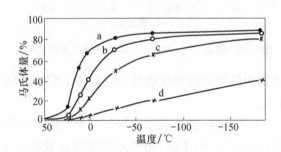

图 9.47 马氏体生成与变形温度的关系[31]

真塑性应变量:a—0.50;b—0.30;c—0.20;d—0.10

变形速率对马氏体转变的影响主要是变形发热导致材料温度上升的作用,即变形速率越高,材料温度也越高,因而 α' 马氏体的生成量也越少[32]。

3) 碳化物和氮化物

碳在 Fe-Cr-Ni 系奥氏体不锈钢基体 γ 相中的溶解度是比较大的,常用奥氏体中的碳含量最高可达 0.15%。图 9.48 为 18Cr-8Ni 奥氏体不锈钢的 Fe-C 垂直截面图,图中显示出奥氏体中碳的固溶度曲线[4]。在高温下(1000℃以上),碳全部固溶于奥氏体中,在迅速冷却至室温时,碳会以过饱和的形式固溶于奥氏体中。若再加热至溶解度曲线以下适当温度(时效),过饱和的碳将以碳化物形式沉淀出来,并对钢的性能产生重大影响。

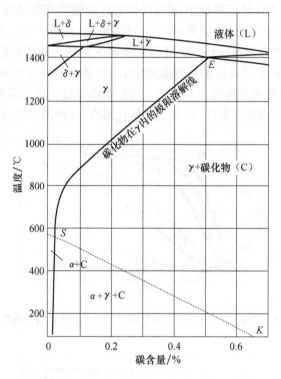

图9.48　碳对18Cr-8Ni奥氏体不锈钢组织的影响[4]

　　在奥氏体不锈钢中最常见的碳化物是 $M_{23}C_6$ 型,其次有 MC、M_6C 型,M_7C_3 型及其他型较为少见。

　　$M_{23}C_6$ 型碳化物在不含钛、铌等强碳化物形成元素的奥氏体不锈钢中是最主要的碳化物,常记做 $Cr_{23}C_6$。由于铁、钼等元素常部分置换其中的铬,也可记做 $(Cr,Fe)_{23}C_6$ 或 $(Cr,Fe,Mo)_{23}C_6$。随时效温度的提高或时间的延长,$M_{23}C_6$ 型碳化物中的铬含量逐渐增加。

　　$M_{23}C_6$ 型碳化物的沉淀温度范围为 400~950℃,其沉淀动力学取决于钢的化学成分和先后的加工经历。钢的组织中出现 $M_{23}C_6$ 型碳化物沉淀是有一定顺序的,以06Cr19Ni10 钢为例(图 9.49[33]),随着时效时间的延长,最先出现 $M_{23}C_6$ 型碳化物的部位是 α/γ 相界,依次是晶界、非共格孪晶界及非金属夹杂物边界、共格孪晶界,最后是晶内。$M_{23}C_6$ 型碳化物的沉淀时间受奥氏体化温度和时效前冷变形的影响,提高奥氏体化温度,增大了晶格中空穴密度,使晶粒长大并加剧溶质偏析,从而促进 $M_{23}C_6$

型碳化物的沉淀。时效前的冷变形对 $M_{23}C_6$ 型碳化物的沉淀也有加速作用。

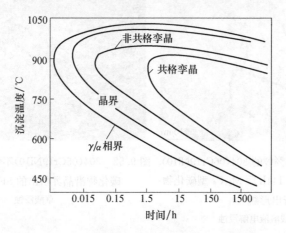

图 9.49   06Cr19Ni10 钢中 $M_{23}C_6$ 型碳化物的沉淀动力学[33]

0.038%C,1260℃淬火,晶粒度 1 级

钢的成分对 $M_{23}C_6$ 型碳化物沉淀有明显的影响,影响最大的是碳。碳含量降低将推迟 $M_{23}C_6$ 的沉淀,并使碳化物沉淀的温度区间向低温方向移动,图 9.50 为碳含量对 Cr18Ni9 钢 $M_{23}C_6$ 型碳化物沉淀的影响[34]。

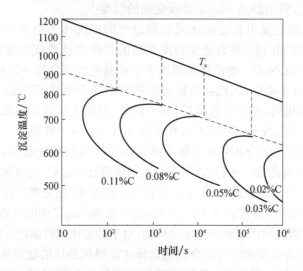

图 9.50   碳含量对 Cr18Ni9 钢 $M_{23}C_6$ 型碳化物沉淀动力学影响[34]

T_s 为固溶处理温度

图 9.51 为 304(06Cr19Ni10)不锈钢 750℃敏化 144h 后光学显微镜下 $M_{23}C_6$ 型碳化物的析出形貌[35]。图 9.52 为 304 不锈钢中 $M_{23}C_6$ 型碳化物析出的 SEM 形貌[21]。

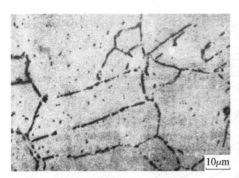 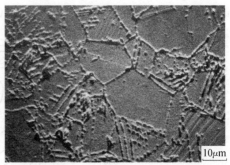

图 9.51　含 0.065%C 的 304(06Cr19Ni10)　　图 9.52　304(06Cr19Ni10)不锈钢中 $M_{23}C_6$ 型
不锈钢 750℃敏化 144h 后 $M_{23}C_6$ 型碳化物　　碳化物沿晶界析出的 SEM 形貌[21]
的析出形貌[35]　　　　　　　　　　　　　　　　草酸浸蚀
10%草酸溶液电解浸蚀

　　由于钛和铌的加入,形成 TiC 和 NbC,降低了奥氏体中碳含量,实际上起到降低
钢中碳含量的作用,抑制了 $M_{23}C_6$ 型碳化物的沉淀。奥氏体稳定化元素镍、锰、钴
含量的提高会增加碳的活度和扩散能力,因而加速 $M_{23}C_6$ 型碳化物的沉淀。铬的
作用则相反。氮的加入抑制 $M_{23}C_6$ 型碳化物的沉淀,在含钼的钢中氮含量的增加
明显使 $M_{23}C_6$ 型碳化物的沉淀向更长时间方向移动,少量硼的加入也延缓 $M_{23}C_6$
型碳化物的沉淀,磷则加速 $M_{23}C_6$ 型碳化物的沉淀[4]。

　　MC 型碳化物主要出现在用钛或铌稳定化的奥氏体不锈钢中,如 06Cr18Ni-
11Ti、06Cr18Ni11Nb 和一些合金化程度更高的其他含钛或铌的奥氏体钢中,MC
型碳化物为 TiC 或 NbC。奥氏体不锈钢中不可避免地都含有一定数量的氮,氮和
钛、铌的亲和力也非常强,因此在含钛和铌的钢中还会形成 TiN 或 NbN。MC 和
MN 的点阵类型相同,点阵常数相近,其中的碳、氮原子可以互相取代。实际上在
钢中存在的是 M(C,N)或 M(N,C),其中以 M(C,N)最为常见。

　　图 9.53 示出了 18Cr-8Ni 奥氏体不锈钢中 TiC 的溶解度曲线,图中同时列入
了 $Cr_{23}C_6$ 的溶解度曲线。可以看出,TiC 的溶解度比 $Cr_{23}C_6$ 的溶解度小得多。在
钢经过奥氏体化后的冷却过程中,TiC 会首先沉淀出来,随之奥氏体基体中的碳含
量大大降低,因而减少并推迟了 $Cr_{23}C_6$ 的沉淀,从而提高了钢的抗敏化能力。为了
充分发挥 MC 型碳化物固定碳的稳定化作用,对于稳定化钢种须进行稳定化处理。

　　稳定化处理的温度和时间应合理地选择才能得到最佳的稳定效果。确定稳定
化处理的一般原则是:高于 $Cr_{23}C$ 的溶解温度而低于 TiC 的溶解温度(图 9.53),
如零件在 T_1 温度使用,则稳定化的温度应不高于 T_2;若在 T_2' 温度处理,然后在
T_1 温度下使用,则会有 (X_1-X)% 的碳仍会在工作温度下于晶界析出 $Cr_{23}C_6$;当
工作介质为强腐蚀性时,仍会引起微弱的晶间腐蚀。具体的稳定化处理工艺,通常
采用 850~900℃保温 2~4h,生成的 TiC 或 NbC,呈颗粒状在晶内均匀分布,不像

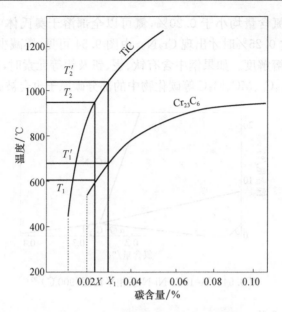

图 9.53　18Cr-8Ni 奥氏体不锈钢中 TiC 和 $Cr_{23}C_6$ 溶解度曲线及稳定化温度选择示意图[18]

$Cr_{23}C_6$ 主要集中在晶界。

M_6C 型碳化物出现在含钼或铌以及钼＋铌的奥氏体不锈钢中,而且是在其主要沉淀相处生成,其出现和消失常与主要沉淀相有关[4]。

316(06Cr17Ni12Mo2)钢在 650℃长期时效(1500h),$M_{23}C_6$ 型碳化物可以转变为 M_6C 型碳化物[36]：

$$M_{23}C_6 \xrightarrow{+Mo} (Fe,Cr)_{21}Mo_2C_6 \xrightarrow{+Mo} M_6C \tag{9.11}$$

在含有大量 Mo 或 Nb 或 Mo＋Nb 时,可在较高温度下短时间形成 M_6C 型碳化物。

18Cr-9Ni-0.09C-1Nb 钢在 550～950℃时效,长达 500h,未发现有 M_6C 型碳化物,主要碳化物为 NbC,有时会出现一些 $M_{23}C_6$ 相。当铌含量增至 2％时,则在所有的沉淀过程中,均生成 M_6C 型碳化物,而不出现 $M_{23}C_6$ 型碳化物,还出现了拉弗斯相(η),M_6C 型碳化物的具体表达式为 Fe_3Nb_3C。低温沉淀的 M_6C 型碳化物中有铬的溶入,其具体表达式为 $(Fe,Cr)_3Nb_3C$[37]。

研究了 20Cr-33Ni-2.3Mo-3.25Cu-0.04C-0.8Nb 合金的沉淀过程,发现在 950℃附近,M_6C 相迅速沉淀,在低于此温度时,则不会沉淀。在镍含量为 28％时,M_6C 型碳化物的沉淀量要少得多。M_6C 型碳化物在 1050℃以上又重新溶入,其具体表达式为 $(Mo,Nb)_3(Fe,Ni,Cr)_3C$[38]。

图 9.54 为 Fe-18Cr-Ni-N 系在 900℃的相平衡图。该图适用于含钛、铌、钒及铝等强氮化物形成元素甚少的不锈钢,在不以上述诸元素为合金元素的大部分奥

氏体不锈钢中的氮含量均小于 0.20%，氮可以全部溶于奥氏体中，在 18Cr-10Ni 钢中，氮含量超过 0.25% 时才出现 Cr_2N。由图 9.54 可见，镍减少氮的溶解度，锰和铬则增加氮的溶解度。如果钢中含有钛、铌、钒及铝等元素时，则可能生成 MN 型氮化物。在 $M_{23}C_6$、MC、M_6C 等碳化物中的部分碳原子也会被氮原子取代。

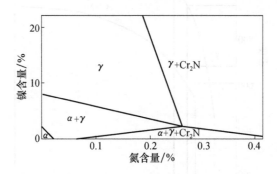

图 9.54　Fe-18Cr-Ni-N 系相平衡图(900℃)[39]

4) 金属间化合物

在常用奥氏体不锈钢中出现的主要金属间化合物有 σ 相、χ 相、η 相(拉弗斯相)等。

FeCr 是最早发现的 σ 相，分子式可写为 A_xB_y，其成分在一定范围内变化，从 B_4A 到 BA_4[4]。A 类元素主要是 Cr，其次是 Mo、Ti、Nb；B 类原子则有 Fe、Ni、Mn。

Cr-Ni 奥氏体钢，如 17Cr-7Ni、18Cr-8Ni 型，只析出 $M_{23}C_6$ 型碳化物；高铬镍型的牌号，如 25Cr-20Ni(310)，长期时效可形成 σ 相。

Cr-Ni-Ti 奥氏体钢 321(06Cr18Ni11Ti)在固溶状态下含有未溶的 TiC、TiN 及 $Ti_4O_2S_2$，短期时效，有 $M_{23}C_6$、TiC 沉淀；长期时效(>200h)则出现 χ 相(图 9.55)[40]。有人还发现了 σ 相。

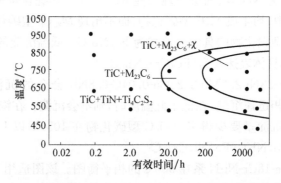

图 9.55　321 不锈钢(0.06C-18Cr-10Ni-0.5Ti)沉淀动力学曲线[40]

对 Cr-Ni-Mo 钢,如 316(06Cr17Ni12Mo2)或 316L(022Cr17Ni12Mo2)的固溶和时效过程研究得较多。图 9.56 为 316 钢经 1260℃固溶处理后沉淀动力学曲线,间隙原子碳扩散快,$M_{23}C_6$ 型碳化物易于形核和长大,在其首先沉淀长时间后,置换型原子能扩散足够的距离,含金属原子多的 M_6C 型碳化物及稳定性更高的金属间化合物逐渐析出[36]。

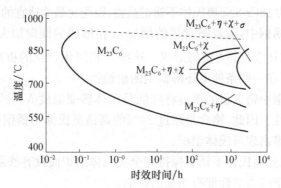

图 9.56　316 不锈钢(0.066C-17.4Cr-12.3Ni-2.05Mo-1.57Mn-0.21Si)沉淀动力学曲线[36]

在 0.06C-16Cr-16Ni-0.6Nb 钢中加入 6％Mo,将抑制 $M_{23}C_6$ 型碳化物的析出,而在 650℃促使 χ 相,在 850℃促使 η 相沉淀。在上述合金中,镍含量为 25％时,在 850℃下 η 相的析出被抑制,析出的是 M_6C 型碳化物,在 650℃下,析出相为 $M_{23}C_6$ 型碳化物。

综上所述,Cr、Mo、Ti、Nb 等 A 类元素促使金属间化合物 σ、χ 及 η 相的析出,B 类原子 Ni 及碳促使 $M_{23}C_6$ 相的沉淀,而 Mo、Nb 则促使 $M_{23}C_6$ 型碳化物转变为 M_6C 型碳化物。

奥氏体不锈钢中的 χ 及 η 相和 σ 相一样,导致腐蚀性下降和塑性、韧性的降低,但是这些相的沉淀温度与碳化物及 σ 相的沉淀温度大体上相重合,其对不锈钢耐蚀性和力学性能的影响常被碳化物及 σ 相的作用所掩盖。

9.5.2　一些元素对奥氏体不锈钢组织和性能的影响

碳　碳在奥氏体不锈钢中是强烈稳定奥氏体且扩大奥氏体区的元素。碳间隙固溶于奥氏体中,通过固溶强化可显著提高奥氏体的强度(图 4.19),但是碳在奥氏体中常被视为有害元素,这主要是由于在一些使用或加工过程中,如经 450～850℃加热或焊接,碳会与钢中的铬形成高铬的 $Cr_{23}C_6$,导致局部铬的贫化,使钢的耐蚀性能,特别是耐晶间腐蚀性能下降。碳还增大铬镍奥氏体不锈钢的点蚀倾向。20 世纪 60 年代以来不断开发出的新型奥氏体不锈钢多是碳含量小于 0.03％或 0.02％的超低碳不锈钢。随着碳含量的降低,钢的晶间腐蚀敏感性降低,当碳含量小于0.02%时才具有十分明显的效果。

铬 铬是奥氏体不锈钢中最主要的合金元素，在介质的作用下，铬能促进钢的钝化使之具有不锈性和耐蚀性。

早期的研究工作表明，在铬镍奥氏体不锈钢中，碳含量为0.1%，铬含量为18%时，自1100℃速冷，能在室温获得单一亚稳定奥氏体组织所需的镍含量最低值约为8%。因此，常用的18Cr-8Ni奥氏体不锈钢是铬、镍配比最为适宜的一种钢。

在奥氏体不锈钢中，随着铬含量的增加，σ相形成的倾向加大，当钢中含有钼时，铬含量的增加还会促进χ相的形成。这些金属间化合物的析出显著降低钢的塑性和韧性，而且在一些条件下还降低钢的耐蚀性。

奥氏体不锈钢中铬含量的提高将降低马氏体转变温度M_s(式(9.9))，从而提高奥氏体的稳定性。因此，铬含量超过20%的高铬奥氏体不锈钢即使经过冷加工和低温处理也很难出现马氏体组织。

一般而言，只要奥氏体不锈钢保持完全奥氏体组织而没有铁素体的生成，仅提高铬含量不会对钢的力学性能有明显的影响。

铬对奥氏体不锈钢性能影响最大的是其耐蚀性：提高钢的抗氧化性介质和耐酸性氯化物介质的性能；在镍、钼、铜的复合作用下，铬提高耐一些还原性介质、有机酸、尿素和碱介质的性能；铬还提高钢耐晶间腐蚀、耐点蚀、耐缝隙腐蚀及耐某些条件下应力腐蚀的性能。

图9.57为铬对Fe-Cr-10Ni奥氏体不锈钢在氧化性介质中耐蚀性的影响。在65%沸腾的硝酸中，随铬含量的提高，Cr-Ni钢的耐蚀性急剧增加的临界铬含量约为12%，而具有最低稳定的腐蚀速率的最佳铬含量应为18%。

对于含Mo、Cu的Cr-Ni奥氏体不锈钢在一些含Cl^-和F^-的酸性氯化物中，铬含量必须大于25%才更有效(图9.58)。

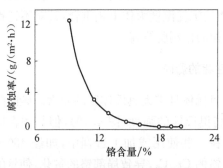
图9.57 铬对Fe-Cr-10Ni奥氏体不锈钢耐蚀性的影响[1]
介质：65%HNO₃，沸腾

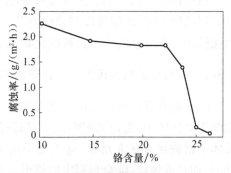
图9.58 铬对Fe-Cr-35Ni-3Mo-Cu钢在含Cl^-、F^-溶液中耐蚀性的影响[1]
10~20g/L Cl^-，0.3~1.09g/L F^-，18~33g/L Fe^{3+}；温度：85~90℃，370h

在奥氏体不锈钢中,铬能增大碳的溶解度而降低铬的贫化度,因而提高铬含量对奥氏体不锈钢的耐晶间腐蚀是有益的。

铬非常有效地改善奥氏体不锈钢的耐点蚀和缝隙腐蚀性能[1]。当钢中同时有钼和氮的存在时,铬的这种作用大大加强。虽然根据研究,钼的耐点蚀及耐缝隙腐蚀的能力为铬的 3 倍左右,氮为铬的 30 倍,但当钢中铬含量不足时将难以发挥钼、氮的有效性。

铬对奥氏体不锈钢耐应力腐蚀的影响视介质条件和使用环境而异。在 $MgCl_2$ 沸腾溶液中,铬的作用通常是有害的,但是在含 Cl^- 和氧的水介质、高温高压水及以点蚀为起源的应力腐蚀环境中,提高钢中铬含量对其耐应力腐蚀性能是有益的。铬和镍对奥氏体不锈钢耐苛性(NaOH)应力腐蚀也是有益的。

镍 镍在奥氏体不锈钢中的主要作用是形成并稳定奥氏体以获得完全的奥氏体组织,从而使钢具有良好的强度与塑性、韧性的配合和一系列优良的工艺性能。

镍是强烈形成并稳定奥氏体且扩大奥氏体相区的元素,奥氏体不锈钢中随着镍含量的增加,残余铁素体可以完全消除,并显著降低 σ 相形成的倾向(图 9.59)。镍明显降低 M_s 点,甚至可不出现 $\gamma \rightarrow M$ 相变。

镍对奥氏体不锈钢力学性能的影响主要取决于镍对奥氏体稳定性的影响。在钢中能发生马氏体转变的镍含量范围内,随镍含量的增加,由于马氏体含量的减少,钢的强度降低而塑性提高。

具有稳定奥氏体组织的铬镍奥氏体不锈钢具有非常优良的韧性,包括极低温韧性,因而可做低温钢使用。

对于具有稳定奥氏体组织的铬锰氮奥氏体不锈钢,镍的加入可以进一步改善其低温韧性,如图 9.60 所示。

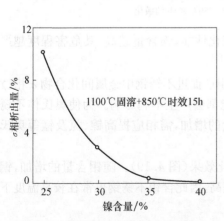

图 9.59 镍对 022Cr25Ni25Si2V2Nb 钢 σ 相析出量的影响[41]

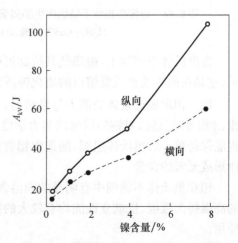

图 9.60 镍含量对 18Cr-15Mn-0.4N 钢 低温(−196℃)冲击功的影响[1]

镍可显著降低奥氏体不锈钢的冷加工硬化倾向。这主要是由于镍增大了奥氏体的稳定性,减少以至消除了冷加工过程中的马氏体转变,而镍对奥氏体本身的冷加工硬化作用不明显。

镍提高奥氏体不锈钢的钝化倾向和热力学稳定性,因而提高合金的耐均匀腐蚀性能和耐氧化性介质的性能;随着镍含量的增加,耐还原性介质的性能进一步得到改善。

在奥氏体不锈钢中,镍是提高其在一些介质中耐穿晶型应力腐蚀的唯一重要元素。

镍含量的增加能降低碳在奥氏体钢中的溶解度,使碳化物的析出倾向增强,其产生晶间腐蚀的临界碳含量降低,即晶间腐蚀的敏感性增加。为获得良好的耐晶间腐蚀性能,须将钢中碳含量降至更低水平。图 9.61 为铬镍奥氏体钢产生晶间腐蚀的铬、镍含量与临界碳含量的关系,该图证实了铬的有益作用和镍的有害作用。至于对奥氏体不锈钢耐点蚀和缝隙腐蚀的性能,镍的作用不显著[1]。

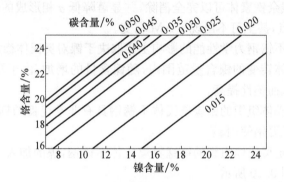

图 9.61　铬镍奥氏体不锈钢产生晶间腐蚀的铬、镍含与临界碳含量的关系[2,42]
H$_2$SO$_4$-CuSO$_4$ 试验,试样经 650℃×1h 的敏化

在奥氏体不锈钢中,镍降低其抗高温硫化性能,镍含量越高,其危害程度越严重,这是在晶界处形成低熔点的硫化镍所致[3]。

钼　钼形成铁素体的能力与铬相当。钼还促进不锈钢中金属间化合物 σ 相、χ 相、η 相等的沉淀,对钢的耐蚀性和力学性能都会产生不利影响。为使奥氏体不锈钢能保持单一的奥氏体组织,随钢中钼含量的增加,需相应提高镍、氮及锰等奥氏体形成元素的含量。

钼在奥氏体不锈钢中有明显的固溶强化效果(图 4.19)。随钼含量的增加,钢的高温持久强度、抗蠕变性能均有较大的提高,因此含钼不锈钢也常在较高温度下使用。

加入钼使钢的高温变形抗力增大,而钢中常存在少量的 δ 铁素体,因而含钼不锈钢的热加工性能比不含钼的差。钼含量越高,热加工性能越差。如果钢中有金属间化合物沉淀,将会显著恶化钢的塑性和韧性。

钼在奥氏体不锈钢中的主要作用是扩大其使用范围,提高钢在还原介质中的耐蚀性,如 H_2SO_4、H_3PO_4,以及一些有机酸和尿素环境,并提高钢的耐点蚀及耐缝隙腐蚀性能。但在氧化性介质中,钼的作用是有害的,在钼含量大于 3.5% 后,HNO_3 中的腐蚀速率急剧增加。因此,含钼的奥氏体不锈钢不用于耐硝酸腐蚀的条件下。图 9.62 为钼对铬镍奥氏体不锈钢(18%Cr-10%~15%Ni)在海洋大气挂片条件下点蚀的影响,显示出钼的良好作用。一些研究工作表明,在不锈钢中,Mo 是以 MoO_4^{2-} 的形式溶解在溶液中,在 Cl^- 存在的条件下,钝化膜破裂后生成金属活性面。由于 MoO_4^{2-} 的吸附,抑制了金属的再溶解。大量实验已证明,钼的作用仅在钢中含有较高的铬含量时才有效[1]。

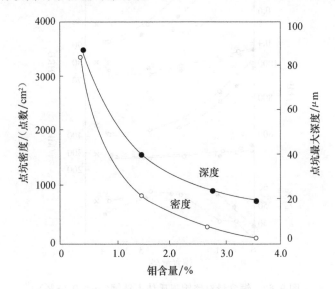

图 9.62　钼对 18%Cr-10%~15%Ni 钢在海洋大气挂片条件下点蚀的影响[3]

钼对奥氏体不锈钢的耐应力腐蚀有害。在高浓度氯化物应力腐蚀条件下,钼含量在 3% 以下时,随钼含量的增加,耐应力腐蚀性能下降;在钼含量大于 3% 时,随钼含量的增加,耐应力腐蚀性能随之提高。在含微量氯化物及饱和氧的水溶液中,应力腐蚀多以点蚀为起源,在这种情况下,钼对奥氏体不锈钢的耐应力腐蚀性能有利[3]。

铜　铜在奥氏体不锈钢的作用是显著降低其冷作硬化倾向,提高冷加工成形性能。铜与钼配合可以进一步提高奥氏体不锈钢在还原性介质中的耐蚀性。在奥氏体中,铜的加入量在 1%~4% 时对钢的组织没有明显影响。

奥氏体不锈钢中,在一定铜含量范围内,随铜含量的增加,钢的强度随之下降,塑性提高,应变强化指数 n 值下降。在铜含量达到 3%~4% 时,n 值达到一个最低的稳定值。

图 9.63 为铜含量对铬镍奥氏体不锈钢($w_C \leqslant 0.08\%$)室温力学性能与加工硬化指数的影响。固溶铜的增加使钢的强度下降而塑性提高的原因是：铜能显著地增加铬镍奥氏体不锈钢的层错能[43]并能稳定奥氏体组织，层错能的增加阻碍了不全位错的形成，有利于位错的交叉滑移，防止了位错的堆积，提高了材料的塑性。铜含量的增加还抑制拉伸试验过程中形变诱导 α' 相的形成和应变强化[44]。

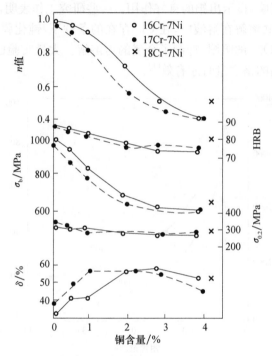

图 9.63　铜含量对铬镍奥氏体不锈钢($w_C \leqslant 0.08\%$)
室温力学性能与加工硬化指数的影响[1]

一般来说，奥氏体不锈钢 n 值较大，这是由于在加工过程中形变诱导 α' 相形成。铜的加入抑制了形变诱导 α' 相的形成，从而降低 n 值。

有些奥氏体不锈钢(303、304 等钢)存在冷加工压缩开裂倾向，铜的加入可以改善其冷成形性。

铜显著降低钢的热加工性，在奥氏体不锈钢中镍含量较低时更为明显，因而在钢中铜含量较高时，镍含量也应相应提高。

铜能显著提高奥氏体不锈钢对硫酸、磷酸等还原性介质的耐蚀性，当用铜和钼复合合金化时，效果更为突出。国内研究铜的作用机制的结果表明，铜的加入加速了不锈钢中钼的溶解，形成 MoO_4^{2-}，强烈促使不锈钢中铬的钝化及铬向表面膜中富集，导致钢的耐蚀性提高[1]。

在诸如硝酸等氧化性介质中,铜的加入并不降低钢的耐蚀性,但会降低铬镍奥氏体不锈钢的耐点蚀和应力腐蚀的性能。

锰 在铬镍奥氏体不锈钢中,锰含量一般不超过 2%,生产中多控制在 1.5%左右。在之后发展的节镍不锈钢中,锰成为重要的合金元素,其主要作用是与氮和一定数量的镍形成稳定的奥氏体。一些 Cr-Mn-Ni-N 型奥氏体不锈钢已被许多国家列入各自的不锈钢标准中。无镍的 Cr-Mn-N 不锈钢只在一定范围内使用。近期出现的高氮奥氏体不锈钢,为了提高氮的溶解度,已出现高锰含量(5%~10%)的铬镍奥氏体不锈钢。图 9.64 为铬、锰含量对氮在含 14%Ni 奥氏体钢溶解度的影响。

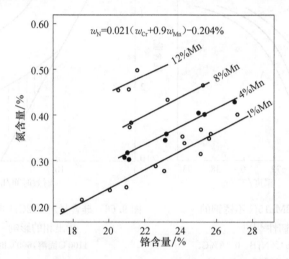

图 9.64 铬、锰含量对氮在含 14%Ni 奥氏体钢中溶解度的影响[3]

锰含量小于 2%时,其含量的变化对常用铬镍不锈钢的组织,包括奥氏体的稳定性,没有明显的影响。

铬镍奥氏体不锈钢的强度随锰含量的增加而提高。无镍的 Cr-Mn-N 奥氏体不锈钢在低温时会出现韧脆转变温度,如图 9.65 所示,这与铬镍奥氏体钢有显著差别,而 Cr-Mn-N 钢有镍存在时,其低温韧性有明显改善(图 9.60)。这表明,仅有锰和氮而无镍无法获得铬镍奥氏体不锈钢所具有的优良低温韧性。

锰可以改善铬镍奥氏体不锈钢的热塑性,锰含量为 1.5%时已有明显的效果。锰与硫有较强的亲和力,形成 MnS,有利于消除钢中的残余硫的有害作用,但 MnS 的形成常导致铬镍奥氏体不锈钢耐氯化物点蚀和缝隙腐蚀能力的下降。钢中的硫降低到一定程度,锰的不利影响基本可以消除。

硅 硅在奥氏体不锈钢中的含量一般都在 0.8%~1.0%。硅作为合金元素,视其用途不同,含量在 2%~7%。

　　硅是强烈形成铁素体的元素,在奥氏体不锈钢中,随硅含量的提高,δ 铁素体将增加,金属间化合物 σ 相的形成也会加速和增多,从而影响钢的性能。图 9.66 为硅含量对 022Cr18Ni15Si 不锈钢析出相的影响,图中 π 相是一种具有 β-Mn 结构 (立方)的氮化物,Cr_3Si 是一种拓扑密堆相。为保持奥氏体不锈钢的单一奥氏体组织,随着硅含量的提高,镍和氮的含量也要相应提高。

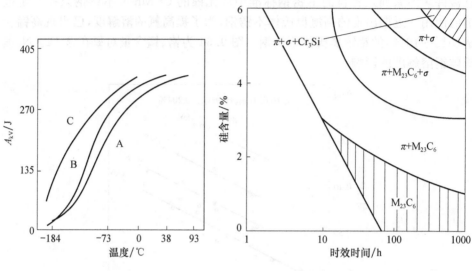

图 9.65　　Cr18Mn15N 不锈钢的
低温韧性[2,45]
A—0.09%C、0.54%N;B—0.12%C、
0.38%N;C—0.12%C、0.38%N

图 9.66　　硅含量对 022Cr18Ni15Si 不锈钢
析出相的影响[1]
1100℃固溶,600℃时效

　　在通常硅含量的范围内(1.0%以下),随钢中硅含量的降低,将提高 18%Cr-10%Ni 超低碳奥氏体不锈钢在硝酸介质中的耐蚀性。目前硝酸级不锈钢,除具有极低的碳含量(0.015%)外,还应尽量控制低的硅含量(<0.1%)。

　　铬镍奥氏体不锈钢中的硅含量在 1.0% 以上时,虽然使钢的耐稀硝酸性能下降,但却提高其在高浓硝酸和含 Cr^{6+} 的硝酸及高温浓硫酸中的耐蚀性。硅提高奥氏体不锈钢在强氧化性介质中耐蚀性的主要机制是能在不锈钢表面上形成 SiO_2 膜和抑制磷的有害作用。在实际工业中,高硅奥氏体不锈钢已成功地应用于高温硫酸工程[1,3]。

　　不少工作证明,在奥氏体不锈钢中加入硅可以显著地提高抗氯脆的能力[2]。因此,为了抗氯脆设计的不锈钢,除了采取高镍(约 25%)的奥氏体钢或超低碳的铁素体钢外,一般是加入 1.5% 以上的硅,形成复相钢或基本上是奥氏体钢。

　　氮　氮作为合金元素早期用于 Cr-Mn-N 和 Cr-Mn-Ni-N 奥氏体不锈钢中,以节约镍。除节镍效果外,氮通过固溶强化可显著提高奥氏体不锈钢的强度,而不显著损害其塑性和韧性,同时氮还可以提高钢的耐均匀腐蚀、耐点蚀、耐缝隙腐蚀和耐晶间腐蚀的性能。

由于氮的良好作用,用氮合金化的奥氏体不锈钢不断取得进展并获得应用。目前应用的含氮奥氏体不锈钢可以分为三种类型[1,3]:

(1) 控氮型。此类钢是在超低碳(0.02%~0.03%)铬镍奥氏体不锈钢中加入 0.05%~0.12%N,用以提高钢的强度,使其达到含稳定化元素钛或普通低碳(≤0.08%)奥氏体不锈钢的水平。

(2) 中氮型。此类钢含有 0.12%~0.40%N,是在正常大气压力条件下冶炼和浇铸所得到的氮合金化奥氏体不锈钢。此类钢以耐腐蚀为主要目的,同时具有较高的强度。

(3) 高氮型。此类钢氮含量在 0.40%以上。此类钢在加压条件下冶炼和浇铸,或者调整钢中的铬、锰含量在常规条件下冶炼和浇铸,将氮加入到足够高的水平。此类钢主要在固溶态或半冷加工状态下使用,既具有高强度,又耐腐蚀。

氮形成奥氏体的能力与碳相当,约为镍的 30 倍。氮在奥氏体不锈钢中可代替部分镍,可降低钢中的铁素体含量,并使奥氏体更稳定,甚至可避免出现马氏体转变。在铬镍奥氏体不锈钢中,氮含量的增加可形成氮化物 Cr_2N(图 9.54)。

氮显著提高奥氏体钢的强度(图 4.19),每加入 0.010%N,可提高铬镍奥氏体不锈钢的室温强度($\sigma_{0.2}$、σ_b)60~100MPa,其塑性仍保持足够高的水平。图 9.67 显示氮含量对 022Cr19Ni10 钢室温力学性能的影响。在高氮奥氏体钢中,氮亦可以提高其强度,氮含量为 1.2%的低碳 Cr-Ni-Mn-N 奥氏体不锈钢的屈服强度可达 800~900MPa。曾对低碳的 18Cr-18Mn-N 奥氏体不锈钢的力学性能进行过研究,经固溶处理后可获得单一的奥氏体组织,图 9.68 为氮含量对其室温屈服强度和

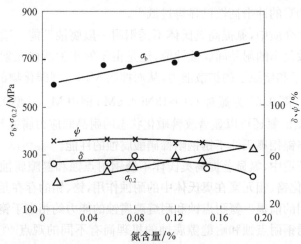

图 9.67 氮含量对 022Cr19Ni10 钢室温力学性能的影响[3]

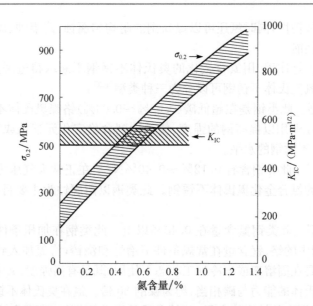

图 9.68　氮含量对 18Cr-18Mn-N 奥氏体不锈钢室温屈服强度和断裂韧度的影响[46]

断裂韧度的影响。研究结果表明,在氮固溶于奥氏体的情况下,其含量高至 0.74%时,断裂韧度不降低,而其屈服强度显著提高。通过冷加工变形,可以进一步提高其屈服强度。在固溶氮含量为 0.58%时,经过 40%的冷变形,钢的屈服强度可达 1400～1500MPa,其断裂韧度将由很高的 500MPa·m$^{1/2}$ 降至依然不错的 200MPa·m$^{1/2}$[46]。

在氮含量小于 0.67%时,铬镍奥氏体不锈钢仍有低的韧脆转变温度,在 −200℃的低温下仍有足够高的冲击性能,但当氮含量达到 0.84%时,其韧脆转变温度较高,−200℃的冲击韧性已显得过低[3]。

在一些酸性介质中,氮提高奥氏体不锈钢耐一般腐蚀性能。适量的氮还提高奥氏体不锈钢敏化态的耐晶间腐蚀性能,这是由于氮作为活性元素优先沿晶界聚集,氮降低碳原子和铬原子的扩散能力,从而抑制 $M_{23}C_6$ 型碳化物的析出和延缓 σ 相、χ 相的形成。图 9.69 为氮对 17Cr-13Ni-4.5Mo 钢中 $M_{23}C_6$ 型碳化物析出行为的影响[47]。适量的氮还可以显著改善敏化状态的耐晶间应力腐蚀开裂。

氮还提高铬镍钼奥氏体不锈钢耐稀硝酸腐蚀的性能。

在氯化物环境中,氮显著提高奥氏体不锈钢耐点蚀和缝隙腐蚀的性能。研究表明,氮仅是强化铬、钼元素在奥氏体中的耐蚀作用,铬、钼的存在是氮改善奥氏体不锈钢耐蚀作用的前提。氮耐点蚀和耐缝隙腐蚀的能力约相当于铬的 30 倍。

氮提高不锈钢耐点蚀和耐缝隙腐蚀的机理尚有不同的观点[3,48]:氮在表面膜中富集,同时使表面膜中富铬,从而提高钢的钝化能力和钝态稳定性;氮与闭塞区

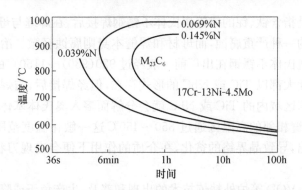

图 9.69 氮对 17Cr-13Ni-4.5Mo 钢中 $M_{23}C_6$ 型碳化物析出行为的影响[47]

的溶液反应形成 NH_4^-,消耗 H^-,使初始蚀坑内 pH 升高,氮亦可产生 NO_3^-,均有利于钢的钝化。

铬镍奥氏体不锈钢中的氮含量在 0.12%～0.15%时,钢的热、冷加工性及冷成形性等将有所下降。热加工性能的降低是由于钢中氮化物和碳氮化物的析出影响了钢的热塑性,而氮的固溶强化又减缓钢的回复过程。冷加工性和冷成形性的降低主要是氮固溶强化所致[1]。

钛和铌 在奥氏体不锈钢中,钛和铌主要是作为稳定化元素加入的,以防止敏化态晶间腐蚀的发生。钛和铌与碳的亲和力远大于铬,加入到奥氏体不锈钢中优先与碳结合成 TiC 或 NbC,防止或减少 $M_{23}C_6$ 型碳化物的形成,从而防止敏化态晶间腐蚀的发生。以加钛或铌的方法防止奥氏体不锈钢的晶间腐蚀,必须使钢中全部碳都能与之结合成碳化物,可以计算出所需的钛、铌含量分别为碳含量的 3.99 或 7.78 倍。此外,还应考虑钛或铌与其他元素的作用,它们与氧和氮的亲和力也很大,实际应用中必须将这些因素考虑进去。目前标准中规定,18Cr-8Ni 奥氏体不锈钢中的钛加入量为 $5(w_C-0.02)\%$～0.8%或 $5w_C$～0.7,铌的加入量应不少于 $10w_C$,式中 0.02%是指室温下奥氏体中最大溶解的碳含量。生产中通常采用控制 w_{Ti}/w_C 的方法以保证 18Cr-8Ni 奥氏体不锈钢耐晶间腐蚀的性能,控制 $w_{Ti}/w_C \geqslant 5.0$～5.5 便可得到满意的结果。为了充分发挥钛和铌在奥氏体不锈钢中稳定碳的效果,要求在固溶处理之后,进行稳定化处理(图 9.53)。

向一些铬镍奥氏体不锈钢中加入钛,给钢的生产、加工、性能和应用带来一些困难和问题,主要是[1]:钛的加入使钢的黏度增加,流动性降低,给钢的连续浇铸带来困难;模铸时使钢锭、钢坯表面质量变坏,大大增加冶金厂的修磨量,显著降低钢的成材率,提高了钢的生产成本;钛加入后,由于 TiN 等非金属夹杂物的形成,降低了钢的纯洁度,使钢的抛光性能变差,这些夹杂常成为点蚀源而降低钢的耐蚀性;含钛的不锈钢焊后在介质的作用下,沿焊缝熔合线易出现"刀状腐蚀",引起焊接结构设备的腐蚀破坏。

刀状腐蚀是指含钛、铌的铬镍奥氏体不锈钢焊接后,在焊缝与母材交界处很窄的区域内产生的一种严重腐蚀,而母材和焊缝本身则腐蚀轻微。冶金厂生产的含钛或铌的铬镍奥氏体不锈钢在出厂前一般经过 920(980)~1150℃的固溶处理,此时钢中的钛或铌大都以 TiC 或 NbC 的形式存在,但经焊接后,与焊缝相邻的高温(≥1150℃)狭窄区域内的 TiC 或 NbC 就会分解而溶入奥氏体基体中。在随后的冷却过程中,焊缝相邻的高温区通过 850~450℃这一敏化温度范围时,会有大量 $Cr_{23}C_6$ 沿晶析出,导致晶界铬的贫化,在介质的作用下便会出现刀状腐蚀,亦称刀线腐蚀。

自从 AOD、VOD 等炉外精炼技术的出现和普及,生产免于或降低敏化态晶间腐蚀倾向的低碳和超低碳奥氏体不锈钢已没有任何困难。自 20 世纪 60 年代末到 70 年代初,工业发达国家铬镍奥氏体不锈钢的生产和应用已经完成了由以含钛铬镍奥氏体不锈钢为主向以低碳和超低碳为主的转变,含钛钢在其产量中的比重仅为 1%~2%。我国含钛铬镍奥氏体不锈钢的产量在较长时间内占铬镍奥氏体不锈钢的 90%以上,近年这种状况已有很大变化,在 2007 年制定的不锈钢标准中已取消了 1Cr18Ni9Ti 等一些含钛的铬镍奥氏体不锈钢。

其他元素　硫在奥氏体不锈钢中被视为有害杂质,其含量被限制在 0.03%~0.035%。硫的有害作用主要是:降低奥氏体不锈钢的热塑性,影响钢的热加工性,这是由于在高温下 MnS 或(Fe,Mn)S 沿晶界析出有关;硫还降低奥氏体不锈钢的耐蚀性,MnS 易溶于酸性氯化物溶液,常成为腐蚀源导致耐点蚀和耐缝隙腐蚀性能的显著降低。

硫的加入可提高奥氏体不锈钢的切削加工性能,因而在易切削奥氏体不锈钢中,硫被视为合金元素。

磷在奥氏体不锈钢中一般被视为有害杂质,标准中规定磷含量不大于 0.035%~0.045%,在 Cr-Mn-N 和 Cr-Mn-Ni-N 奥氏体不锈钢中,磷含量可以放宽到 0.06%。磷的有害作用主要是:显著降低铬镍奥氏体不锈钢在固溶态和敏化态下耐各种浓度硝酸腐蚀的性能;明显增强铬镍奥氏体不锈钢在浓硝酸和含 Cr^{6+} 的硝酸中固溶态晶间腐蚀的敏感性,降低在这些使用条件下的耐蚀性。磷的这种有害作用多用磷的晶界偏聚来解释。在某些条件下,铬镍奥氏体不锈钢中的磷含量应控制在 0.01%以下,有的用途甚至要低于 0.005%。

9.5.3　奥氏体不锈钢的热处理和冷变形强化

奥氏体不锈钢在加热和冷却时不发生 $\alpha \leftrightarrow \gamma$ 相变,不能通过热处理的方式达到强化的目的,只能通过冷变形来提高其强度。

奥氏体不锈钢的热处理有以下几种方式。

1) 去应力退火

去应力退火的目的是去除冷加工后的内应力,使钢在伸长率无显著变化的情况下,屈服强度和疲劳强度有很大的提高。这种去应力退火温度一般采用250~425℃,常用的工艺是300~350℃保温1~2h,空冷。

去应力退火的另一个用途是消除焊接应力。消除焊接应力的处理一般要在800℃以上。对于不含稳定碳化物元素的钢,加热后应快速冷却,使之迅速通过析出碳化铬的温度区间,防止晶间腐蚀,推荐的工艺为950℃加热后水冷至540℃再空气冷却。含有稳定碳化物元素的钢,这一处理常和稳定化处理合并进行,推荐的工艺为950℃加热,空气中冷却。

用来消除冷作硬化的退火,其温度为750~850℃,1~3h,快速冷却。

2) 固溶处理

固溶处理是将奥氏体不锈钢加热至较高的温度,使其中的碳化物 $Cr_{23}C_6$ 及可能存在的 σ 相等能充分溶入奥氏体,然后快速冷却以获得均一的奥氏体组织。处理后的组织为过饱和的 γ-Fe 固溶体。固溶处理的目的是提高奥氏体不锈钢的耐蚀性,也可消除冷作硬化。固溶处理的温度较高,一般为1000~1100℃,碳含量高时取上限温度,碳含量低时取下限温度。固溶加热温度不足时,$Cr_{23}C_6$ 溶解不充分,不能充分发挥铬在钢中提高耐蚀性的作用,加热温度过高,晶粒粗化。粗大的晶粒虽对钢的力学性能没有多大影响,但不能以热处理的方法细化,粗晶粒的18Cr-8Ni奥氏体不锈钢板在冲压时,表面易形成皱皮,磨削困难。图9.70为302(12Cr18Ni9)钢985℃固溶处理及快速冷却后的显微组织。因加热不足,钢的组织由奥氏体和许多无序分布的 $Cr_{23}C_6$ 颗粒,奥氏体基体中有大量的孪晶。图9.71为18Cr-8Ni钢1100℃固溶处理及快速冷却后的组织,组织为多边形的奥氏体晶粒,快速冷却引起的应力导致大量孪晶的出现。

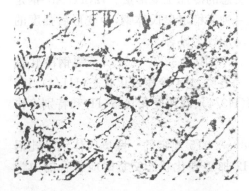

图9.70 302(12Cr18Ni9)钢985℃固溶处理及快速冷却后的显微组织[49] 1000×

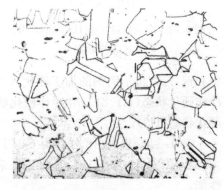

图9.71 18Cr-8Ni奥氏体不锈钢1100℃固溶处理及快速冷却后的组织[50] 100×

奥氏体不锈钢应在中性或弱氧化气氛加热,常以空气炉为加热设备并以氨分解气等作为加热介质,有条件时,最好采用真空加热。在奥氏体不锈钢加热时,既要阻止钢的表面氧化,也要防止钢的表面增碳,因为增碳将使钢的晶间腐蚀倾向增大。奥氏体钢在低温时的热导率较低,在低温加热时的加热速率要缓慢,断面较大的奥氏体不锈钢零件预热到 700~800℃时需等温到一定时间,再快速升温。在固溶温度的保温时间不宜太长,一般按有效厚度计算,为 1min/mm。加热保温后应在水中快速冷却,以防碳化物从奥氏体中析出,对于厚度不大的工件,为防止变形,可以空冷。

3) 稳定化处理

对于含钛、铌的稳定性奥氏体不锈钢,应采用稳定化处理,以提高钢在 450~900℃范围内,并在强烈腐蚀介质中工作的耐蚀性。稳定化处理是在固溶处理后进行的,是将钢加热到 850~900℃,保温 2~4h,然后在水中或空气中冷却。

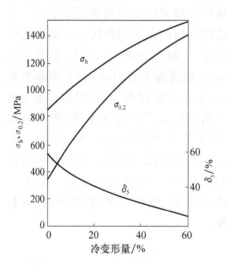

图 9.72　冷变形对 302(12Cr17Ni7)钢力学性能的影响[4]

奥氏体不锈钢经固溶处理后的硬度最低,是最大程度的软化处理。经固溶处理后的各种牌号的奥氏体不锈钢的力学性能见表 9.11。由表 9.11 可见,奥氏体不锈钢的屈服强度较低,抗拉强度也不高,但具有高的塑性,抗拉强度与屈服强度的比值高,因此通过冷变形方式可以有效地提高其强度。图 9.72 为冷变形对 302(12Cr17Ni7)钢力学性能的影响,经过冷加工硬化,强度明显提高,塑性相应降低,应用时要合理选择材料供货态的冷加工变形量。12Cr17Ni7 钢是一种亚稳定奥氏体钢,冷变形后强度的增加较为显著[4]。

GB/T 3280—2015《不锈钢冷轧钢板和钢带》中将不锈钢的加工硬化状态分为五类:1/4 冷作硬化状态(H1/4)、1/2 冷作硬化状态(H1/2)、3/4 冷作硬化状态(H3/4)、冷作硬化状态(H)和特别冷作硬化状态(H2)。

表 9.34~表 9.38 分别为 GB/T 3280—2015 规定的一些奥氏体钢冷轧钢板和钢带以 H1/4、H1/2、H3/4、H 和 H2 加工硬化状态交货时应符合的力学性能。

表 9.34　奥氏体不锈钢冷轧钢板和钢带以 H1/4 状态交货时的力学性能（GB/T 3280—2015）

牌号	$R_{p0.2}$/MPa	R_m/MPa	不同厚度时的伸长率 A/%		
			<0.4mm	≥0.4~0.8mm	≥0.8mm
			不小于		
022Cr17Ni7	515	825	25	25	25
12Cr17Ni7	515	860	25	25	25
022Cr17Ni7N	515	825	25	25	25
12Cr18Ni9	515	860	10	10	12
022Cr19Ni10	515	860	8	8	10
06Cr19Ni10	515	860	10	10	12
022Cr19Ni10N	515	860	10	10	12
06Cr19Ni10N	515	860	12	12	12
022Cr17Ni12Mo2	515	860	8	8	8
06Cr17Ni12Mo2	515	860	10	10	10
06Cr17Ni12Mo2N	515	860	12	12	12

表 9.35　奥氏体不锈钢冷轧钢板和钢带以 H1/2 状态交货时的力学性能（GB/T 3280—2015）

牌号	$R_{p0.2}$/MPa	R_m/MPa	不同厚度时的伸长率 A/%		
			<0.4mm	≥0.4~0.8mm	≥0.8mm
			不小于		
022Cr17Ni7	690	930	20	20	20
12Cr17Ni7	760	1035	15	18	20
022Cr17Ni7N	690	930	20	20	20
12Cr18Ni9	760	1035	9	10	10
022Cr19Ni10	760	1035	5	6	6
06Cr19Ni10	760	1035	6	7	7
022Cr19Ni10N	760	1035	6	7	7
06Cr19Ni10N	760	1035	6	8	8
022Cr17Ni12Mo2	760	1035	5	6	6
06Cr17Ni12Mo2	760	1035	6	7	7
06Cr17Ni12Mo2N	760	1035	6	8	8

表 9.36 奥氏体不锈钢冷轧钢板和钢带以 H3/4 状态交货时的力学性能(GB/T 3280—2015)

牌号	$R_{p0.2}$/MPa	R_m/MPa	不同厚度时的伸长率 A/%		
			<0.4mm	≥0.4mm~0.8mm	≥0.8mm
			不小于		
12Cr17Ni7	930	1205	10	12	12
12Cr18Ni9	930	1205	5	6	6

表 9.37 奥氏体不锈钢冷轧钢板和钢带以 H 状态交货时的力学性能(GB/T 3280—2015)

牌号	$R_{p0.2}$/MPa	R_m/MPa	不同厚度时的伸长率 A/%		
			<0.4mm	≥0.4~0.8mm	≥0.8mm
			不小于		
12Cr17Ni7	965	1275	8	9	9
12Cr18Ni9	965	1275	3	4	4

表 9.38 奥氏体不锈钢冷轧钢板和钢带以 H2 状态交货时的力学性能(GB/T 3280—2015)

牌号	$R_{p0.2}$/MPa	R_m/MPa	不同厚度时的伸长率 A/%		
			<0.4mm	≥0.4~0.8mm	≥0.8mm
			不小于		
12Cr17Ni7	1790	1860	—	—	—

上面各表中未列入的牌号以冷作硬化状态供货时的力学性能及硬度由供需双方协商确定。

9.5.4 常用奥氏体不锈钢的钢号、性能和应用[1,3,26]

9.5.4.1 普通奥氏体不锈钢

1) 12Cr17Ni7,022Cr17Ni7,022Cr17Ni7N

12Cr17Ni7 钢是一种亚稳奥氏体不锈钢,在固溶状态具有完全的奥氏体组织,易于冷变形强化。在冷变形过程中,会有一部分转变为马氏体,转变量的大小取决于变形量的大小,从而显著提高钢的强度,塑性相应降低(图 9.72)。该钢固溶态及不同程度冷变形后的力学性能见表 9.12 及表 9.34~表 9.38。

12Cr17Ni7 钢具有良好的工艺性能,轧锻热加工温度范围为 1150~850℃,用不锈钢的常规生产手段能顺利生产出常用规格的棒、板、带和丝材。进行冷加工变形时,由于钢的冷作硬化倾向强,要增加中间软化退火的次数。适宜的固溶处理和中间软化退火的温度为 1050~1100℃。该钢的冷变形性能好,可进行弯曲、卷边、折叠等,并具有良好的深冲性能。该钢在固溶状态下可以焊接,但冷轧材焊接后会在焊缝附近形成低强度区而影响使用,因而不推荐在焊接状态下应用。

12Cr17Ni7 钢在工业大气、城市大气条件下抗锈性良好,在中性和氧化性环境中有较好的耐蚀性,但在海洋大气条件下、还原性环境中及化工过程中常见的酸、碱、盐介质中的耐蚀性较差。该钢用于制造在冷状态下承载较高载荷,又能减轻设备重量和不生锈的零件和设备,如铁道车辆及零部件、装饰板、传送带、紧固件等。

022Cr17Ni7 钢是一种超低碳奥氏体不锈钢。由于碳含量低,该钢耐晶界腐蚀性好,焊后可不进行热处理。该钢用于制造焊接后可不进行热处理的零部件。

022Cr17Ni7N 钢是一种含氮超低碳奥氏不锈钢,碳含量低,耐晶间腐蚀性好,加入氮后,其强度较 022Cr17Ni7 钢高,并增强了其耐点蚀和耐缝隙腐蚀的能力。该钢的焊接性能好,焊后不需进行热处理。该钢用于制造既要求耐腐蚀,又要求具有一定强度的结构件。

2) 12Cr18Ni9,06Cr19Ni10,17Cr18Ni9,Y12Cr18Ni9,Y12Cr18Ni9Se,022Cr19Ni10,07Cr19Ni10,06Cr18Ni9Cu3

12Cr18Ni9 钢是历史最悠久的奥氏体不锈钢,在固溶态具有良好的塑性、韧性和冷加工性能,但其硬化效果不如 1Cr17Ni7 钢,如图 9.73 所示。这是由于镍含量的增加使奥氏体趋于稳定,冷变形时转变为马氏体的量趋于减少之故。该钢固溶态及不同程度冷变形后的力学性能见表 9.12 及表 9.34~表 9.37。

12Cr18Ni9 钢的热加工性能良好,在固溶状态具有良好的冷加工性能和冷成形性能,可顺利进行冷轧、冷拔操作加工,以及冷冲压和冷弯等冷成形作业。

12Cr18Ni9 钢耐晶间腐蚀性能不良,敏化态不能通过晶间腐蚀检验,固溶态则可通过,因此在焊接状态下,不宜在产生晶间腐蚀的介质中使用。该钢的焊接性能良好,可采用各种方法焊接,为确保钢的耐晶间腐蚀检验,焊后应进行固溶处理。

12Cr18Ni9 钢主要用于制造中等温度下耐腐蚀而强度要求不高的部件及低温使用。在要求耐蚀及无磁的环境中,该钢可以制作弹簧、管道、紧固件、容器、换热器等零部件。

06Cr19Ni10 钢是不锈钢的主要钢种,其产量约占不锈钢产量的 30% 以上。该钢可以通过冷变形的方式提高强度,固溶态及冷变形 H1/4 和 H1/2 状态的力学性能见表 9.12、表 9.34 及表 9.35。由图 9.74 可以看出冷变形对 06Cr19Ni10 钢力学性能的影响。表 9.39 为 06Cr19Ni10 钢的低温力学性能。

表 9.39　06Cr19Ni10 钢的低温力学性能[3]

试验温度/℃	$\sigma_{0.2}$/MPa	σ_b/MPa	δ/%	ψ/%	A_{kU}/J
0	274	903	65	75	208
−20	245	996	56	67	198
−50	241	1123	50	71	198

试验温度/℃	$\sigma_{0.2}$/MPa	σ_b/MPa	δ/%	ψ/%	A_{kU}/J
-100	227	1307	43	69	172
-140	252	1395	41	68	164
-196	236	1641	38	67	172

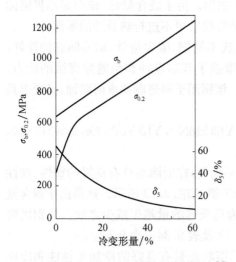

图 9.73　12Cr18Ni9 钢的冷作硬化性能[4]

化学成分:0.09%C、1.39%Mn、

0.43%Si、17.56%Cr、9.69%Ni

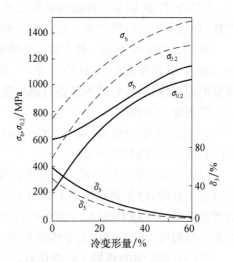

图 9.74　冷变形对 06Cr19Ni10 和

06Cr19Ni10N 钢的冷作硬化性能[1,4]

化学成分:0.056%C、0.87%Mn、

0.43%Si、18.60%Cr、10.25%Ni

——06Cr19Ni10　– – –06Cr19Ni10N

　　06Cr19Ni10 钢具有良好的冷、热加工性能,以及无磁性和好的低温性能。该钢小截面尺寸的焊接件具有足够的耐晶间腐蚀性能,在氧化酸(HNO_3)中具有优良的耐蚀性,在碱溶液和大部分有机酸中及大气、水、蒸汽中均有比较好的耐蚀性。该钢适于制造深冲成形的部件及输送腐蚀介质管道、容器、结构件等,以及无磁、低温设备和部件。

　　17Cr18Ni9 钢类似于列入 GJB 2294—95《航空用不锈钢及耐热钢棒规范》的 2Cr18Ni 钢,其化学成分为:0.13%~0.2%C、≤1.00%Si、≤2.00%Mn、≤0.035%P、≤0.025%S、8.00%~10.50%Ni、17.00%~19.00%Cr。经 1100~1150℃固溶处理和水冷后的力学性能如下:σ_b≥590MPa、$\sigma_{0.2}$≥215MPa、δ_5≥40%、ψ≥55%、A_{kU}≥98J。17Cr18Ni9 钢在固溶态有较高的强度、塑性,韧性和冷加工性均良好,在氧化性酸、大气、水、蒸汽等介质中有较好的耐蚀性。该钢有晶间腐蚀倾向,在有晶间腐蚀产生的条件下,不适于用做焊接结构材料。17Cr18Ni9 钢主要用于具有强度要求的结构件,如设备的外壳、紧固件等,但应避免在产生应力腐蚀、孔蚀和缝隙腐蚀的条件下使用。

17Cr18Ni9、12Cr18Ni9、06Cr19Ni10 三种钢比较,耐蚀性依次变好,强度依次降低。

Y12Cr18Ni9 和 Y12Cr18Ni9Se 是两种易切削铬镍奥氏体不锈钢。前者通过调整钢中的硫、磷含量,后者除调整钢的硫、磷含量外还加入硒,以改善钢的切削加工性能,钢的其他性能仍保留 12Cr18Ni9 钢的特点。在干燥和大多数中等腐蚀环境中,这两种钢的耐蚀性相当于 12Cr18Ni9 钢,在严苛腐蚀介质中,其耐蚀性不如 12Cr18Ni9 钢。这两种钢同 12Cr18Ni9 钢一样,不耐敏化态晶间腐蚀。这两种钢的冷成形性能不如 12Cr18Ni9 钢,一般不推荐冷成形操作。

Y12Cr18Ni9 和 Y12Cr18Ni9Se 钢的切削性能优于 12Cr18Ni9 钢,易断削且表面光洁。这两种钢主要用于干燥和中等腐蚀环境下,对耐蚀性要求不高,无磁,但对切削加工性能要求较高的部件,如办公器械复印机的滚子、导辊、轴类等。

022Cr19Ni10 钢是在 06Cr19Ni10 钢的基础上,通过降低碳含量和稍许提高镍含量而开发出的超低碳奥氏体不锈钢,可以有效地解决 06Cr18Ni10 钢在一些条件下严重的晶间腐蚀倾向。在 AOD 和 VOD 工艺成功地应用于生产后,这种钢开始得到广泛的应用。022Cr19Ni10 钢与 06Cr19Ni10 钢比较,其强度稍低,但其敏化态耐晶间腐蚀能力显著优于 06Cr19Ni10 钢,其他性能与之相同。该钢固溶态及冷变形 H1/4 和 H1/2 状态的力学性能见表 9.12、表 9.34 及表 9.35。冷加工变形使 06Cr19Ni10 钢的强度明显提高,但其提高幅度不如 12Cr17Ni7 钢。表 9.40 为 022Cr19Ni10 钢在不同温度下的力学性能。

表 9.40 022Cr19Ni10 钢的高温和低温的力学性能[26]

试验温度/℃	σ_b/MPa	$\sigma_{0.2}$/MPa	δ/%	ψ/%	A_{kU}/J
538	353	82	45	67	—
426	392	96	48	68	—
200	412	118	52	75	—
0	903	274	65	75	208
−20	996	245	56	67	198
−100	1307	227	43	69	172
−196	1641	236	38	67	172

注:热处理工艺为 1050℃水冷。

022Cr19Ni10 钢常用于制造耐酸介质腐蚀的各种设备、容器、管道和构件,主要用于需焊接而焊接后又不能进行固溶处理的耐蚀设备和部件。

07Cr19Ni10 钢和与前面所述 06Cr19Ni10 钢的力学性能、工艺性能和耐蚀性基本相同。

　　06Cr18Ni9Cu3 钢是在 06Cr19Ni10 钢基础上，为改进其冷成形性能而发展的不锈钢。铜的加入使钢的冷作硬化倾向小，冷作硬化率降低，可以在较小的成形力下获得最大的冷变形，主要用于制作冷镦紧固件、深拉深件等冷成形的部件。

　　06Cr18Ni9Cu3 钢的耐蚀性与 06Cr19Ni10 钢相近，在湿汽、盐雾及海洋大气中抗锈性均很好；在酸性介质中，耐氧化性硝酸的腐蚀，在还原性酸中耐蚀性不良，但优于 06Cr19Ni10 钢。

　　3) 10Cr18Ni12，06Cr23Ni13，06Cr25Ni20

　　10Cr18Ni12 钢是在 12Cr18Ni9 钢的基础上，提高其镍含量而发展起来的钢种，由于镍含量的提高，奥氏体更加稳定，其 M_{d30} 降到远低于室温。该钢在经受较大冷变形后，不会或基本不发生马氏体转变，所以加工硬化倾向较小，材料的透磁率变化很小。该钢固溶态的力学性能见表 9.12。图 9.75 为该钢经不同冷变形后的力学性能。该钢的冷成形性能优良，加工硬化速率低，可实施成形条件比较苛刻、形状复杂的产品的冷成形操作，适用于冷镦、深冲、旋压等冷成形加工，可以减少中间软化退火的次数。

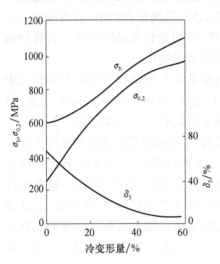

图9.75　10Cr18Ni12 钢的冷作硬化性能[4]　化学成分：0.069%C、0.94%Mn、0.52%Si、17.19%Cr、11.65%Ni

　　10Cr18Ni12 钢的焊接性能优良。由于钢的碳含量较高，不耐敏化态的晶间腐蚀，为提高其耐晶间腐蚀性能，焊后应进行固溶处理。该钢的耐均匀腐蚀性能与 12Cr18Ni9 钢相当。

　　10Cr18Ni12 钢主要用于弱腐蚀环境中的紧固件和深冲件等，亦可用于冷成形后要求无磁或低磁部件。

　　06Cr23Ni13 钢是高铬镍奥氏体钢，其耐蚀性、耐热性均优于 06Cr19Ni10 钢，可用做耐蚀部件，但大多做耐热钢使用。由于钢中铬含量高，具有在 900～1000℃温度下的抗氧化能力。该钢在室温下的力学性能与 18Cr-8Ni 奥氏体不锈钢相近（表 9.10）。在温度区间 550～750℃ 长时间保温会发生 $\gamma \rightarrow \alpha \rightarrow \sigma$ 的转变而变脆[16]。

　　06Cr25Ni20 钢是一种高铬镍奥氏体钢，在氧化性介质中具有良好的高温性能，抗氧化性能比 06Cr23Ni13 钢好。该钢耐点蚀和耐应力腐蚀性能优于 18Cr-8Ni 奥氏体不锈钢，适用于浓硝酸中耐蚀部件，但大多做耐热钢使用。

4) 06Cr19Ni10N，022Cr19Ni10N，06Cr18Ni11Ti，07Cr19Ni11Ti，06Cr18Ni11Nb，07Cr18Ni11Nb，06Cr19Ni9NbN

06Cr19Ni10N 和 022Cr19Ni10N 钢均是在其各自不含氮的钢的基础上发展起来的，保留了各自相应不含氮钢种的耐蚀性能特点。氮的加入提高了强度和加工硬化倾向，而塑韧性仍维持在高的水平。氮的加入还改善了某些方面的耐蚀性，特别是耐点蚀、缝隙腐蚀和晶间腐蚀性能。

06Cr19Ni10N 和 022Cr19Ni10N 钢固溶态及冷变形 H1/4 和 H1/2 状态的力学性能见表 9.12、表 9.34 及表 9.35。图 9.74 所示为冷变形对 06Cr19Ni10N 钢力学性能的影响，并与不含氮的 06Cr19Ni10 钢进行的对比。适宜的固溶处理温度为 1010~1120℃，水冷，细、薄件可以空冷，焊接性能与相应的不含氮钢一样良好。022Cr19Ni10N 钢焊后无需热处理。06Cr19Ni10N 钢由于碳含量较高，在经过焊接或在 450~900℃加热后，会出现铬碳化物沿晶界的沉淀，其耐蚀性特别是耐晶间腐蚀性能将明显下降。因此，对于经受敏化的材料应再经固溶处理以恢复其耐蚀性。对于焊接设备和构件，推荐采用超低碳的 022Cr19Ni10N 钢。

06Cr19Ni10N 和 022Cr19Ni10N 钢的热加工性良好，与不含氮钢相比，变形抗力稍大；各种冷成形加工容易进行，与不含氮钢基本相同，只是变形抗力稍大。以冷加工态供应产品的消除应力退火工艺为 250~450℃加热，保温 2~4h。这类含氮钢可应用于各相应不含氮钢的应用场合，同时可承受更重的负荷，因此可减少材料消耗。

06Cr18Ni11Ti 钢是用钛稳定化的奥氏体不锈钢。在不锈钢工业应用初期，为解决 18Cr-8Ni 奥氏体不锈钢的晶间腐蚀问题，发展了钛稳定化奥氏体不锈钢，并在工业应用上发挥了重要作用。二次精炼工艺引入不锈钢后，超低碳不锈钢的生产已变得容易，因而钛稳定化不锈的生产和使用日益缩减。06Cr18Ni11Ti 钢具有良好的高温性能，加之对该钢已有长期的使用经验，目前，在高温和在一些特定的环境中（抗氢腐蚀）及在需要稳定化热处理的条件下仍在使用。

06Cr18Ni11Ti 钢在各种状态下都能保持稳定的奥氏体组织，冷热加工性能和焊接性良好。该钢具有良好的耐蚀性和较高的抗晶间腐蚀能力。

06Cr18Ni11Ti 钢用于化工、石油化工和核工业的耐腐蚀部件和高温焊接构件，如反应器、管道、热交换器、大型锅炉过热器、再热器蒸汽管道等。

06Cr18Ni11Nb 钢含有稳定化元素铌，其耐晶间腐蚀和耐连多硫酸这类强酸的晶间应力腐蚀性能良好，在酸、碱、盐等腐蚀介质中的耐蚀性能基本与 06Cr18Ni11Ti 钢相同。06Cr18Ni11Nb 钢广泛用于石油化工、合成纤维、食品、造纸等工业，还可作为热强钢使用。由于铌较钛不易烧损，该钢多用做焊接铬镍奥氏体不锈钢的焊芯。

07Cr19Ni11Ti 和 07Cr18Ni11Nb 钢与 06Cr18Ni11Ti 和 06Cr18Ni11Nb 钢相

比,其碳含量由不大于 0.08% 调整为 0.04%～0.10%。这两种钢有良好耐高温性能,可用于锅炉行业,见第六分册 10.2.1.3 节和表 10.23。

06Cr19Ni9NbN 钢是在 06Cr18Ni11Nb 钢的基础上添加氮而发展成的钢种,添加了氮可显著提高钢的强度,减小使用材料的厚度,减轻零部件重量,可用于制造要求高强度且耐晶间腐蚀的焊接设备和结构件。

5) 06Cr17Ni12Mo2(316),022Cr17Ni12Mo2(316L),07Cr17Ni12Mo2 (316H),06Cr19Ni13Mo3,022Cr19Ni13Mo3

06Cr17Ni12Mo2 和 022Cr17Ni12Mo2 是常用的奥氏体不锈钢,具有良好的强度、塑性、韧性和冷成形性能及良好的低温性能。这两种钢的固溶态及冷变形 H1/4 和 H1/2 状态的力学性能见表 9.12、表 9.34 及表 9.35。图 9.76 为 06Cr17Ni1Mo2 钢的冷作硬化性能。

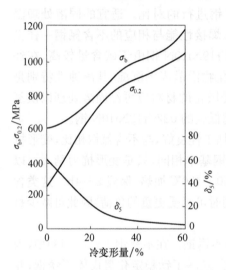

图 9.76　06Cr17Ni1Mo2 钢的
冷作硬化性能[4]
化学成分:0.051%C、1.65%Mn、
17.33%Cr、13.79%Ni、2.02%Mo

06Cr17Ni12Mo2 和 022Cr17Ni12Mo2 钢是在 18Cr-8Ni 奥氏体不锈钢的基础上加入了 2%Mo,获得了良好的耐还原性介质腐蚀和耐点蚀的能力,在各种有机酸、无机酸、碱、盐类(如亚硫酸、硫酸、磷酸、甲酸、卤素盐等),以及海水中均具有适宜的耐蚀性。这两种钢在还原性酸性介质中的耐蚀性远优于 06Cr19Ni10 钢和 022Cr19Ni10 钢。

06Cr17Ni12Mo2 和 022Cr17Ni12Mo2 钢是制造合成纤维、石油化工、纺织、化肥、造纸、印染及原子能等工业用设备的重要耐蚀材料。这两种钢均具有良好的热加工性能,

钢的热塑性良好,过热敏感性低。由于钢中钼含量较高,其变形抗力较 18Cr-8Ni 奥氏体不锈钢明显提高。这两种钢的冷加工性能亦良好,可进行冷轧、冷拔、深冲、弯曲等冷加工和成形工艺,焊接性能良好。为保持良好的耐晶间腐蚀性能,焊后应进行固溶处理,若不允许热处理,应选用超低碳的 022Cr17Ni12Mo2 钢。

07Cr17Ni12Mo2 与 06Cr17Ni12Mo2 钢相比,其碳含量由不大于 0.08% 调整为 0.04%～0.10%。该钢耐高温性能良好,见表 10.24。07Cr17Ni12Mo2 钢用于制作加热釜、锅炉、硬质合金传送带等。

06Cr19Ni13Mo3 和 022Cr19Ni13Mo3 两种钢的钼含量分别较上述 06Cr17-Ni12Mo2 和 022Cr17Ni12Mo2 钢提高约 1%。因此它们在稀硫酸、磷酸、乙酸、甲酸中的耐蚀性得到提高,在氯化物中的耐点蚀性能亦得到改善。022Cr19Ni13Mo3 钢是

超低碳型奥氏体不锈钢,耐晶间腐蚀性能优异,适于制作焊接部件。

06Cr19Ni13Mo3 和 022Cr19Ni13Mo3 钢经固溶处理后的力学性能见表 9.11 和表 9.12。这些钢的冷加工性能良好,适于常规冷轧、冷拔及冷成形操作。

6) 06Cr17Ni12Mo2N,022Cr17Ni12Mo2N,022Cr25Ni22Mo2N,06Cr17Ni12-Mo2Ti,06Cr17Ni12Mo2Nb

06Cr17Ni12Mo2N 和 022Cr17Ni12Mo2N 钢分别是在 06Cr17Ni12Mo2 和 022Cr17Ni12Mo2 钢的基础上加氮而开发的,钢中加入氮可提高强度又不降低塑性,可使所用材料的厚度减薄,减轻部件重量。这两种钢保留了原来各相应不含氮钢的耐蚀性特点,并进一步改善了在某些方面的耐蚀性,特别是耐点蚀性、耐缝隙腐蚀和耐晶间腐蚀性能,可应用在各相应不含氮钢的应用场合。这两种钢经固溶处理后的力学性能见表 9.12,氮的加入可提高强度和加工硬化能力。

06Cr17Ni12Mo2N 和 022Cr17Ni12Mo2N 钢的热加工性能良好,只是热变形抗力稍大。各种冷加工也容易进行,除变形抗力稍大外,冷加工性能与不含氮钢基本相同,焊接性能与相应的不含氮钢一样良好,022Cr17Ni12Mo2N 钢焊后不需进行热处理。对于在强腐蚀环境下使用的焊接件,不推荐采用 06Cr17Ni12Mo2N 钢。

022Cr25Ni22Mo2N 钢是针对尿素生产过程中的腐蚀问题而开发出的耐蚀结构材料,是完全奥氏体超低碳型不锈钢,具有良好的组织稳定性和良好的耐均匀腐蚀性、耐点蚀和耐应力腐蚀性能。在尿素生产中的实际腐蚀介质中,该钢的耐蚀性远优于其他钢种,现已在二氧化碳汽提法尿素生产高压设备中普遍使用,还可用于制造乙酸、硫酸生产中使用的热交换器、容器、管道等。

生产 022Cr25Ni22Mo2N 钢时,要控制好各元素的含量,以获得铁素体含量极低的纯奥氏体组织,要严格控制钢中 Si、S、P 等杂质含量,以获得优良的工艺性和耐蚀性。

022Cr25Ni22Mo2N 钢的热加工性能良好,但较常规奥氏体不锈钢困难,其冷加工的性能良好,可进行冷轧、拔及其他冷成形工艺加工,固溶处理温度为1060~1150℃,水冷。该钢冷轧钢板、钢带经固溶处理后的力学性能见表 9.12。该钢在尿素汽提塔中的使用温度约为 200℃。

022Cr25Ni22Mo2N 钢最重要的耐蚀特性是具有远较常用的 022Cr17Ni12Mo2 钢高的钝化能力,在处于苛刻的还原条件下(当氨基甲酸铵溶液中需要维持钢在钝态的氧含量很低时),其钝化膜依然存在,保证了钢的良好耐蚀性。该钢可通过常用的晶间腐蚀标准试验方法进行检验。该钢焊接时热裂倾向较大,应选择适宜的焊接材料,可得到圆满的焊接效果。

06Cr17Ni12Mo2Ti 钢是为解决 06Cr17Ni12Mo2 钢的晶间腐蚀而发展起来的钢种。钛的添加提高了该钢的耐晶间腐蚀性能,其他性能与 06Cr17Ni12Mo2 钢相近,适于制造焊接部件。该钢经固溶处理和冷变形 H1/4 和 H1/2 状态的力学性能见表 9.12,以及表 9.34 及表 9.35 中的 06Cr17Ni12Mo2。该钢固溶处理后的冷却方式多采用水冷,小截面尺寸可采用空冷。该钢易于热加工,冷加工性能良好,工艺特点与相应不含钛的钢相同。

06Cr17Ni12Mo2Ti 钢的应用领域与 06Cr17Ni12Mo2 钢相同,已成功地应用于接触还原性介质的化工设备、管线、泵阀门等。

06Cr17Ni12Mo2Nb 钢是在 06Cr17Ni12Mo2 钢的基础上加入适量的铌而发展起来的钢种,从而具有良好的耐晶间腐蚀性,可用于制造化工设备的焊接部件。该钢经固溶处理后的力学性能见表 9.12。该钢的焊接性能良好,焊后不需热处理,在酸、碱、盐等溶液中有良好的耐蚀性。

7) 03Cr18Ni16Mo5,022Cr19Ni16Mo5N,022Cr19Ni13Mo4N

03Cr18Ni16Mo5 钢是一种高钼的铬镍奥氏体不锈钢,其耐蚀性优于 022Cr17-Ni12Mo2、06Cr17Ni12Mo2Ti 等钢,在硫酸、甲酸、磷酸、乙酸和一些有机酸及海水介质中要比一般含 2%～4%Mo 的铬镍奥氏体不锈钢更好。该钢主要用于处理含氯离子溶液的换热器、乙酸设备、磷酸设备、漂白装置等。

022Cr19Ni16Mo5N 和 022Cr19Ni13Mo4N 钢均为超低碳含氮的高钼铬镍奥氏体不锈钢。由于氮的加入,这两种钢的耐点蚀性能进一步提高。这两种钢经固溶处理后的力学性能见表 9.12。

8) 06Cr18Ni12Mo2Cu2,022Cr18Ni14Mo2Cu2,015Cr21Ni26Mo5Cu2

铜在奥氏体不锈钢中的作用在 9.5.2 节中已有论述。

06Cr18Ni12Mo2Cu2 钢在 06Cr17Ni12Mo2 钢中加入了 2%Cu,可提高其对稀酸,特别是稀硫酸的抗蚀能力,其耐蚀性、耐点蚀性好。该钢主要用于制造耐稀硫酸、磷酸等腐蚀的设备和零部件。

06Cr18Ni12Mo2Cu2 钢经固溶处理后的力学性能见表 9.12。该钢的焊接性能良好,可用做焊接结构件和管道、容器等。

022Cr18Ni14Mo2Cu2 钢是一种超低碳奥氏体不锈钢,其耐晶间腐蚀的性能优于 06Cr18Ni12Mo2Cu2 钢,在硫酸、磷酸及有机酸等介质中有良好的耐蚀性和耐晶间腐蚀性,尤其在稀、中等浓度的硫酸介质中有较高的耐蚀性,是制造化工、化肥、化纤设备的重要耐蚀材料,可用做焊接结构件和管道、容器等。

015Cr21Ni26Mo5Cu2 钢是一种含碳极低的高钼加铜高铬镍奥氏体不锈钢。该钢全面耐硫酸、磷酸、乙酸等腐蚀,又可解决氯化物点蚀、缝隙腐蚀和应力腐蚀问题。该钢主要用于石油、化工、化肥,以及海洋开发的塔、槽、管、换热器等。该钢经固溶处理后的力学性能见表 9.12。

9）12Cr17Mn6Ni5N，12Cr18Mn8Ni5N

这两种钢均属于节镍奥氏体不锈钢。12Cr17Mn6Ni5N 钢是用锰和氮代替 12Cr17Ni7 钢中的部分镍而形成的一种新的牌号。该钢的许多性能都与 12Cr17Ni7 钢相近，在多种场合可以替代 12Cr17Ni7 钢使用。该钢在固溶态无磁性，冷加工后有轻微的磁性，在固溶态时其屈服强度高于 12Cr17Ni7 钢，但在冷加工后具有与 12Cr17Ni7 钢相似的形变硬化率，可以通过适度的冷加工获得高的强度，同时又具有良好的塑性，包括低温塑性。该钢可用轧制、拉拔、弯曲等方式加工，不同程度冷变形后的力学性能与 12Cr17Ni7 钢相近，其焊接性能不如 06Cr19Ni10 钢。该钢在绝大多数介质中可替代 12Cr17Ni7 钢，主要用于制造铁道车辆及零部件、旅馆设备、水池等。

12Cr18Mn8Ni5N 钢以锰和氮代替 12Cr18Ni9 钢中的部分镍，是典型的 Cr-Mn-Ni-N 型奥氏体不锈钢。该钢具有良好的力学性能和耐蚀性，其室温屈服强度高于 12Cr18Ni9 钢，在 800℃ 温度下具有很好的抗氧化性，且保持了较高的强度。该钢冷作硬化倾向与 12Cr18Ni9 钢相近，冷冲压性能不如 12Cr18Ni9 钢。该钢可用来制作较低温度下稀硝酸中工作的化工设备，如稀硝酸地下储槽、硝铵真空蒸发器等。该钢的可焊性良好，但有晶间腐蚀倾向，在腐蚀环境中用做焊接部件要注意有无晶间腐蚀发生。

10）12Cr18Ni9Si3，05Cr19Ni10Si2CeN，06Cr18Ni13Si4

这三种钢硅含量均比较高，硅在奥氏体不锈钢中的作用在 9.5.2 节中已有论述。我国在 20 世纪 60 年代末，开始发展耐浓硝酸腐蚀用的高硅奥氏体不锈钢，已得到广泛的推广应用。

12Cr18Ni9Si3 钢的耐蚀性同 12Cr18Ni9 钢，具有更好的抗氧化性能，在 900℃ 以下与 06Cr25Ni20 钢具有相同的耐氧化性和强度，可用于汽车排气净化装置等高温装置。

05Cr19Ni10Si2CeN 钢是在 07Cr19Ni10 钢的基础上添加氮、硅和微量稀土元素铈而研制成的。该钢的强度和加工硬化倾向有所提高，但塑性不降低，同时还改善了钢的耐点蚀、耐晶间腐蚀性能，可承受更重的载荷，用于制造具有较高强度要求又有耐蚀要求的结构件和零部件。

06Cr18Ni13Si4 钢是在 06Cr18Ni9 钢的基础上增加镍，添加硅而研制成的，可提高钢的耐应力腐蚀断裂性能。该钢耐浓硝酸、耐高浓度氯化物腐蚀性能好，具有与 06Cr25Ni20 钢相当的抗氧化性，应用于含氯离子环境的设备，如汽车排气净化装置。

上述三种钢的固溶处理温度均为 1010～1150℃，快冷。12Cr18Ni9Si3 和 05Cr19Ni10Si2CeN 钢经固溶处理后的力学性能见表 9.12。

9.5.4.2　超级奥氏体不锈钢

超级奥氏体不锈钢的出现主要是为了解决普通(通用)不锈钢的耐蚀性,特别是耐点蚀、耐缝隙腐蚀和耐应力腐蚀以及强度等偏低,无法满足客观需求而问世的。超级奥氏体不锈钢是指根据经验公式,钢的耐点蚀性指数 $PREN(w_C + 3.3w_{Mo} + 16w_N) \geqslant 40$ 的那些牌号。

对 1962～1997 年间不锈钢大量腐蚀破坏形态的统计,表明全面腐蚀和晶间腐蚀已大量减少,应力腐蚀、点蚀、缝隙腐蚀和腐蚀疲劳等局部腐蚀在腐蚀破坏中仍占有相当高的比例。通过研究,人们了解到提高奥氏体不锈钢中的 Ni 含量可以显著提高钢的耐应力腐蚀的性能;提高 Cr、Mo 含量可以显著提高耐点蚀和耐缝隙腐蚀的性能,而钢的应力腐蚀和腐蚀疲劳又常以点蚀和缝隙腐蚀为起源。1997 年起,N 作为重要合金元素在不锈钢中的广泛应用为超级奥氏体不锈钢的出现创造了条件。表 9.41 为国外开发的几种重要的超级奥氏体不锈钢的牌号及其化学成分。

表 9.41　国外一些超级奥氏体型不锈钢的牌号和化学成分　(单位:%)

商品牌号	相应国内牌号	C	Si	Mn	P	S	Cr	Ni	Mo	其他
254 SMO	015Cr20Ni18-Mo6CuN	0.02	0.80	1.00	0.03	0.01	19.50~20.50	17.50~18.50	6~7	0.5~1.0Cu 0.15~0.25N
AL-6XN	022Cr21-Ni25Mo7N	0.03	1.0	1.0	0.04	0.03	20~22	23.5~25.5	6~7	0.75Cu 0.18~0.25N
Cronifer-1925hMo, 25-6Mo	015Cr20Ni25-Mo6CuN	0.02	0.5	2.0	0.03	0.01	19~21	24~26	6~7	0.5~1.5Cu 0.15~0.25N
NIROSTA	022Cr24Ni17Mo5-Mn6NbN	0.03	1.0	3.5~6.5	0.03	0.01	23~25	16~18	3.5~5.5	0.4~0.6N 0.10Nb
654 SMO	015Cr24Ni22Mo8-Mn3CuN	0.02	0.50	2~4	0.03	0.005	24~25	21~23	7~8	0.45~0.55Cu 0.45~0.55N
Incoloy27-7Mo	—	0.02	0.5	3.0	0.03	0.01	20.5~23	26~28	6.5~8.0	0.5~1.5Cu 0.3~0.4N
UR B66	—	0.02	—	2~4	—	—	23~25	21~24	5.2~6.2	1.0~2.5Cu 0.35~0.60N 1.5~2.5W
UR SB8	—	0.02	—	—	—	—	24~26	24~26	4.7~5.7	1.6~2.0Cu 0.17~0.25

注:表中所列化学成分除表明范围,其余均为最大值。前面的 5 个牌号已列入 GB/T 3280—2015,见表 9.9,个别牌号的化学成分稍有差异。

1) 015Cr20Ni18Mo6CuN(254 SMO)[27]

254 SMO 钢系 1976 年瑞典开发的一种超级奥氏体不锈钢,该钢被纳入 GB/T 3280—2015,牌号为 015Cr20Ni18Mo6CuN。015Cr20Ni18Mo6CuN 钢不仅在还原性介质中具有良好的耐全面腐蚀性能,而且在含氯化物介质中也有优良的耐点蚀、耐缝隙腐蚀的性能,在一些含氯离子的溶液中具有耐应力腐蚀性能。该钢的 $PREN_{16}=43$。由于氮的强化作用,也使该钢的强度高于一般的铬镍奥氏体不锈钢,因而得到比较广泛的应用。该钢经固溶处理后的室温力学性能:$R_m \geqslant$ 650MPa、$R_{p0.2} \geqslant 300MPa、A \geqslant 35\%$、$HB \leqslant 210、a_k \geqslant 120$ J/cm²。

015Cr20Ni18Mo6CuN 钢在固溶态为单一的奥氏体组织,但受热履历的影响,由于钢中的碳含量很低,在冷却过程中会析出金属间化合物(σ 相、χ 相等)和 Cr_2N,其最敏感的析出温度为 800~900℃,敏感度较高,因此在该钢热加工、热成形和焊接时要采取适当措施防止金属间化合物的沉淀。

015Cr20Ni18Mo6CuN 钢的冷热加工性能较好,适宜的热加工温度为 1000~1150℃。该钢的冷作硬化倾向较强,但不影响其冷加工性和冷成形性,变形量大时需及时进行中间软化处理。该钢的焊接性能良好,不需焊前预热和焊后热处理。

015Cr20Ni18Mo6CuN 钢主要用于耐海水腐蚀的设备和构件、纸浆和造纸工业中的漂白装置、烟气脱硫的结构件、处理和输送含卤化物介质的容器和管线及炼油装置等。

2) 022Cr21Ni25Mo7N(AL-6XN)[27]

AL-6XN 是美国 AL 公司开发的一种超级奥氏体不锈钢,该钢被纳入 GB/T 3280—2015,牌号为 022Cr21Ni25Mo7N。

022Cr21Ni25Mo7N 钢的在固溶态具有单一的奥氏体组织,但若温度高于 540℃,则会有碳、氮化合物和 σ 相等相的析出,若 Cr、Mo 含量处于化学成分的上限,会对析出更为敏感。该钢的室温强度较 015Cr20Ni18Mo6CuN 钢稍高(表9.12),其高温力学性能在同类钢中也是比较高的。该钢允许的最高使用温度为 427℃,在稍高于此温度时效 100 年以后其冲击功仍可达到不小于 150J 的标准要求。

022Cr21Ni25Mo7N 钢的冷、热加工性能良好,焊接性能也比较好,常用做热交换器用管。

022Cr21Ni25Mo7N 钢在许多酸性介质中具有良好的耐全面腐蚀性能,在许多种含氯离子的介质中耐点蚀、缝隙腐蚀和抗应力腐蚀的性能也很好。该钢的 $PREN_{16}=41$。自 20 世纪 70 年代以来,该钢已大量用于海水冷凝器中低的薄壁管,使用性能良好。该钢还可用于造纸和热电厂,以及海上采油平台耐氯化物局部腐蚀的重要设备、管线。该钢在化工、石油工业中可用于耐腐蚀的工作温度不大于 425℃的压力容器设备。

美国 AL 公司还开发了一种 AL-6XN plus 钢,即将 AL-6XN 钢的碳含量控制在不大于 0.02%,将 Cr、Ni、Mo 及 N 含量控制在上限,因此一般不认为 AL-6XN plus 是一种新牌号。

3) 015Cr20Ni25Mo6CuN(Cronifer-1925hMo)[27]

015Cr20Ni25Mo6CuN 钢具有高强度和高耐蚀性的特点,特别是既耐氧化性酸又耐还原性酸的全面腐蚀,在含氯化物介质中还耐点蚀、缝隙腐蚀和应力腐蚀等局部腐蚀。该钢的组织稳定性较高,冷热加工性和焊接性亦优良,文献中也常称之为 926 合金。

015Cr20Ni25Mo6CuN 钢在固溶态为单一的奥氏体组织,但若热加工、热处理和焊接等工艺掌握不适当时,在 950~850℃ 停留会有 χ 相等析出,但未见有碳化物和氮化物的存在。该钢的适宜的热处理温度为 1150~1200℃,固溶后急冷(当截面尺寸大于 1.5mm 时),这是获得高耐蚀性的最基本要求。当截面尺寸小于 1.5mm 时可采用空冷。

015Cr20Ni25Mo6CuN 钢主要用于化工、纸浆造纸的漂白厂、海洋采油平台、海水淡化、海水冷凝器、动力厂的补给水加热器等。

4) 022Cr24Ni17Mo5Mn6NbN(NIROSTA)[27]

022Cr24Ni17Mo5Mn6NbN 钢较早列入我国国家标准 GB/T 20878—2007。该钢有较高的 Mn 含量,可以提高氮在钢中的溶解度,以获得高达 0.4%~0.6% 的氮含量。该钢在固溶态具有单一的奥氏体组织。该钢的高氮含量可显著推迟时效(敏化)态钢中金属间相的沉淀,即使经过 900℃×1h 的时效,冲击功仍可高达 100J,因此在该钢生产和使用工艺适当时,不会对其塑性、韧性和耐蚀性等产生不利的影响。

022Cr24Ni17Mo5Mn6NbN 是一种高强度且耐腐蚀的超级奥氏体不锈钢,经过固溶处理后,其力学性能为:$R_m \geqslant 800MPa$、$R_{p0.2} \geqslant 420MPa$、$A \geqslant 30\%$。该钢的 PREN≥50,因而耐点蚀、耐缝隙腐蚀的性能优良。

022Cr24Ni17Mo5Mn6NbN 钢氮含量高,热加工难度较大,一般锻造开坯温度为不高于 1250℃,变形量要合理控制,冷加工无困难,但变形量大时,需要中间热处理,钢的焊接性能良好。

该钢主要用于化工和造纸工业中,特别适合于烟气脱硫装置、海水淡化装置,以及陆上和海上油、气生产和输送装置和管线中使用。

5) 015Cr24Ni22Mo8Mn3CuN(654 SMO)[27]

654 SMO 是瑞典开发的一种超级奥氏体不锈钢,较早列入我国国家标准 GB/T 20878—2007,即 015Cr24Ni22Mo8Mn3CuN 钢。015Cr24Ni22Mo8Mn3CuN 钢通过提高 Mn 含量以提高钢中的氮含量,并与高的 Cr、Ni、Mo 含量相结合使钢的 PREN 达到约 55,高于其他超级不锈钢,因此,具有高的耐蚀性,特别是耐点蚀和耐缝隙腐蚀性能。该钢硫含量要求不高于 0.005%,其目的是防止影响耐蚀性

MnS 夹杂物的形成。该钢固溶态具有单一的奥氏体组织,由于钢中的 Cr、Ni、Mo 的含量都很高,当热加工、热成形、热处理和焊接等工艺不当时,更易于有金属间相和 Cr2N 的析出,损害钢的各种性能。该钢在固溶态有比较高的力学性能(表 9.12),韧性高,室温时冲击功大于 250J,−196℃时仍大于 125J。

015Cr24Ni22Mo8Mn3CuN 钢在许多酸性介质中具有很好的耐全面腐蚀的性能。该钢的耐点蚀和耐缝隙腐蚀的能力也优于其他超级不锈钢,还优于一些耐蚀合金。该钢还具有高的耐应力腐蚀的能力。

015Cr24Ni22Mo8Mn3CuN 钢是超级奥氏体不锈钢中含合金元素最高的牌号之一,因此,钢的高温强度高、热塑性较低、热加工性能相对较差,易出现热裂纹。该钢易于冷加工硬化,一次冷变形量不宜太大,以不大于 15% 为宜。该钢焊接性能尚好。

015Cr24Ni22Mo8Mn3CuN 钢多用于化工、海水、造纸工业和烟气脱硫等烟气净化环境中所使用的设备、构件、容器、热交换器和管线等。

6) Incoloy27-7Mo[27]

Incoloy27-7Mo 是美国在 2000 年问世的一种超级奥氏体不锈钢,钢中的镍和氮使之具有稳定的奥氏体结构。由于钢中有高的 Cr、Mo、N 含量使其具有优良的耐点蚀和耐缝隙腐蚀等的优良性能。相比 6% 钼超级奥氏体不锈钢,该钢在大多数环境下有更好的抗腐蚀性。在很多环境中,其抗腐蚀性接近甚至超过很多的超合金材料。镍、氮和钼提供了抗还原性环境的能力,同时高的铬含量提供了抗氧化性介质的能力,在混合酸中,尤其是那些含氧化性和还原性酸的介质中表现出很好的性能。该钢中的镍和氮提高了其抗应力腐蚀开裂和抗碱性介质侵蚀的能力,在海水和盐水中具有优异的耐蚀性,在所有浓度(即使到饱和)、沸腾的氯化钠中也能抗应力腐蚀开裂,在控制空气污染系统中可抵御诸如高硫燃烧煤发电站中烟气脱硫设备中所遭遇的腐蚀性介质。

Incoloy27-7Mo 钢以经济的价格提供了独特综合的腐蚀抗力、高强度及易加工性能。该钢的热加工的温度范围为 980~1150℃,固溶处理温度为 1120~1175℃。

Incoloy27-7Mo 钢的应用领域包括环保、电力、海洋、化工、纸浆和造纸及油气工业。

7) UR B66[27]

UR B66 于 1994 年问世,是一种高铬、钼、氮含量并含钨、铜的超级奥氏体不锈钢,其 PREN 按化学成分上限和下限控制时,分别约为 59 和 48。由于该钢的化学成分的合理匹配,其力学性能、耐蚀性能和焊接性能及钢的组织稳定性等均处于 6% Mo 型超级奥氏体不锈钢中的较高水平。

UR B66 钢经 1150℃固溶处理后基体为单一的奥氏体组织且无金属间相和

碳、氮化合物存在。该钢的组织稳定性可满足厚截面锻件的需要,即使其心部有少量金属间相和碳、氮化合物的析出,其力学性能仍能满足要求。该钢的厚板(12mm)和大尺寸棒材(ϕ235mm)心部的力学性能:$R_m \geqslant 810MPa$、$R_{p0.2} \geqslant 420MPa$、$A \geqslant 80\%$、$KV_2 \geqslant 100J$,冲击韧性对温度的影响也不敏感。该钢大锻件的表层与心部及纵向、切向和径向的力学性能的均匀性也很好,这与该钢采用正确的冶金工艺所获得的高纯净度和组织的高均匀性等有关。

UR B66 钢在氯化物的水溶液,特别是在海水和烟气脱硫的含氯离子介质中均有优异的耐点蚀、耐缝隙腐蚀等性能,可用于这些介质环境中的装置、管线及各种结构件。

9.6　奥氏体-铁素体不锈钢

奥氏体-铁素体不锈钢亦称为双相不锈钢,钢中既含有奥氏体,又含有铁素体,两者要独立存在,且含量较大。一般较少相的含量至少也要达到 30%[47]。

双相不锈钢的发展和应用始于 20 世纪 30 年代,人们发现含有铁素体和奥氏体的不锈钢,比单一组织的奥氏体钢具有更好的耐晶间腐蚀性能,但由于受当时冶金生产水平的限制,无法解决双相不锈钢两相比例控制和可焊性、热塑性等工艺性能较差等问题,一段时期双相不锈钢的发展缓慢。直到 70 年代以后,随着冶金技术的进步,双相钢的研究与生产得到了迅速的发展。80 年代后期已开发出称之为超级双相不锈钢的钢种,其特点是碳含量很低(0.01%~0.02%)、高钼(约 4%)、高氮(约 0.3%),铁素体含量 40%~50%,具有优良的耐蚀性能。

我国在 20 世纪 70 年代中期开始发展双相不锈钢,在 GB 1220—84 和 GB 1220—92 中列入了 3 个钢号。在制定 GB/T 20878—2007 时,吸收了国内外已开发出的一些性能良好的双相钢不锈钢,共列入了 11 个钢号。2015 年修订的 GB/T 4237—2015 及 GB/T 3280—2015 中列入的奥氏体-铁素体不锈钢牌号有 17 个,其中 10 个是已列入 GB/T 20878—2007 的牌号,新添加的有 7 个,其化学成分及其固溶处理后的力学性能分别见表 9.13 和表 9.15。

9.6.1　双相不锈钢的组织

双相钢中的两相具有适宜的比例时,在性能上具有一系列优点,目前得到广泛应用的 $\alpha + \gamma$ 双相不锈钢,大都含有体积分数约 50% 的 α 相和 50% 的 γ 相,即两者的比例近于 1 的钢种居多。因此 Cr-Ni 或 Cr-Ni-Mn 双相不锈钢的成分特点是较高的铬含量和较低的镍含量。除碳元素外,其他成分范围为 17.5%~28%Cr、3%~12%Ni、0.5%~4%Si、0.5%~6%Mn、0.5%~2.0%Cu、0~0.4%N。还有一些无镍的 Cr-Mn-N 系双相不锈钢因其冷热加工性能较差已少使用。

双相不锈钢的主要组织特点如下:

1) α 相和 γ 相含量的控制

在双相钢中,α 相和 γ 相含量的控制十分重要,图 9.77 为不同铁含量的 Fe-Cr-Ni 合金的变温截面图。随铁含量的增加,α 相区和 γ 相区的形状发生变化,α/α+γ 和 α+γ/γ 相界变弯,在高温时的 α 相区逐渐缩小。在低温时 σ+γ 双相区逐渐扩大。在铁含量为 90% 时,由于 γ 相区的扩大,使高温铁素体区与低温铁素体区分割开来。铁含量为 70% 左右时,由于 α+γ/γ 相界发生弯曲,在 1000℃时,靠近 α+γ/γ 相界附近的纯奥氏体钢将出现某些铁素体,随着 Cr/Ni 比例的调整,便可以获得 α+γ 双相不锈钢,钢中所含的铬、镍总量使这类钢具有良好的耐蚀性。

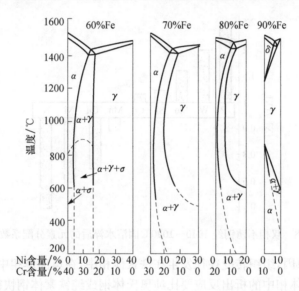

图 9.77 Fe 含量不同的 Fe-Cr-Ni 合金三元状态截面图[4]

α+γ 双相不锈钢与通常的纯铁素体钢和纯奥氏体钢不同,在其加热和冷却过程中,除了 α、γ 两相含量的变化外,还会产生组织转变,出现二次奥氏体 γ_2。在常用的双相不锈钢中,随着成分的变化还会出现碳化物、氮化物及一些金属间化合物。

双相不锈钢的性能,特别是耐应力腐蚀破裂的性能,与其主要的相组成 α 相和 γ 相的平衡比例有着密切的关系,而平衡比例取决于钢的成分和加热温度。双相不锈钢的相平衡一般是根据 Schaeffler 图(图 9.13)或以后的一些改进的组织图确定的。此外,还找出了一些以化学成分和固溶温度为依据计算出奥氏体含量的关系式[51]。

α+γ 双相不锈钢中的组织转变有两个特点[51]:一是合金元素在铁素体中的扩散速率远大于其在奥氏体中的扩散速率,如在 700℃附近,铬在铁素体中的扩散速率比在奥氏体中约大 100 倍。二是元素在 α、γ 两相中的分配也有很大的差异。α 相中富集了铁素体形成元素,而 γ 相中富集了奥氏体形成元素,元素在两相中含量的比值称为分配系数。元素在两相间的分配系数示于图 9.78,该分配系数对在固溶状态(1040~1090℃)的大多数双相不锈钢是适用的。但是,分配系数不是恒定的,而是随加热温度的变化而改变。随着固溶温度的升高,元素在两相间的分配逐渐趋于均匀,α 相中的铬、钼、硅含量逐渐降低,镍、铜含量逐渐增高。高温下两相成分相近,说明钢的焊接接头近缝区具有均匀一致的力学性能和具有较好热塑性的原因。与此同时,也必然造成 α 相自身的不稳定,在时效过程中易于分解转变。

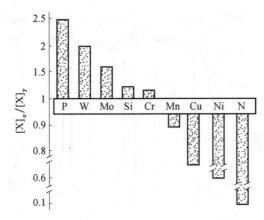

图 9.78　双相不锈钢经 1040~1090℃固溶水淬后的元素分配系数[51,52]

由于上述原因,组织转变往往发生在铁素体相中,在奥氏体相中则没有多少变化,而且在铁素体相中的析出反应要比纯奥氏体钢或纯铁素体钢快得多。

2) 二次奥氏体

双相钢中 α 与 γ 两相的比例随加热温度的升高,铁素体含量增加,奥氏体含量减少,加热温度在 1300℃以上时,将出现晶粒粗大的单相铁素体组织,它是不稳定的。在随后快速冷却过程中,铁素体晶界将出现仿晶界型奥氏体,而在空冷时将出现呈魏氏组织形貌的板条状奥氏体。

有时将钢中呈现单一铁素体后,在低于出现单一铁素体的温度下进行时效的过程中重新析出的奥氏体称为二次奥氏体(secondary austenite),可以 $\gamma_2^{[1]}$、$\gamma'^{[53]}$ 或 $\gamma_s^{[54]}$ 表示。

二次奥氏体的形成速率与等温保温的温度有关,在 950~1000℃范围内加热数分钟,$\delta \rightarrow \gamma_2$ 转变即可完成,达到平衡状态继续延长时间,转变量不再增加;800℃时需要数十分钟,而在 700℃则需数小时才能完成[53]。

二次奥氏体的形成机制随形成温度的不同而不同[51]:

(1) 25Cr-5Ni 双相不锈钢经 1300℃淬火后,在 1200~650℃时效时,γ_2 以较快的速率析出,优先在位错上形核和长大,在长大阶段 γ_2 与母体 α 相遵循 K-S 关系。在高温下形成的 γ_2 与周围的 α 相相比有较高的镍含量和较低的铬含量,这种转变属于扩散型转变。

(2) 在低温 300~650℃等温时效时形成的 γ_2 极为细小,具有一些马氏体转变的特征。这种马氏体反应是等温的,自 1300℃高温水淬是得不到的,其成分与 α 相没有什么区别,这种转变属于非扩散型转变,遵循 Nishyama-Wasserman 取向关系:$(110)_\alpha // (111)_{\gamma_2}$,$[001]_\alpha // [\bar{1}01]_{\gamma_2}$,$[\bar{1}10]_\alpha // [\bar{1}2\bar{1}]_{\gamma_2}$[54]。

(3) 在 600~800℃温度范围还可能发生共析反应 $\alpha \rightarrow \sigma + \gamma_2$。反应的初始阶段是在某些 γ/α 相界的 γ 界面析出 $M_{23}C_6$ 型碳化物,并与 γ 相维持一定的取向关系。$M_{23}C_6$ 型碳化物的析出导致其附近的 α 相内铬的损失,促进转变为 γ_2。这一新的 γ_2/α 相界被 $M_{23}C_6$ 型碳化物所钉扎,使相界发生褶皱。在褶皱的结点上,由于 γ_2 相的长大,释放出多余的铬给附近的 α 相为 σ 相的形核创造了条件。因此,$M_{23}C_6$ 型碳化物在 γ_2/α 相界析出对 σ 相的形成很关键。σ 相一旦析出,α 相内的铬被吸收,镍被释放至邻近区,促进了 σ 相附近的贫铬富镍区形成 γ_2 相。这一转变机制可表述为:$\alpha \rightarrow M_{23}C_6 + \gamma_2$,$\alpha \rightarrow \sigma + \gamma_2$。

3) 碳化物和氮化物

在双相钢中,奥氏体中的碳含量较高,而铁素体中的铬含量较高,晶界是碳化物析出的有利位置,当双相不锈钢在低于 1050℃加热时,便会在 α/γ 相界上形成碳化物。

含碳较高($\geqslant 0.03\%$)的双相钢,在较高的温度范围 950~1050℃,沿 α/γ 相界可析出 M_7C_3 型碳化物,快冷通过这一温度区可避免这种碳化物的析出。低于 950℃时,则析出 $M_{23}C_6$ 型碳化物。碳化物的析出速率很快,有的双相钢在 800℃时仅需 1min 即可析出 $M_{23}C_6$ 型碳化物,通过快冷难以抑制其析出。$M_{23}C_6$ 型碳化物首先在 α/γ 相界析出,在 α/α 和 γ/γ 晶界也有,而在 α 和 γ 相的内部很少发现。$M_{23}C_6$ 型碳化物长大时需要消耗相邻 α 相区的铬,这部分铁素体区随即转变为 γ_2 相,出现 $M_{23}C_6$ 型碳化物和 γ_2 的聚集区。

在双相不锈钢中出现碳化物沿晶界的析出不像在奥氏体中那样会带来大的危害,尤其是对耐晶间腐蚀性能。含 $0.03\%C$ 的超低碳双相钢中,碳化物的析出量很少,甚至不能分布在所有的晶界上,而超级双相不锈钢的碳含量一般在 0.01%~0.02% 的范围内,甚至没有任何类型的碳化物析出,可以不必担心碳化物析出带来的危害[1]。

由于现代含氮超级双相不锈钢的发展,对双相不锈钢中氮化物析出的研究显得十分必要[51]。在含氮双相不锈钢中,Cr_2N 是氮化物的主要析出形式,其晶体结构为密排六方(表 2.7)。022Cr25Ni5Mo3N 钢($0.014\%C$)高温固溶后水淬时,由于铁素体中氮的溶解度低,呈过饱和状态,快速冷却时,Cr_2N在铁素体的晶界和晶内析出。固溶温度升高,析出量增多。

较高温度 700～900℃时效时,在 α/α 和 α/γ 相界和铁素体晶内都有 Cr_2N 析出。晶内析出的 Cr_2N 与基体 α 相保持一定的取向关系: $\langle 0001\rangle_{Cr_2N}$ // $\langle 011\rangle_\alpha$。$Cr_2N$ 的成分中还有铁和钼,实际为 M_2N 型氮化物。晶界析出的 Cr_2N 更多的是等轴形貌。氮化物周围的贫铬促进了 γ_2 相的形成,γ_2 相贫铬,其铬含量比奥氏体低 3％左右,故 γ_2 相耐点蚀性能较差。

较低温度 400～600℃长时间时效时,在 α 相内发现成行排列的短片状析出物,惯析面为 $(110)_\alpha$,组成为 M_2N。

在 022Cr22Ni5Mo3N 钢的焊接接头的热影响区中还发现有 CrN 的析出,对钢的韧性和耐蚀性无显著影响。

4) 金属间化合物

双相不锈钢中形成的金属间化合物主要有 σ 相、χ 相、α' 相、R 相、$Fe_3Cr_3Mo_2Si_2$ 相和 π 相等,这些相都是脆性相,对钢的力学性能和耐腐蚀性能都有不利影响,应尽量避免它们的析出。

σ 相是双相不锈钢中危害性最大的一种析出相,它硬而脆,可显著降低钢的塑性和韧性;它又富铬,在其周围出现贫铬区,以及它自身的溶解而降低钢的耐蚀性。与高铬铁素体不锈钢不同,在双相不锈钢中由于钼和镍的存在,特别是钼,扩大了 σ 相的形成温度并缩短了形成时间,σ 相可能在高于 950℃时存在并可在数分钟内析出。为避免 σ 相的析出,双相不锈钢,特别是高铬钼的超级双相不锈钢,在固溶处理后要求快冷[51]。

对 022Cr25Ni7Mo4N 超级双相不锈钢的研究表明,在 1060℃ 固溶处理和 850℃×10min 时效后,σ 相优先在 $\alpha/\alpha/\gamma$ 的交点处形核,然后沿 α/α 晶界长大,在最后阶段也可沿 α/γ 相界析出。σ 相还可以通过铁素体以共析分解的方式($\alpha \rightarrow \sigma + \gamma_2$)形成。

χ 相在双相不锈钢中一般在 700～900℃ 范围内首先沿 α/α 晶界及 α/γ 相界析出,析出量比 σ 相少得多。与 σ 相相比,它在较低的温度和较窄的温度范围存在。χ 相也同样对钢的塑韧性和耐蚀性能有不良影响。χ 相常与 σ 相共存,但所占比例较少。对 022Cr19Ni5Mo3Si2N 钢的研究表明,经 1100℃×1h 水淬后,在 750～950℃温度范围内发生 $\alpha \rightarrow \gamma_2 + \sigma(\chi)$ 转变,σ 和 χ 相富集铬、钼等元素。转变过程中短时间时效时,χ 相为主相,而二者的含量随时效时间的延长而增加,但一定时间时效后 χ 相含量递减而 σ 相递增,σ 相逐渐成主相。据此,可将 χ 相视为 σ 相的亚稳相[51]。

在 9.4.1 节中述及 Fe-Cr 合金在铬含量超过 15％时,会出现 475℃脆性,其原因在于富铬的 α' 相的析出。在双相不锈钢中也同样存在这一现象,但它仅发生在

α 相内,而 α′ 相是通过调幅分解产生的,其中的铬含量可在 61%～83% 范围内波动。

最早在某些双相不锈钢中观察到的 R 相,是一种高钼的金属间化合物,分子式为 Fe_2Mo。以后在 00Cr18Ni5Mo3Si2 钢中也发现了这种相,分子式为 $Fe_{2.4}Cr_{1.3}Mo$-Si,其析出温度范围为 550～750℃,在 550℃×10h 时效后,在金属薄膜中可观察到尺寸为长 50nm、宽 15nm、厚小于 5nm 的小片状沉淀相,析出于铁素体晶内,50h 后长大成不规则的颗粒,650℃ 为其析出峰,此时的析出量最多[55]。R 相也是一个脆性相,对钢的韧性和耐点蚀性能都是有害的[31]。

$Fe_3Cr_3Mo_2Si_2$ 相是在 00Cr18Ni5Mo3Si2 钢中发现的,是一种片状的金属间化合物。00Cr18Ni5Mo3Si2 钢经 980℃ 固溶处理后,该相的析出温度范围为 450～750℃,往往在 α/γ 相界及 α/α 晶界、亚晶界上析出,有时也会以细针状向晶内衍生,并常与铁素体晶内析出的该相共存,600℃ 为其析出峰。该相不易长大,其析出会引起钢的脆性[55]。

π 相是一种氮化物,首先在 22Cr-8Ni-3Mo 双相不锈钢的焊缝金属中发现,600℃ 时效时在 α 相晶内析出 π 相,同时还析出 R 相。π 相的分子式为 $Fe_7Mo_{13}N_4$,并与 α 相保持一定的位向关系。π 相和 R 相的析出引起钢的脆性,富钼的 π 相和 R 相的析出还导致其邻近的 α 相贫钼,降低其耐点蚀的性能[56]。

双相不锈钢中的组织转变主要发生在铁素体相中,其转变动力学可用 TTT 曲线或 CCT、CCP 曲线(连续冷却析出曲线)来阐明这一过程。图 9.79 为 022Cr21-Ni7Mo2.5Cu1.5 钢(法国 Uranus 50)的 TTT 曲线。图 9.80 为 022Cr25Ni7Mo4-WCuN(英国 Zeron 100)和 022Cr25Ni6.5Mo3.5CuN(法国 UR52N⁺)两种超级双相钢的 CCT 曲线。可以看出,较高氮含量(约 0.3%N)的超级不锈钢 σ 等相的析出速率要比一般双相不锈钢(含量 0.15%N)显著减缓,远低于 20mm 钢板水淬的速率 10^5℃/h,UR52N⁺ 钢水淬钢板的极限厚度达 100mm[51]。

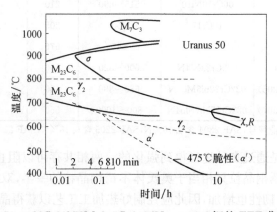

图 9.79　022Cr21Ni7Mo2.5Cu1.5(Uranus 50)钢的 TTT 曲线[1]

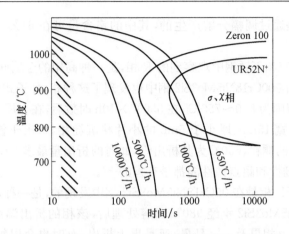

图 9.80　022Cr21Ni7Mo4WCuN(Zeron 100)和 022Cr25Ni6.5Mo3.5CuN(UR52N[+])
超级双相不锈钢钢 CCT 曲线[57]
阴影区域为典型 HAZ 的冷却速率

9.6.2　双相不锈钢的性能特点

9.6.2.1　力学性能

双相不锈钢是由一定比例的铁素体相和奥氏体相组成的,因此兼有铁素体不锈钢和奥氏体不锈钢的力学性能的特征:既有比较高的强度,又有良好的韧性。表 9.42 为三种双相不锈钢力学性能和高铬铁素体不锈钢、奥氏体不锈钢力学性能对比[1,51]

表 9.42　三种双相不锈钢力学性能和高铬铁素体不锈钢、奥氏体不锈钢力学性能对比[51]

钢种	相当于我国牌号	σ_b/MPa(最小值)	$\sigma_{0.2}$/MPa	δ/%(最小值)	A_k/J
AISI 304	06Cr19Ni10	515～690	210	45	>300
AISI 430	10Cr17	450	205	20	—
高纯 Cr28MoNi4[1]	—	647	576	26	—
23Cr-4Ni(SAF 2304)	022Cr23Ni4N	600～820	400	25	300
22Cr-5Ni-3Mo(SAF 2205)	022Cr22ni5Mo3N	680～880	450	25	250
25Cr-7Ni-4Mo(SAF 2507)	022Cr25Ni7Mo4N	800～1000	550	25	230

注:SAF 为瑞典商业牌号,SAF 2304 含 0.10%N,SAF 2205 含 0.18%N,SAF 2507 含 0.30%N。

双相不锈钢是通过多种途径得到强化的。两相共存可以阻止晶粒长大,同尺寸钢材的双相不锈钢晶粒只相当于奥氏体不锈钢晶粒的一半,双相不锈钢在获得细晶强化的同时,韧性也增加,因此应控制好热加工工艺以获得晶粒较细的原始组织。铬、镍、钼等元素溶入两相中可以固溶强化,但在两相中的强化程度不同。氮原子以间隙固溶方式主要集中在奥氏体相中,其强化作用较置换方式明显。双相不锈钢还可以通过冷变形方式得到强化。

双相不锈钢具有较好的韧性主要是奥氏体相的贡献。奥氏体能抑制铁素体相中已产生的裂纹继续扩展。碳、氮等间隙元素在奥氏体中的溶解度高,自高温冷却时不易析出碳氮化物,可以抑制晶界脆化。奥氏体可以阻止高温加热时铁素体晶粒的长大。由于铁素体相在双相不锈钢中占有 50%～65% 的比例,铁素体钢所固有的各种脆化倾向也都会在双相不锈钢中反映出来。

镍在双相不锈钢中是主要控制相平衡的元素,镍含量过高将使钢中奥氏体含量超过 50%,此时铁素体相中更多地富集铬、钼等促进出现脆性的 σ 相转变的元素,降低钢的韧性。而镍含量过低,又会导致铁素体含量高,同样使钢的韧性下降。双相不锈钢中的镍含量一般控制在 4.5%～7.5%。

铬在双相不锈钢中主要起耐蚀作用,随铬含量的提高,钢的耐蚀性提高,但铬含量的提高能加速 α'、σ 等脆性相的析出,使钢的脆性增加,韧脆转变温度明显升高。在双相不锈钢中铬含量一般控制在 18%～28%。

钼在双相不锈钢中促进 α'、σ、χ 等脆性相的析出,并使析出温度上移,加大钢的脆化倾向和缺口敏感性。钼的加入量一般不超过 4%。

钨在双相不锈钢的作用与钼相似。钨与钼相比,能延缓脆性相的析出,降低钢的脆化倾向,但钨含量达 4% 时,会因析出拉弗斯相导致钢的脆化。双相不锈钢中的钨含量不超过 2%。

9.6.2.2 加工性能

1) 热加工性能

双相不锈钢的热塑性较差,这是在热加工时奥氏体相和铁素体相的变形行为不同的缘故。在热加工过程中,铁素体晶粒的回复和再结晶过程远较奥氏体中迅速,铁素体的软化过程先于奥氏体相。两相的软化过程不同引起两相间出现不均匀的应力和应变分布,导致相界的裂纹成核和扩展。

图 9.81 为双相不锈钢的相比例与其高温塑性关系的示意图[51,53]。图中显示,当 α 相或 γ 相的含量超过约 20% 时,钢的塑性降低,热变形时容易出现裂纹等缺陷。为了保证双相不锈钢在热轧或热锻时有足够的塑性,热加工时的加热温度需保证组织中的奥氏体相含量为 8%～10%,在热变形终止温度时奥氏体的含量为 25%～30%。

我国学者曾以 022Cr25Ni6Mo3N 双相不锈钢为基础,将钢中镍、氮含量分别在 0%～10% 和 0.08%～0.23% 范围内进行调整,研究了 α、γ 两相比例对钢热塑性的影响[58]。研究结果表明,在低温(900℃)、低 α 相区和高温、中 α 相区的热塑性明显低于其他区。因此,对 α 相含量低的钢(α 相含量小于 30%)的热加工温度

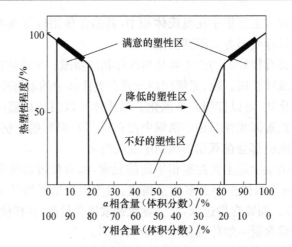

图 9.81 α 和 γ 相比例对双相不锈钢高温热塑性的影响示意图[51,53]

宜选择高一些,热加工终止温度应控制在 1000℃ 以上,而对于 α 相含量大于 40%
的钢的热加工温度,宜选择低一些,热加工终止温度范围应控制在 900~1000℃。

最近关于 SAF 2205(022Cr22Ni5Mo3N)钢高温热变形过程的研究表明,该钢在
1100~1200℃ 进行热加工,加热温度下奥氏体相含量可以控制在 10% 左右,变形终
止时奥氏体相含量可以控制在 30% 左右,呈现出良好的热塑性,热加工性能较好[59]。

降低双相不锈钢中的硫、氧含量,加入适量的稀土元素、钙等单元素或复合加
入可以有效地改善钢的热加工性能[51]。

2) 冷加工性能

两相组织的冷变形较为复杂,第二相的存在造成组织的局部不均匀度,影响变
形行为。表 9.43 为 022Cr18Ni5Mo3Si2 双相不锈钢与其他不锈钢的冷成形性能
对比,可见双相不锈钢的冷成形性较奥氏体不锈钢和铁素体不锈钢要差些。

表 9.43　022Cr18Ni5Mo3Si2 双相不锈钢与其他不锈钢的成形性能对比[51]

钢种	n 值			n̄ 值	r 值			r̄ 值	Δr
	0°	45°	90°		0°	45°	90°		
022Cr18Ni5Mo3Si2	0.162	0.161	0.157	0.160	0.348	0.863	0.419	0.543	−0.479
06Cr19Ni10	0.320	0.330	0.303	0.318	0.953	0.932	0.949	0.945	0.019
019Cr19Mo2NbTi	0.185	0.184	0.179	0.183	1.255	1.235	1.865	1.452	0.325

注:试验钢的 C+N 含量为 0.04%。试样为板条状。n̄ 值的计算根据式(4.68);r̄ 值的计算根据式(4.65)。

双相不锈钢的屈服强度较高,初始变形时抗力较大,要施以较大的外力才能使
其变形。双相不锈钢的横向弯曲性能较差,需要较大的弯心直径(d),至少 d 不小
于 $2a$(a 为板厚)才能通过弯曲试验,这与其较大的各向异性有关。

通过 r̄ 和 Δr 试验说明,双相钢的各向异性显著,轧板组织中 α 与 γ 相呈带状
层状组织。双相不锈钢的 r̄ 值比奥氏体钢和铁素体钢低很多,故其冷成形性较差。

9.6.2.3 耐腐蚀性能

经过对双相不锈钢的深入研究之后已认识到,Cr-Ni 双相不锈钢在解决奥氏体不锈钢所遇到的局部腐蚀问题方面具有无可比拟的优越性,从而促进了双相不锈钢的快速发展。

1) 点蚀

影响点蚀的因素有材料因素和环境因素,其中以合金元素的影响最为重要。

铬是提高钢的耐蚀性的主要元素,铬含量增至 25% 时,点蚀电位明显增高,点蚀速率明显下降。但在含氮双相不锈钢中,铬含量增至 30% 时,耐点蚀能力反而下降,这是由于较多的氮溶于奥氏体,提高了奥氏体的点蚀抗力,致使铁素体相优先溶解。提高铬含量还会加速 $\alpha \rightarrow \sigma + \gamma_2$ 的分解,增加脆化倾向,因此双相不锈钢中的铬含量一般控制在 25% 以下。

在强氧化性酸和一些还原性介质中,只靠铬的钝化作用尚不足以维持其耐蚀性,还需要添加抑制阳极溶解的元素,如镍、钼、硅等,尤其是钼。在中性氯化物的溶液中,铬与钼的配合能显著提高钢的耐点蚀性能。

钼显著提高双相不锈钢的耐点蚀性能。钼富集在靠近基体的钝化膜中,提高了钝化膜的稳定性,但钼促进一些脆性相 σ、χ 等的析出,尤其当钢中的钼含量在 3.5% 以上时,影响更为严重。在新一代超级双相不锈钢中含 3%~4%Mo,但由于含有较高的氮及较好的相平衡,延缓了脆性相的析出。

镍在双相不锈钢中的主要作用是控制好组织,选择适当的镍含量,使 α 和 γ 相各占 50% 左右。镍含量高于最佳值,γ 相含量大于 50%,α 相中显著富铬,易在 700~950℃转变成 σ 相等,钢的塑韧性下降;如果镍含量低于最佳值,α 相含量高,也会得到低的韧性,固态结晶时 δ 相立即形成,对钢的焊接性不利。

氮在双相不锈钢中的作用日益受到重视,在新一代超级双相不锈钢中都加入氮作为合金元素。许多学者都致力于研究氮的作用机制,并提出了一些通过氮合金化而改善耐点蚀性能的机理,主要有氨形成理论、表面富集理论等[48,51]。

氨形成理论认为,从不锈钢中分解的氮消耗小孔或缝隙溶液中的 H^+,形成 NH_4^+,使初始小孔的 pH 升高,促进小孔再钝化,并检测到钝化膜中存在 NH_4^+ 或者 NH_3。也有学者认为,氮与钼、铬之间存在协同作用,如氮和钼产生游离的 NH_4^+ 和 MoO_4^{2-} 吸附在钝化表面,NH_4^+ 的缓蚀有助于 MoO_4^{2-} 的稳定,并与靠近氧化物和金属界面的镍共同使双相不锈钢的钝化膜保持均一性。

表面富集理论认为,氮会在长时间的钝化期间内,于钝化膜下大量富集,这种富集能阻止或者降低钝化膜破损后基底层的溶解速率。这些富集的氮能与钼或铬发生化学相互作用,防止表面形成高密度电流,避免发生点蚀。

氮对双相不锈钢耐点蚀的影响与其影响合金元素在两相之间的分配有关,氮可使铬、钼元素从铁素体相向奥氏体中转移,钢中的氮含量越高,两相中合金元素之差越小[51]。同时氮在奥氏体中的溶解度远高于在铁素体中,上述原因使奥氏体相的点蚀电位提高,从而提高了整体点蚀电位

锰对双相不锈钢的耐点蚀性能不利,这是由于锰主要与硫结合,形成硫化锰,大多沿晶界分布,成为点蚀敏感点。

铜在双相不锈钢中对点蚀的影响尚有争议。在双相不锈钢锻件中,铜加入量不超过 2%,在铸件中最高不超过 3%,主要是从钢的热塑性和可焊性方面来考虑的。

研究者研究了铜在 Ferralium 255(见 9.6.3.3 节)中的作用,认为铜与溶液中的 Cl^- 反应形成的 $CuCl_2$ 沉积在钝化膜表面 MnS 夹杂处,防止了点蚀的形成[60]。

碳对双相不锈钢的耐点蚀性能是有害的,但随钢中氮含量的增加,碳的不利作用减弱。

综上所述,在氯化物环境中影响点蚀的主要合金元素是铬、钼和氮。研究者为便于描述合金元素与耐点蚀性能之间的关系,建立了数学关系式,提出了点蚀抗力当量值或称耐点蚀指数 PREN(pitting resistance equivalent number),其中最常用的关系式:

$$PREN_{16} = w_{Cr} + 3.3w_{Mo} + 16w_N \tag{9.12}$$

$$PREN_{30} = w_{Cr} + 3.3w_{Mo} + 30w_N \tag{9.13}$$

常使用 16 作为氮的系数,还建立了引入其他元素的数学关系式[51,54]。这些关系式给出了一个快捷的评定点蚀抗力的方法,但是它只考虑铬、钼、氮的作用,而没有考虑组织的不均一性和析出相的影响。有决定性的铬、钼、氮等元素在两相之间的分配并不平衡,这些元素的贫化区必然是抗点蚀的最弱区,易优先遭到腐蚀。因此,应分别计算每一相的 PREN,钢的实际点蚀抗力取决于 PREN 低的相。通过选择合适的固溶温度,使两相获得相当的 PREN,会使钢具有最佳的耐点蚀性能。高氮的双相不锈钢通过适宜的固溶温度可以使两相的 PREN 相当。例如,022Cr25Ni7Mo4N(SAF 2507)超级双相不锈钢经 1075℃固溶处理可取得两相都相近的 PREN,如表 9.44 所示。氮主要集中于奥氏体相中,改善了它的点蚀抗力,同时也提高了整体钢的耐点蚀性能。

表 9.44　22Cr25Ni7Mo4N(SAF 2507)钢中两相的化学成分和耐点蚀指数[51]

相	化学成分/%				$PREN_{16}$
	Cr	Ni	Mo	N	
铁素体	26.5	5.8	4.5	0.06	42.5
奥氏体	23.5	8.2	3.5	0.48	42.5

金属间化合物中以 σ 相对钢的点蚀性能影响最大,少量析出的 σ 相即可恶化钢的耐点蚀性能。非金属夹杂物的组成及其分布对点蚀也有重大影响。关于钢中硫化物夹杂影响的研究指出,FeS、MnS 等一类简单硫化物,在 $FeCl_3$ 溶液中只是

自身的化学溶解,溶解后反应即终止,对基体不会带来影响。还有一类是以硫化物为外壳包围着的氧化物,或在氧化物中分布有极微小硫化物质点的复合夹杂物。这些氧化物主要是铝、钙、镁的复合氧化物,硫化物主要是$(Ca,Mn)_xS$ 或$(Fe,Mn)_xS$。这种复合夹杂物在 $FeCl_3$ 溶液中浸泡很短时间就会在夹杂和基体间产生极窄的缝隙或微小孔洞,继之腐蚀从缝隙处开始向基体金属蔓延,形成稍大的蚀坑,并迅速扩大,在金属表面留下大小不等、肉眼可见的蚀坑。为提高钢的点蚀性能,宜用硅钙取代铝以及降低钢中硫、锰量都是有效办法。

另外,在评价不锈钢耐点蚀性能时,常采用测定其在特定溶液体系(如含侵蚀性 Cl^-)中的临界点蚀温度(critical pitting temperature,CPT)的方法。

2) 缝隙腐蚀

影响缝隙腐蚀的因素除结构设计的合理与否外,主要是环境和材料因素。环境因素,如溶解氧量、介质的流速、温度、pH、破坏钝化膜的 Cl^- 等,都对缝隙腐蚀有影响。材料因素的影响与对点蚀的影响是一致的。

铬、钼对双相不锈钢耐缝隙腐蚀有良好作用,尤其是钼,能显著延缓缝隙腐蚀的引发时间,而铬、镍的影响较小。钨对双相不锈钢耐缝隙腐蚀有良好作用,已开发出含 2%W 的超级双相不锈钢,一般认为钨的有效作用与钼相似。

氮对双相不锈钢耐缝隙腐蚀的良好作用及其机制与对点蚀的影响是一致的。可用 PREN 作为缝隙腐蚀指数,建议采用 30 作为氮的系数(式(9.13))。

碳化物、氮化物和金属间化合物的析出对钢的耐缝隙腐都是有害的。

3) 应力腐蚀

在 9.1.2 节中已简要述及应力腐蚀的机理,这对于双相钢也是适用的,但这些机理都是基于单相材料的试验研究,对于双相不锈钢而言,还有其特性的一面。

图 9.82 为 022Cr21Ni8Mo2.5Cu1.5(Uranus 50)双相不锈钢和与其组织相对应成分的铁素体、奥氏体钢的耐应力腐蚀性能。这三种钢在 44%MgCl₂、153℃溶液中恒载荷试验的结果表明,由于某种协同效应使双相不锈钢具有比铁素体和奥氏体不锈钢更好的应力腐蚀抗力,同时观察到奥氏体比铁素体的电位高约 10mV,铁素体对奥氏体起阴极保护作用,而在高应力下铁素体将失去这种防护作用,奥氏体因阳极溶解而出现裂纹[62]。

基于国内外的一些研究,双相不锈钢具有优良的耐氯化物应力腐蚀性能的原因,可简单地归结为[63]:

(1) 双相不锈钢的屈服强度较 18Cr-8Ni 奥氏体不锈钢高,在相同应力作用下,较难产生粗大的滑移,表面膜不易破裂,应力腐蚀裂纹难以形成。

(2) 在中性含 Cl^- 介质中,18Cr-8Ni 奥氏体不锈钢的应力断裂多以点蚀为起点,而双相不锈钢由于其成分和组织的特点,耐点蚀性能优于 18Cr-8Ni 奥氏体不锈钢,点蚀不易形成,而一旦形成,由于第二相(α 或 γ)的屏障作用,不易扩展成为

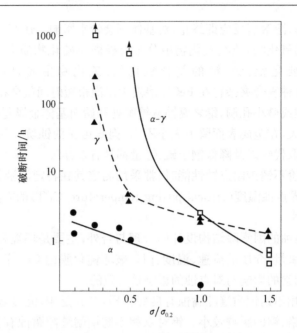

图 9.82 022Cr21Ni8Mo2.5Cu1.5 双相不锈钢和与其组织相对应成分
的铁素体、奥氏体钢的耐应力腐蚀性能[51,61]

44%MgCl$_2$,153℃恒载荷试验

应力集中系数较大的尖角形蚀坑。

(3) 双相不锈钢中的第二相(α 或 γ)的存在,对应力腐蚀裂纹的扩展起机械屏障作用,可以阻止裂纹向前发展,或使扩展中的裂纹改变方向,显著延长应力腐蚀裂纹的扩展期。

(4) 双相不锈钢中存在一定数量的铁素体,在介质的作用下,铁素体(阳极)对奥氏体(阴极)起电化学保护作用。在实际事故中观察到 α 相的优先溶解。

此外,双相不锈钢具有较高的耐应力腐蚀性能还有以下原因[64]:

(1) α 相和 γ 相的变形行为不同。在应力作用下,α 相为高应力区,γ 相为低应力区,因而使 γ 相区的应力腐蚀敏感性降低。

(2) 两相的残余应力不同。由于两相的膨胀系数不同,在固溶处理后膨胀系数大的 γ 相收缩量大,因而在 α/γ 相界附近的 γ 相中产生拉应力,而在 α 相产生压应力。一般说来,在残余压应力的情况下,对应力腐蚀有抑制作用。

(3) 当裂纹扩展到 γ 相时,裂纹尖端应力场使 γ 相中的位错排列发生变化,或者使其转变为马氏体,从而使 γ 相的应力耐腐蚀敏感性降低。

双相钢的优良耐应力腐蚀性能受多种因素的影响,如成分、组织、热处理、冷加工以及介质的条件等。了解这些条件如何影响双相不锈钢的耐应力腐蚀性能,对于正确使用双相不锈钢是十分重要的。

（1）成分。碳的作用是有害的，应尽量控制其含量，在新一代超级双相不锈钢中的碳含量不大于 0.02%。氮在新一代双相不锈钢中已是主要的合金元素，它能提高钢的耐应力腐蚀性能，尤其在以点蚀为起源的氯化物介质中，由于氮能提高钢的耐点蚀性能，其作用更为明显。氮还可改善钢的钝化能力，钼又增强了这一作用，使裂纹源不易形成。含氮 0.09% 以上的双相不锈钢较难变形，不易形成较大的滑移台阶，表面膜不易破裂，这都有助于改善其耐应力腐蚀性能[51]。

镍的主要作用是调节钢中两相的比例。

钼能显著提高双相不锈钢在氯化物介质中耐点蚀性能，在以点蚀为起源的应力腐蚀条件下，钢中加入钼是有益的。

（2）组织，包括相比例的影响、晶粒尺寸、金属间化合物等。为了研究双相不锈钢中两相比例的影响，采用了 21%~23%Cr 的基本成分，加入 1%~10%Ni，以获得不同比例的 α 相和 γ 相，在恒载荷下和 42%MgCl₂ 溶液中，进行应力腐蚀性能试验，结果如图 9.83 所示。当钢中 α 相含量为 40%，γ 相含量为 60% 时，钢的耐应力腐蚀性能最佳[65]。

在 600~900℃ 中温加热，σ 相或 χ 相的析出将增加双相不锈钢对应力腐蚀的敏感性。

随固溶温度的上升，双相不锈钢中的 α 相含量增加，γ 相含量减少，合金元素在两相之间的分配渐趋于均匀。与此同时，晶粒尺寸也会长大。试验表明，随着晶粒尺寸的长大，钢的应力腐蚀敏感性也随之增加。

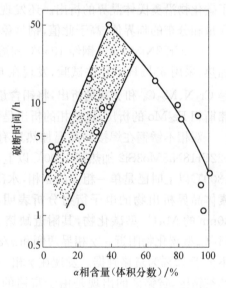

图 9.83　21%~23%Cr-1%~10%Ni 双相不锈钢在 42%MgCl₂ 溶液中的腐蚀性能[65]

$\sigma = 240\text{MPa}$

（3）介质。双相不锈钢在 MgCl₂、25%NaCl 溶液中具有比 18Cr-8Ni 奥氏体不锈钢高得多的耐应力腐蚀临界应力。在高温水条件下，双相不锈钢也具有优良的耐应力腐蚀性能，但不宜在 300℃ 以上的高温水介质中使用，这是由于长期使用在 300℃ 以上就有可能出现 475℃ 脆性，从而恶化钢的耐应力腐蚀性能。一般认为，双相不锈钢在连多硫酸条件下不易产生应力腐蚀。

4）晶间腐蚀

铁素体相的存在使双相不锈钢具有比单相奥氏体钢低的晶间腐蚀倾向，其原因主要有[53]：

(1) 双相钢有较细的晶粒组织,因而晶界长度增大,降低了晶界上析出的碳化物浓度。

(2) 沿 α/γ 相界析出 $M_{23}C_6$ 型碳化物时,由于 α 相中的铬含量较高,其在 α 相中的扩散速率较之在 γ 相中要快得多,有利于晶界附近化学成分的平衡,使铬的浓度不至于降到允许的水平以下。

(3) 在焊接时的高温加热过程中,发生各合金元素在各相之间的重新分配,使较多的碳进入 α/γ 相界的奥氏体内。

有学者曾对 308(06Cr20Ni10)双相不锈钢固溶处理和时效后的晶间腐蚀敏感性进行了研究,结果表明,钢中碳化物首先沿 α/γ 晶界析出,碳化物中的铬主要来自 α 相,由于碳在铁素体中的活度系数高,初析出的碳化物先耗尽 α 相中的碳,然后取自 γ 相中的碳使自身长大,造成 γ 相的贫碳,使其降至溶解度的极限值,避免了碳化物沿奥氏体晶界的析出。还发现在给定的碳含量下,该钢有一个 α/γ 相界含量和分布的临界值,高于此值,钢是免疫的,低于此值,则对晶间腐蚀敏感[66]。

022Cr22Ni5Mo3N 钢经 1050℃固溶后,再在 300～1000℃进行 20min 的敏化加热,采用 65%HNO₃ 法试验,发现在 600～700℃出现腐蚀速率的峰值。对应的是 Cr_2N、$M_{23}C_6$ 和 χ 相的析出,将钼含量提高至 5%,峰值移至 700℃,对应的是拉弗斯相 Fe_2Mo 的析出,这些相的析出是钢的晶间腐蚀的原因[51,67]。

双相不锈钢在焊接和高温加热后有一定的晶间腐蚀敏感性。将双相不锈钢 022Cr18Ni5Mo3Si2 加热至 1200℃以上,α 相晶粒急剧长大,γ 相数量迅速减少,至 1300℃以上时已是单一粗大的 α 相,水冷后保留下来。1400℃保温 6s 水冷后,铁素体晶界析出物的电子衍射分析表明,在 α 相晶界析出的是长约 150nm、厚约 30nm 的 $M_{23}C_6$ 型碳化物,其附近缺铬。经 1200℃保温 30min,再经水冷后测出 $M_{23}C_6$ 型碳化物附近 α/γ 相界两侧和 α/α 晶界两侧一定距离内的铬含量,以铬含量不大于 12% 为贫铬判据。发现在 γ 相一侧和 α 相一侧分别产生了 100nm 和 80nm 的贫铬区,贫铬区的出现是由于富铬的 $M_{23}C_6$(含 58.5%Cr)型碳化物析出的结果,这说明该钢有一定程度的晶间腐蚀倾向。高温敏化加热后空冷,虽有 $M_{23}C_6$ 型碳化物和 γ_2 沿 α 晶粒析出成网状,但无晶间腐蚀倾向,晶界附近无贫铬区[68]。

5) 均匀腐蚀[51]

双相不锈钢由于两相成分的差异,在腐蚀介质中会引起"电偶效应",这将影响双相不锈钢在某些介质中的应用。实际上这种情况只存在于很特殊的腐蚀环境下。在酸性还原性介质,如 H_2SO_4 和 HCl 中,双相不锈钢会发生选择性腐蚀,优先腐蚀的可能是铁素体相,也可能是奥氏体相,主要取决于腐蚀环境和两相成分。

双相不锈钢主要用于耐局部腐蚀的一些介质中,但在化工、石油化工等领域的大量应用也涉及钢的均匀腐蚀抗力。

双相不锈钢在弱的还原酸,如稀硫酸、含氯离子的稀硫酸等中,具有较强的均匀腐蚀抗力。在强还原酸中,其抗力受到限制,但在低浓度时仍可应用。

在浓硝酸等强氧化酸中,不同牌号的双相不锈钢有着完全不同的腐蚀行为。钼元素在硝酸中有副作用,含钼高的双相不锈钢有高的腐蚀速率,不含钼的022Cr23Ni4N钢才有与奥氏体不锈钢022Cr19Ni10(304L)相近的腐蚀速率。

有机酸在当代化工和石化工业中是常遇到的介质,属于弱还原性,但酸中常含有卤素离子,或是以混酸形式存在,加重了介质的腐蚀性。双相不锈钢,尤其是超级双相不锈钢,在纯的或含有杂质的有机酸中具有良好的钝化能力。双相不锈钢在乙酸中是耐蚀的,而超级双相不锈钢在乙酸的混酸中是很耐蚀的。

双相不锈钢在低浓度(<30%)的碱溶液中是耐蚀的。

6) 腐蚀疲劳

不锈钢的腐蚀疲劳极限一般界定为在指定的循环次数的强度。腐蚀疲劳的断口也由三部分组成:疲劳源、疲劳裂纹扩展区和瞬时断裂区。在疲劳裂纹扩展区往往覆盖有腐蚀产物,瞬时断裂区与一般疲劳断口相同。

腐蚀疲劳可划分为四种形式[51]:

(1) 在腐蚀全过程中,金属处于活化状态。腐蚀疲劳裂纹往往产生于蚀孔的底部,断口粗糙,裂纹上覆盖有腐蚀产物。

(2) 在破裂过程中,金属处于钝化状态,没有蚀孔,只有少数裂纹,这种腐蚀疲劳难于与通常的疲劳相区别。

(3) 腐蚀疲劳处于不稳定的钝化状态,开始时金属处于钝化状态,经一定循环周次后,由于位错移动产生的挤出型滑移台阶使金属变为活化状态。

(4) 腐蚀疲劳处于受干扰的钝化状态,如腐蚀疲劳与应力腐蚀破裂、点蚀或晶间腐蚀叠加发生。

许多双相不锈钢具有良好的抗局部腐蚀性能,因此也有高的腐蚀疲劳抗力。

不锈钢腐蚀疲劳裂纹源的形成机制有多种模型[69]:

(1) 点蚀形成裂纹机制。点蚀坑成为应力集中的地方,在循环应力的作用下,蚀坑处出现滑移台阶,然后滑移台阶优先溶解,形成裂纹源。

(2) 吸附理论。介质中活性离子被金属表面吸附,在微观缝隙处产生楔子作用,应力集中,并降低金属结合力,成为疲劳源。

(3) 滑移溶解机制。在循环应力下,滑移过程出现滑移台阶,破坏了表面的钝化膜而暴露出新鲜金属表面,新鲜金属表面被溶解。在反向滑移时,被溶解的表面不能重新闭合。这样在循环应力下,滑移台阶不断被溶解,促进了裂纹的萌生。

(4) 表面膜破裂机制。在循环应力作用下,表面膜破裂,破裂处成为微阳极,周围膜成为大阴极,在介质和应力共同作用下,膜破裂处较快地溶解成为疲劳裂纹核心。

腐蚀疲劳裂纹的扩展主要有两种机制:阳极溶解和氢脆。阳极溶解和制认为,机械破裂造成的新鲜表面在腐蚀环境中遭到阳极溶解,从而增大裂纹扩展速率。氢脆机制认为,当氢进入金属裂缝尖端,弱化了金属键,在下一循环载荷时增大了裂纹的扩展。近年的一些看法认为,这是两个相互关联的过程。阳极溶解使局部裂纹尖端环境中的 pH 降低(式(9.1)、式(9.2)),从而增加氢进入金属裂纹尖端的概率。

7) 磨损腐蚀

磨损腐蚀(erosion corrosion)即冲蚀磨损,是由于腐蚀介质与金属表面间的相对运动引起的金属加速破坏和腐蚀。金属材料的磨损腐蚀涉及材料学、腐蚀电化学、流体力学和传递过程等多学科交叉的一个研究领域。

金属在流动的含有固体粒子的流体中做相对运动时,其磨损腐蚀的总失重增大是由于电化学腐蚀与机械磨耗之间的协同效应所致。

影响磨损腐蚀的因素主要是材料因素和环境因素。

首先,材料应具有好的加工硬化能力。双相不锈钢要注意其加入元素的合理分配,以获尽可能低的层错能。层错能是影响钢变形行为的重要指标,低的层错能意味着材料变形时不易产生交叉滑移,提高了加工硬化能力,从而增强其耐磨能力。降低奥氏体层错能的合金元素,如硅、锰、氮、钴等能提高其耐磨损腐蚀能力,而镍、钼是增加奥氏体层错能的元素,钢中过高的镍不利于钢的耐磨损腐蚀[51, 54]。已开发出含钴、硅的耐磨损腐蚀的双相不锈钢,但钴是贵重元素,影响其实际应用。将奥氏体钢 06Cr19Ni10、铁素体钢 Cr30(0.08%C、29%Cr、1%Si、1%Mn)和双相钢(0.06%C、26%Cr、5%Ni、2%Mo、3%Cu、1%Si、1%Mn)在某些介质中和不同载荷下进行磨蚀性对比,低镍的双相不锈钢具有比较高的耐磨蚀能力[70]。

可以依靠材料析出硬度高的第二相,使其在磨蚀过程中起承受载荷、防止黏着和阻挡犁削的作用,有利于提高其抗磨蚀性能。但这种第二相应是阴极性弱的导体,如一些金属间化合物,对材料的耐蚀性影响不大[71]。例如,在 U50 (022Cr21Ni7Mo2CuN)钢中,高温固溶水冷后在 $600 \sim 700℃$ 时效,发生 $\alpha \rightarrow \gamma_2$ 转变,可在保持高强度和高硬度的同时提高钢的塑韧性;也可以利用 U50 钢在高温阶段析出的 α' 相进行强化,高温短时析出的 α' 相与低温($350 \sim 500℃$)析出的 α' 相($475℃$脆性)不同,其强化和脆化作用远不及 $475℃$脆性明显,可在强度增加的同时仍保持较高的韧性,这符合耐磨损腐蚀的需要[51]。

环境因素主要是流速、温度、流型、流体对金属表面的剪切应力、表面钝化膜的性质等[51]。一般而言,随流速增大,腐蚀速率也增大,温度升高,磨损腐蚀加重。流体的流型分为层流和湍流。湍流使金属表面液体搅动程度要比层流剧烈,腐蚀破坏更为严重。流体对金属表面的剪切应力是一个重要参数,能使表面膜破坏造成磨损腐蚀。当钝化膜被表面剪切应力破坏后,其磨损腐蚀能力主要取决于再钝化的能力。

9.6.2.4 焊接性能

双相不锈钢问世以来,其焊接问题始终是一个重要课题。早期开发的双相不锈钢 06Cr25Ni5Mo1.5 等,有较高的碳含量(0.08%～0.10%)和较高的铁素体含量(约 70%),焊接热影响区(HAZ)几乎是单相铁素体组织,必然使其力学性能和耐腐蚀性能变差,从而限制了双相不锈钢作为焊接结构件的使用。之后发展了超低碳、含氮的一些双相不锈钢 022Cr22Ni5Mo3N、022Cr25Ni7Mo3WCuN 等,具有 α 相、γ 相各占一半最佳两相比例,并提高了填充材料的镍含量,使焊缝和焊接 HAZ 保持有足够的奥氏体含量,改善了焊接接头的塑性和耐蚀性,使焊接结构件的应用有了很大的发展。

1) 焊接 HAZ 的组织转变

双相不锈钢焊接的最大特点是焊接热循环对焊接接头组织的影响,无论焊缝金属或是焊接 HAZ 都会有重要的相变发生。问题的关键是要使焊缝金属或是焊接 HAZ 均能保持适量的 α 相和 γ 相的组织。

图 9.84 是美国焊接研究会采用的 Fe-Cr-Ni 伪三元截面相图,图中标明了几种双相不锈钢所处的位置。实际上所有的双相不锈钢从液相凝固后都是完全的铁素体组织,一直保留到铁素体溶解度曲线的温度,只在冷至更低的温度,部分铁素体才转变为奥氏体,形成 $\alpha+\gamma$ 的双相组织。

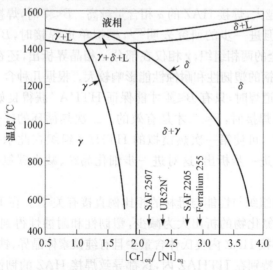

图 9.84 Fe-Cr-Ni 伪三元截面相图[72]

SAF 2507—022Cr25Ni7Mo4N;UR52N+—022Cr25Ni6.5Mo3.5CuN;

SAF 2205—022Cr22Ni5Mo3N;Ferralium 255—06Cr25Ni6Mo3CuN

图 9.84 还可用于大致说明成分对焊接 HAZ 的组织的影响。当$[Cr]_{eq}/[Ni]_{eq}$大于 2.0 时,随其比值的增加,铁素体溶解度曲线温度急剧下降,铁素体相的范围相应扩大。从图上几种双相不锈钢比较可以预见,SAF 2205 和 Ferralium 255 双相不锈钢焊缝熔合线附近焊接 HAZ 全部转变为铁素体的区域要比 SAF 2507 和 UR52N$^+$超级双相不锈钢宽。

双相不锈钢的焊接 HAZ 按承受焊接热循环峰值温度的高低可分为高温区(HTHAZ)和低温区(LTHAZ)。前者位于铁素体溶解度曲线至固相线这一温度范围(一般为 1250℃至熔点),几乎都是单相组织,后者基本处于两相平衡区。双相不锈钢焊接时 HAZ 所受的峰值温度从焊缝熔合线的固溶温度到室温是连续变化的,焊接 HAZ 的组织也是由随之渐变的显微组织梯度组成。常采用一次焊接热模拟试验再现单道焊接的焊接 HAZ 组织,采用二次焊接热模拟试验再现多层焊接的焊接 HAZ 组织。这种模拟试验的结果与焊接的实际结果是一致的[51]。

除利用相图分析和判定双相不锈钢焊接 HAZ 和焊缝金属的组织特性外,还可以利用各种线性关系式[73,74]:

$$B = [Cr]_{eq} - [Ni]_{eq} - 11.6 \tag{9.14}$$

其中

$$[Cr]_{eq} = w_{Cr} + w_{Mo} + 1.5w_{Si}$$

$$[Ni]_{eq} = w_{Ni} + 0.5w_{Mn} + 30w_{C+N}$$

$$P = (w_{Cr} + w_{Mo} + 3w_{Si})/(w_{Ni} + 15w_C + 10w_N + 0.7w_{Mn}) \tag{9.15}$$

钢中的 P 值越大,焊接 HAZ 的 α 相含量越高。$B<7$ 时,焊接 HAZ 为理想的 $\alpha+\gamma$ 两相组织。但进一步的研究表明[75],模拟单道焊接时,$B<7$ 尚不足以使 HTHAZ 形成健全的两相组织,γ 相仅在部分 α 相晶界析出,还在晶界、晶内析出大量的氮化物,对钢的塑韧性和耐蚀性能影响较大。根据几种含 25%Cr 双相不锈钢的研究结果,单道焊时,只有 $B\leqslant4$ 才能保证 HTHAZ 获得良好的 $\alpha+\gamma$ 两相组织,只在模拟多层焊接时,$B<7$ 才是有效的。二次热循环的峰值温度经实测大致为 900~1200℃,可使第一次热模拟的 HTHAZ 组织在此承受二次热循环的加热,促使 γ 相的进一步析出,这对进一步细化晶粒、减少碳氮析出物都是非常有利的。

焊接 HAZ 的组织与性能与母材的相比例直接有关[76]。在 HAZ 中有适当数量的 γ 相,可使碳氮化物的析出大为减少,塑韧性和耐蚀性得到改善。当母材的 $\alpha/\gamma=65/35$ 时,焊接 HAZ 内奥氏体含量少且有纯铁素体晶界,铁素体晶内还会析出较多的氮化物,特别在 HTHAZ 内,这都导致焊接 HAZ 的韧性和耐蚀性下降。当母材 $\alpha/\gamma\approx50/50$ 时,焊接 HAZ 组织为理想的双相组织,母材和焊接 HAZ 性能优良,可满足焊接结构用材的要求。当母材 γ 相含量大于 60% 时,不仅钢的耐蚀性能下降,而且钢的热加工性能也将下降。因此,生产焊接用双相不锈钢时,应对相比例进行控制。

　　含氮双相不锈钢相比例失调时,在其焊接 HAZ 中出现纯 α 相或 γ 相极少。由于氮几乎不溶于 α 相中,故有大量氮化物析出,其性能显著下降。

　　综上所述,控制双相不锈钢两相的比例可以通过控制钢 B 值来实现,同时针对各炉次的具体成分选择固溶温度对相比例进行微调也是可行的[51]。

　　双相不锈钢的焊接 HAZ 的组织还受焊接参数的影响。为了保持理想的两相组织和满意的性能,双相不锈钢在焊接时要求遵守规定的焊接工艺过程,选择合理的工艺参数。过高的 α 相含量会增加焊件的脆性,而过低的 α 相含量又会引起应力腐蚀破裂。应控制好焊后的冷却速率,而冷却速率与焊接线能量有关。低的线能量时冷却速率快,钢中有过高的 α 相含量。过高的线能量,冷却速率过慢,γ 相转变充分,但会导致 HAZ 粗晶和金属间化合物的析出。常用 1200～800℃ (Δt_{12-8})或 800～500℃(Δt_{8-5})温度区间的冷却时间来表示冷却速率,前者接近于 γ 相形成的温度范围。通常选用的 Δt_{8-5} 时间范围为 8～30s,相对 Δt_{12-8} 时间范围为 4～15s,冷却速率的范围 20～50℃/s[47]。线能量范围一般控制在 0.5～2.0kJ/mm。

　　超级双相不锈钢与普通双相不锈钢的区别在于含有较低的碳、较高的钼和氮。两类钢焊接 HAZ 组织转变的主要差别为[51]:

　　(1) 根据图 9.84 中几种双相不锈钢所处的位置可以看出,超级双相不锈钢 SAF 2507 的 α 溶解度曲线与凝固线的距离较普通双相不锈钢 SAF 2205 窄,超级双相不锈钢单相 α 区的 HTHAZ 也要比普通双相不锈钢窄,产生单相 α 区的峰值温度也要高。在热循环加热阶段的数秒时间内,高温区的 γ 相仍可完全溶入 α 相中。但在冷却阶段,高温区 α→γ 转变却是不平衡的,γ 相大幅减少。

　　(2) 由于超级双相不锈钢的 α 相溶解度曲线的温度比普通双相不锈钢高,在较高温度即发生 α→γ 转变,冷却速率对其相平衡影响远小于对普通双相不锈钢的影响。

　　(3) 超级双相不锈钢 HTHAZ 的 γ 相减少是不可避免的,但仍会析出一部分 γ 相。如果 γ 相的量能布满 α 相晶界,消除了 α/α 晶界,而形成 α/γ 相界时,这种组织的焊接接头性能是良好的。相比例达到 50/50 的双相不锈钢的 HTHAZ 的组织中虽然发生 γ 相含量的下降,但仍有 15%～30% 的 γ 相析出,其两相组织是"健全"的,不出现 α/α 晶界。一些含氮双相不锈钢和超级双相不锈钢都具备了这样的条件。

　　(4) 在线能量相同时,超级双相不锈钢比普通双相不锈钢的晶粒长大倾向小。在常用的冷却速率下,超级双相不锈钢一般不会有金属间化合物析出(图 9.80)。

　　2) 焊缝金属组织

　　双相不锈钢的焊缝金属为铸态组织,一次凝固相为单相铁素体。高温下铁素体相中元素的高扩散速率使其快速均匀化,易于消除凝固偏析。焊缝金属从熔点冷却至室温,其高温区的转变与 HAZ 一样,部分 α 相转变为 γ 相,两相的平衡数量和 α/γ 的大小对焊缝的抗裂纹能力、焊缝的力学性能和耐蚀性都有重要影响。表 9.45 列出了几种双相不锈钢自熔焊时焊缝金属的 P、B 值和奥氏体含量,可以看出,B 值越大,奥氏体含量越小[77]。

表 9.45　双相不锈钢自熔焊时焊缝的 P、B 值及 γ 相的含量(体积分数)[77]

钢种	$[Cr]_{eq}$	$[Ni]_{eq}$	P	B	γ 相含量/%	备注
022Cr18Ni5Mo3Si2	23.62	7.21	3.31	4.90	约 1	中板
022Cr22Ni5Mo3N	25.77	10.74	2.40	3.43	约 30	薄板
022Cr25Ni7Mo3WCuN	28.61	13.04	2.19	3.94	约 30	薄板

在焊接线能量低时,焊缝金属除间隙原子氮集中在 γ 相中外,其他几种元素在 α 相和 γ 相中的含量比值均接近于 1。但在焊接线能量高时,由于铬、钼、镍等元素有足够的时间进行扩散,两相中的合金元素含量有着明显的差别。这表明随焊接线能量的不同,两相的成分和耐蚀性也相对变化,一般含氮的 γ 相的耐腐蚀性略高[51]。

焊接线能量还影响焊缝金属中两相的比例。焊接采用高线能量时,凝固组织中 α 相容易长大,但其低的冷却速率却可以促使较多 γ 相的生成。采用低线能量焊接,其高的冷却速率使 γ 相的生成量减少。

双相不锈钢焊接时,可能发生三种类型的析出:铬的氮化物 Cr_2N、CrN 的析出;二次奥氏体 γ_2 相的析出;金属间化合物 σ 相的析出。

当焊缝金属中 α 相含量过高或为纯铁素体时,很容易有氮化物的析出,尤其在靠近焊缝表面的部位,由于氮的损失,α 相含量增加,氮化物更容易析出,有损焊缝金属的耐蚀性。焊缝金属若是健全的两相组织,氮化物的析出量很少。因此,在填充金属中提高镍、氮元素的含量是增加焊缝金属 γ 相含量的有效方法。另外,在对厚壁件进行焊接时,应避免采用过低的线能量,以防纯铁素体晶粒区的生成而引起氮化物的析出。

在氮含量高的超级双相不锈钢多层焊接时会出现 γ_2 相的析出,特别在先采用低的线能量,后续焊道又采用高的线能量时,部分 α 相会转变成细小分散的 γ_2 相。这种 γ_2 相形成的温度较低,约在 800℃,其成分与一次奥氏体不同,其中的铬、钼、氮含量都低于一次奥氏体,尤其氮含量低很多。这种 γ_2 相和氮化物一样会降低焊缝的耐腐蚀性。为抑制 γ_2 相的析出,可通过增加填充金属的 γ 相含量控制焊缝金属的 α 相含量,同时需注意线能量的控制,使其在第一焊道后即可得到最大的 γ 相转变量和相对平衡的元素分配。

焊接时采用较高的线能量和较低的冷却速率有利于 γ 相的转变,减少焊缝的 α 相含量,一般不常发现有 σ 相的析出。但是线能量过高和冷却速率过慢则有可能带来金属间化合物的析出。一般线能量范围控制在 0.5~2.0kJ/mm,γ 相含量范围控制在 60%~70%。

目前,双相不锈钢焊接时采用的填充材料一般都是在提高镍(2%~4%)的基础上,再加入与母材含量相当的氮,控制焊缝金属的 γ 相含量为 60%~70%。为防止焊缝表面区域因扩散而损失氮,常在氩气保护气体中加入 2%N[51]。

9.6.3 常用双相不锈钢的钢号、性能和应用

我国常用双相不锈钢的钢号及其力学性能见表 9.13 和表 9.15。

奥氏体和铁素体不锈钢在加热过程中,基体组织 α 相和 γ 相不发生相变,不能通过热处理使之强化。双相不锈钢与之不同,在热处理过程中会发生 α 相和 γ 相之间的相互转变,改变两相之间的比例,从而影响钢的性能。双相不锈钢的热处理方式有固溶处理和时效处理两种[26]。

(1) 固溶处理。双相不锈钢的固溶处理的温度一般为 950~1150℃。双相不锈钢加热到一定温度时会发生 $\gamma \rightarrow \alpha$ 转变,可以控制两相的比例以得到适宜的相比例。

(2) 时效处理。经固溶处理的 α 相是亚稳定相,在低于一定温度加热和保温一定时间会发生分解,析出二次奥氏体、碳化物、氮化物和 σ 相等。析出的碳化物主要是 $M_{23}C_6$ 型碳化物,分布在 α/γ 晶界上。如果双相不锈钢碳含量较低,析出的碳化物很少,不能构成网状,对钢的性能影响不大,时效时析出的 σ 相等金属间化合物硬而脆,对钢的耐蚀性和塑韧性是有害的。

9.6.3.1 Cr18 型双相不锈钢

1) 022Cr19Ni5Mo3Si2N[1,51]

022Cr19Ni5Mo3Si2N 钢系引自瑞典的 3RE60+N。3RE60 是 20 世纪 60 年代初瑞典开发的牌号,是最早应用的 Cr18 型双相不锈钢,钢的氮含量不大于 0.06%。为了调整相比例和提高耐孔蚀性能,氮含量增加至 0.12%,牌号为 3RE60+N。

该钢的热塑性较好,热加工范围较宽,在 900~1200℃ 均能变形,其冷成形性和冷加工性较奥氏体钢差,与超低碳的铁素体钢相近,其 $\bar{r}$ 值、$\bar{n}$ 值、Δr 可参考表 9.43。

该钢的正常固溶温度为 980~1050℃,可获得适宜的相比例和良好的综合力学性能,消除应力和软化处理亦可选用此工艺。该钢在 300~950℃ 加热,有 σ、χ 等脆性相的析出,降低钢的韧性和耐腐蚀性。该钢还有良好的可焊性。

该钢的耐点蚀性能优于 06Cr19Ni10(304)和 022Cr17Ni12Mo2(316L)钢,是一种耐应力腐蚀的专用不锈钢,但在高浓度的 $MgCl_2$ 溶液中却有较高的应力腐蚀

破裂敏感性,但仍好于 18Cr-8Ni 奥氏体不锈钢的耐应力腐蚀性能。

该钢主要用于造纸、炼油、化肥、化工和石油等工业领域,大多数用于制作热交换器、冷凝冷却器等,在许多情况下可代替 06Cr19Ni10 和 022Cr17Ni12Mo2 钢用于发生应力腐蚀破裂的环境,也可利用其高的腐蚀疲劳强度制作造纸压力滚筒机、甲铵泵泵体等。

2) 14Cr18Ni11Si4AlTi[53]

14Cr18Ni11Si4AlTi 钢的特点是兼具良好的力学性能和耐蚀性。该钢含有 3.4%～4.0%Si,既可强化铁素体,又可强化奥氏体,加之奥氏体中存在的碳化物,因而使钢具有高的强度,并提高其耐浓硝酸腐蚀性。该钢具有优良的耐高浓氯化物应力腐蚀性能,应用制作抗高温浓硝酸介质的零件和设备。该钢在苏联使用的钢号为 15Х18Н12С4ТЮ(ЭИ654)。

表 9.15 列出了该钢 930～1050℃固溶处理后的力学性能。实际上经固溶处理后,该钢的屈服强度范围一般为 510～630MPa。进一步提高固溶温度对钢的力学性能没有什么影响,这是因为碳化物的溶解所产生的软化与 $\alpha(\delta)$ 相增加所造成的强化相互抵消了。

在 600～850℃时效时,钢的强化与脆化是由于 σ 相的析出,硅的合金化加速钢中 σ 相的形成过程,固溶处理后在 800℃保温 5min 即可使钢的塑性显著降低。在 450～550℃时效时的强化和脆化则是由高铬的 α' 相的弥散硬化引起的。

14Cr18Ni11Si4AlTi 钢中的奥氏体是亚稳定的,在零下温度变形时发生强烈的 $\gamma \rightarrow \alpha'$ 转变,所形成的马氏体 α' 相含量及其抗拉强度与压下量和冷变形温度成正比。冷变形后在 450℃时效,该钢具有高的强度和硬度,此时的 $\sigma_b = 2220MPa$、$HV = 650$、$\delta = 4\%$。进一步提高时效温度,钢的强度下降,这是由于发生了 $\alpha' \rightarrow \gamma$ 的逆转变和析出粒子的聚集长大。该钢在高强度时效状态下的耐蚀性与未强化的钢处于同一水平,因此可成功地用于制作重要部件。

9.6.3.2　Cr22 型双相不锈钢

1) 12Cr21Ni5Ti[51,53]

12Cr21Ni5Ti 钢是在苏联开发的一种双相不锈钢 10Х21Н5Т 的基础上,经我国研制后,于 1975 年纳入标准的。该钢是为了节约镍,代替 1Cr18Ni9Ti 钢(旧牌号)而设计的,比后者有更高的强度。该钢有良好的工艺性能,可以制成薄板、厚板、型材、钢管、钢丝等。

该钢的冷、热加工性能均良好,热加工温度范围为 1050～800℃,有好的热塑性。由于钢的屈服强度较高,其深冲性能较奥氏体钢稍差。

该钢的固溶处理温度为 1000～1080℃,水冷或空冷。经 950～1050℃固溶处理后,钢中的 α 相含量为 55%～70%,提高淬火温度使 α 相增多。当钢中的 γ 相含量不低于 20%～25%时仍为细晶组织,只有当 γ 相消失后,晶粒才会粗化。

在 400～500℃长期保温时效会因高铬铁素体的分解而导致脆化;600～750℃短时时效后的塑性下降则是由于碳化物的析出而使奥氏体发生马氏体转变的结果;650～700℃长期时效(100～1000h)出现的脆化是 σ 相的形成所致。

12Cr21Ni5Ti 钢中的 γ 相是亚稳定的,即使小的冷变形量也会发生 γ→α′ 转变,但是加热到 150℃即可抑制这种转变,因此采用温轧工艺可以提高轧制变形量。变形温度和变形量对 12Cr21Ni5Ti 钢的力学性能的影响见表 9.46,可以看出,150℃的温轧可以抑制马氏体的转变,降低因冷作硬化而提高了的钢的强度,从而可以提高每一道次的压下量。

表 9.46 变形温度和变形量对 12Cr21Ni5Ti 钢力学性能的影响

钢材状态	压下量/%	轧制道次	σ_b/MPa	$\sigma_{0.2}$/MPa	δ/%
热轧态	0	—	720	550	26.0
150℃温轧后	33	3	880	750	15.8
冷轧后	27	5	1070	1020	10.5

12Cr21Ni5Ti 钢在氧化性酸和有机酸中有很好的耐蚀性,可以代替 1Cr18Ni9Ti 钢使用,因为钢中含有稳定化元素钛,无晶间腐蚀倾向。12Cr21Ni5Ti 钢的焊接性能良好。

12Cr21Ni5Ti 钢可用做焊接结构件使用,可用于化工、食品及其他工业领域中不超过 350℃的条件下,具有很好的抗晶间腐蚀和应力腐蚀性能。该钢还用来制造既耐氧化性酸腐蚀,又要求有较高强度的设备和部件,在航空工业上用于制造航空发动机壳体和火箭发动机燃烧室外壁。

2) 022Cr22Ni5Mo3N[13,51]

瑞典继开发出 3RE60 双相不锈钢后,针对酸性油井井管及管线用材开发出 SAF 2205 钢,之后各国相继开发出类似的钢种,并纳入标准。SAF 2205 钢自 20 世纪 80 年代开始用于油、气井生产,是最早在这方面使用的双相不锈钢。我国在 80 年代初开始研制相当于 SAF 2205 钢的 022Cr22Ni5Mo3N 双相不锈钢,该钢在中性氯化物溶液和 H_2S 中的耐应力腐蚀性能优于 022Cr19Ni10(304L)、022Cr17Ni12Mo2(316L)奥氏体不锈钢。由于含氮,022Cr22Ni5Mo3N 钢的耐点蚀性能好,还有良好的综合力学性能,可进行冷、热加工成形,焊接性能良好,适用于做结构材料,是一种应用广泛的双相不锈钢。

022Cr22Ni5Mo3N 钢中加入了适量的氮(0.08%～0.20%),可以改善钢的耐点蚀和耐应力腐蚀性能。由于奥氏体含量的提高,有利于稳定两相组织,在高温加热或焊接 HAZ 能确保一定含量的 γ 相存在,从而提高了焊接 HAZ 的耐蚀性和力学性能。

022Cr22Ni5Mo3N 钢的热加工性能较前述 022Cr19Ni5Mo3Si2N 钢稍差,其合适的热加工温度为 1100~1150℃,变形过程中仍保持两相组织,终止热加工温度不小于 900~950℃。图 9.85 为 022Cr22Ni5Mo3N 钢热轧板坯不同取向的显微组织。图中深色的为 α 相,浅色的 γ 相呈条状分布于 α 相中,α 相与 γ 相的比例为 58∶42。

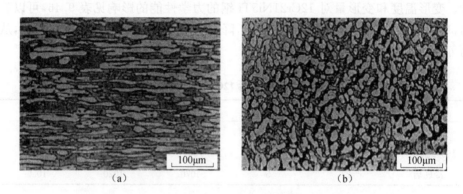

图 9.85　022Cr22Ni5Mo3N 钢热轧板坯不同取向的显微组织[59]
(a) 纵向;(b) 横向

022Cr22Ni5Mo3N 钢在固溶状态(1020~1100℃水冷)下的 α 相含量为 40%~50%。随温度的升高,α 相含量逐渐增加,并且晶粒呈等轴状,直至 1300℃仍保留一定量的 γ 相。该钢在 350~975℃加热后有 Cr_2N、σ、χ 和 α' 相的析出。该钢的使用温度不宜高于 300℃。

022Cr22Ni5Mo3N 钢在 1000~1100℃区间固溶处理后强度和韧性均较好,至 1150℃固溶处理后,强度增高,塑性下降。表 9.47 为 022Cr22Ni5Mo3N 钢固溶处理后的室温及高温力学性能。

表 9.47　022Cr22Ni5Mo3N 钢(ϕ20mm 棒材)固溶处理后的室温和高温力学性能[51]

温度/℃	σ_b/MPa	$\sigma_{0.2}$/MPa	δ/%	A_k/J	硬度 HRC
室温	≥680	≥450	≥25	≥150	~20
100	710	470	37	—	—
200	680	393	32	—	—
300	650	380	30	—	—

022Cr22Ni5Mo3N 钢有高的屈服强度,其冷加工及冷成形性能不如奥氏体钢,一般冷变形超过 10%,需要固溶退火处理。该钢的焊接性能良好,热裂纹倾向低,脆化倾向小。

022Cr22Ni5Mo3N 钢在含氯环境中的耐点蚀性能良好,其耐缝隙腐蚀的性能与 022Cr20Ni25Mo4.5Cu 高合金奥氏体钢相当,但低于 Cr25 型同样钼含量的双相不锈钢。022Cr22Ni5Mo3N 钢有很好的耐应力腐蚀性能和耐晶间腐蚀性能。在大多数介质中,该钢的耐均匀腐蚀性能均优于 304L 和 316L 钢。该钢高的力学性能和耐腐蚀性能的结合使其具有高的腐蚀疲劳强度。

022Cr22Ni5Mo3N 钢是世界各国在双相不锈钢中应用最普遍的钢种,应用范围广泛,主要用于酸性油、气井生产,以及运输、炼油、化工、化肥、石油化工等领域,大多数用于制造热交换器、冷凝冷却器等易产生点蚀和应力腐蚀的受压设备,多用于代替 304L、316L 奥氏体不锈钢。

3) 022Cr23Ni5Mo3N

022Cr23Ni5Mo3N 钢是从 022Cr22Ni5Mo3N 钢派生出的钢,化学成分中的铬、钼、氮具有更窄的区间,接近其成分的上限,具有更为稳定和较高的性能,其加工工艺与用途同 022Cr22Ni5Mo3N 钢。

4) 022Cr23Ni4MoCuN[26]

022Cr23Ni4MoCuN 钢具有优异的耐应力腐蚀和其他形式腐蚀的性能,并具有良好的焊接性,适宜于制造储罐和容器。

该钢的始锻温度为 1100~1150℃,终锻温度不小于 950℃,锻后空冷,固溶处理温度为 950~1100℃,快冷,硬度不大于 290HBW。

5) 00Cr23Ni4N(SAF 2304)[51]

00Cr23Ni4N 是瑞典最先开发的一种合金元素含量较低的双相不锈钢,不含钼,铬和镍的含量也较低,其化学成分为:≤0.03%C、≤0.5%Si、≤1.2%Mn、≤0.04%S、≤0.04%P、23%Cr、4.5%Ni、0.1%N,牌号为 SAF 2304。不少国家已将该钢列入标准,但该钢未纳入我国国家标准。

SAF 2304 钢的成分平衡较好,固溶处理温度为 1000℃左右,处理后钢中组织中有 40%~50% 的 α 相和 50%~60% 的 γ 相。γ 相稳定,焊接后在 HAZ 能再形成奥氏体,可保证具有与母材相当的力学性能和耐腐蚀性能。

表 9.48 为 SAF 2304 钢的室温和高温的力学性能。该钢晶粒较细,两相组织有利于阻碍晶粒长大,使其具有较高的屈服强度和较高的韧性。该钢的固溶处理温度在 950~1100℃变化对钢的冲击韧性没有多大的影响,1050℃固溶处理后钢的韧脆转变温度接近−50℃。由于 SAF 2304 钢仍有铁素体不锈钢的一些特征,会产生 475℃脆性,不宜在 300℃以上长时间加热,消除应力的退火温度为 550~600℃。

表 9.48　SAF 2404 双相不锈钢板的室温和高温力学性能[51]

温度/℃	σ_b/MPa	$\sigma_{0.2}$/MPa	δ/%	A_k/J
室温	≥600	≥370	≥25	≥100
50	600	370	—	—
100	570	330	—	—
200	530	290	—	—
300	500	260	—	—

SAF 2304 钢的耐点蚀指数 PREN$_{16}$＝25,与 316L 钢相当(PREN$_{16}$＝24),而高于 304L 钢。PREN$_{16}$ 一般用于预测钢在氯化物环境中的抗点蚀能力(式(9.12))。

在中性氯化物溶液中,温度高于 60℃,304L 和 316L 钢即有应力腐蚀倾向。SAF 2304 钢产生应力腐蚀破裂的临界温度几乎比 304L 和 316L 钢高 100℃。

SAF 2304 钢的碳含量很低,耐晶间腐蚀性能好。该钢含有较高的铬,在酸性介质中有很好的耐均匀腐蚀性能。

SAF 2304 钢的热成形温度为 1100~950℃,成形后淬火处理。该钢的冷成形方法与奥氏体钢相同,但由于屈服强度较高,开始变形困难,达到屈服极限后,变形与奥氏体钢相同。该钢有好的焊接性,焊前不需预热,焊后不需热处理。

SAF 2304 钢可以代替 304、304L、316、316L 等奥氏体不锈钢使用。该钢用于胺回收设备、碳氢化合物的发酵设备、制造工业的热交换器、纸浆和造纸工业的蒸煮锅预热器,以及海岸钻井架的设施等。

6) 022Cr21Mn5Ni2N

022Cr21Mn5Ni2N 钢的 Ni、Mo 含量大幅降低,并有较高的 N 含量,具有比较高的强度(表 9.15)、良好的耐蚀性能、焊接性能及较低的成本。该钢具有与 022Cr19Ni10 钢相当的耐蚀性能,在一定范围内可替代 06Cr19Ni10、022Cr19Ni10 等钢,用于建筑、交通、石化等领域。

7) 03Cr22Mn5Ni2MoCuN

03Cr22Mn5Ni2MoCuN 钢的 Ni 含量低,N 含量较高,具有比较高的强度(表 9.15)、良好的耐蚀性能和焊接性能,同时可以大幅度降低成本。该钢具有比 022Cr19Ni10 钢更好,与 022Cr17Ni12Mo2 钢相当的耐蚀性,是 06Cr19Ni10、022Cr19Ni10 钢的理想替代品,用于石化、造船、造纸、核电、海水淡化、建筑等领域。

8) 022Cr21Ni3Mo2N

022Cr21Ni3Mo2N 钢含有 1.5%~2%Mo,与所含的 Cr、N 配合,可提高耐蚀性能,其耐蚀性优于 022Cr17Ni12Mo2 钢,与 022Cr19Ni13Mo3 钢接近,是 022Cr17Ni12Mo2 钢的理想替代品。该钢还具有较高的强度(表 9.15),可用于化学储罐、纸浆造纸、建筑屋顶、桥梁等领域。

9) 022Cr21Mn3Ni3Mo2N

022Cr21Mn3Ni3Mo2N 钢有 1%～2% 的 Mo 含量和较高的 N 含量,具有良好的耐蚀性能、焊接性能,由于以 Mn 和 N 代 Ni,降低了钢的成本。该钢具有与 022Cr17Ni12Mo2 钢相当甚至更好的耐点蚀及耐均匀腐蚀性能,其耐应力腐蚀的性能也显著提高,是 022Cr17Ni12Mo2 钢的理想替代品,用于建筑、储罐、造纸、石化等领域。

10) 022Cr22Mn3Ni2MoN

022Cr22Mn3Ni2MoN 钢有较高的 Cr 和 N 含量,其耐点蚀和抗均匀腐蚀的性能高于 022Cr19Ni10 钢,与 022Cr17Ni12Mo2 钢相当,其耐应力腐蚀的性能也显著提高,并具有良好的焊接性能,可替代 022Cr19Ni10、022Cr17Ni12Mo2 钢,用于建筑、储罐、石油、能源等领域。

11) 022Cr22Mn3Ni2MoN

022Cr22Mn3Ni2MoN 钢以约 0.22% N 代替部分 Ni,Mo 含量较低,可显著降低成本。该钢有较高的 Cr 含量,其耐点蚀和抗均匀腐蚀的能力与 022Cr17Ni12Mo2 钢相当甚至更高,耐应力腐蚀的能力也显著提高,焊接性能优良,可代替 022Cr17Ni12Mo2 钢。该钢用于建筑、储罐、石油等领域。

12) 022Cr24Ni4Mn3Mo2CuN

022Cr24Ni4Mn3Mo2CuN 钢以约 0.25% N 和一定量的 Mn 代替 Ni,从而降低了成本。该钢还含有约 24% Cr、1.5% Mo 及少量的 Cu,其耐点蚀和抗均匀腐蚀的能力高于 022Cr17Ni12Mo2 钢,接近 022Cr19Ni13Mo3 钢,耐应力腐蚀的能力显著提高,可替代 022Cr17Ni12Mo2 和 022Cr19Ni13Mo3 钢。该钢用于石化、造纸、建筑、储罐等领域。

9.6.3.3　Cr25 型双相不锈钢

这类含铬高达 25% 的双相不锈钢出现较早,之后被一些含 1%～3% Mo 的高铬含钼双相不锈钢所取代,并得到较广泛的使用。但因焊后近焊缝区的铁素体含量增多,甚至可能成为单相组织,恶化了钢的性能而影响其使用。20 世纪 70 年代以后发展了两相比例更适宜的超低碳含氮双相不锈钢,解决了上述问题,如日本的 NTKR-4。除钼以外,有的牌号还加入了铜、钨等进一步提高了钢的耐蚀性,如日本的 DP3。

1) 022Cr25Ni6Mo2N[51]

许多国家都开发出类似的钢号,我国针对尿素用钢的要求发展了类似 NTKR-4 的 022Cr25Ni6Mo2N 钢。

022Cr25Ni6Mo2N 钢的固溶处理温度为 1000～1100℃,急冷。冷却速率影响钢的韧性和耐腐蚀性,薄板采用空冷,厚板需用水冷。该钢的组织为 $\alpha+\gamma$ 两相组织,随加热温度的升高,α 相含量增多。

该钢具有良好的综合力学性能,即强度高和韧性好,见表 9.49。该钢的韧脆转变温度在 $-100℃$ 以下,有良好的室温和低温韧性。

表 9.49　022Cr25Ni6Mo2N 钢(锻态)的室温和高温力学性能[51]

温度/℃	σ_b/MPa	$\sigma_{0.2}$/MPa	δ/%	ψ/%	A_k/J	硬度 HRC
室温	≥640	≥490	≥25	≥45	≥100	～20
100	800	675	22	72	—	—
200	740	600	20	71	—	—
300	730	590	19	65	—	—

含 25%Cr 的高铬双相不锈钢具有与高铬铁素体不锈钢相同的特点,即对 $475℃$ 脆性、σ 脆性等敏感。022Cr25Ni6Mo2N 钢在 $650\sim950℃$ 等温时效,将由 α 相转变为 σ 相,σ 相析出速率最快的温度约为 $800℃$,孕育期超过 1h。钼显著加快 σ 相的析出速率,该钢的钼含量增至 3%后,σ 相析出孕育期大约为 3min。$800\sim900℃$ 是脆性最敏感的温度区间。该钢消除应力的热处理不宜在 $650\sim800℃$ 加热,可在 $900℃$ 以上加热后空冷。

该钢在含氯的环境中的耐点蚀性能优于 316L、317L(022Cr19Ni13Mo3)等奥氏体不锈钢,其耐点蚀指数 $PREN_{16}$ 分别为 34、25.3 和 30.6。在流动海水中该钢的耐缝隙腐蚀性能优于 316 钢。在氯化物溶液中,该钢在低应力时产生应力腐蚀破裂的下限应力远高于奥氏体钢,但在高应力时具有与奥氏体不锈钢相同的敏感性。该钢有较好的耐晶间腐蚀性能,其耐腐蚀疲劳性能远高于 316L 钢。

022Cr25Ni6Mo2N 钢的焊接性能同 18Cr-8Ni 奥氏体不锈钢,焊前不需预热,焊后一般不需热处理,只有在苛刻条件下使用时,焊后需进行固溶处理。

022Cr25Ni6Mo2N 钢的热塑性良好,在冷加工时需考虑其屈服强度,其弯曲和冲压性能相当于 06Cr13Al 铁素体不锈钢,较 18Cr-8Ni 奥氏体不锈钢差。

022Cr25Ni6Mo2N 钢主要应用于化工、化肥、石油化工等工业领域,多用于制造热交换器、蒸发器等,还用在制造尿素装置,制造有耐腐蚀疲劳要求的甲铵泵泵体、阀门等部件。

2) 022Cr25Ni7Mo3WCuN

022Cr25Ni7Mo3WCuN 钢是 20 世纪 70 年代日本开发的一种超低碳含氮双相不锈钢,牌号为 DP3。该钢的特点是添加钨、铜元素,以提高其耐缝隙腐蚀性能,适用于热海水、盐卤水等介质条件,有好的耐应力腐蚀性能,是一个耐中性氯化物局部腐蚀的钢种。我国在 80 年代初发展了 022Cr25Ni7Mo3WCuN 钢,并成功地用于海水热交换器和盐卤水轴流泵等部件上。

022Cr25Ni7Mo3WCuN 钢适宜的固溶温度为 $1050 \sim 1100℃$,固溶处理后的力学性能见表 9.50。随温度的升高,γ 相含量逐渐减少,至 $1300℃$,仍有 20% 的 γ 相存在。该钢在 $700 \sim 1000℃$ 短时间时效即有 Cr_2N、$M_{23}C_6$ 析出,σ 相析出最敏感的温度为 $800 \sim 900℃$,其中 $850℃$ 最显著。该钢的低温韧性较好,韧脆转变温度在 $-100℃$ 以下。

表 9.50 022Cr25Ni7Mo3WCuN 钢固溶处理后的室温和高温力学性能[51]

温度/℃	σ_b/MPa	$\sigma_{0.2}$/MPa	δ/%	ψ/%	A_k/J	硬度 HRC
室温	⩾650	⩾450	⩾25	⩾45	⩾150	~20
100	727	518	32	78	—	—
200	690	446	31	75	—	—
300	645	426	29	69	—	—

022Cr25Ni7Mo3WCuN 钢的耐点蚀性能优于 316L 钢及 022Cr25Ni6Mo2N 钢,耐缝隙腐蚀的情况也是如此。该钢的应力腐蚀破裂临界应力(⩾343MPa)比 316 钢(⩾147MPa)高很多。该钢无晶间腐蚀倾向并有良好的耐均匀腐蚀性能。

在 9.5.2 节已述及铜在 Cr-Ni 奥氏体钢中的作用,认为铜的作用是可以与钼配合提高其在还原性介质中的耐蚀性及冷加工成形性。在双相不锈钢中,当有足够的铬含量时,铜与钼复合加入有利于其耐 H_2SO_4 的腐蚀性。一些试验还指出,在含 H_2S 的海水中并有高流速的气蚀侵蚀的条件下,双相不锈钢中加入铜是有益的;铜含量不小于 0.5% 时可提高双相不锈钢的耐缝隙腐蚀的性能[1]。

022Cr25Ni7Mo3WCuN 钢有较好的焊接性,热裂纹倾向低,一般不需焊前预热和焊后热处理。该钢的热成形温度应控制在 $1000℃$ 以上,终锻温度不得低于 $950℃$,以免因 σ 相的析出使锻坯产生裂纹。该钢有较好的塑性和韧性,可以进行冷成形,只是抗力较大,不易屈服。

3) 03Cr25Ni6Mo3Cu2N[1,51]

03Cr25Ni6Mo3Cu2N 钢是英国 20 世纪 70 年代开发的产品,牌号为 Ferralium 255(255 合金)。我国于 80 年代研究了这一钢种。该钢含有 1.50%～2.50%Cu,铜的加入对于较低 pH 的环境,如酸性油井、污染的海水等,特别在高速流下产生的磨损腐蚀和气蚀侵蚀是有利的。

03Cr25Ni6Mo3Cu2N 钢具有较好的力学和耐蚀的综合性能,以及优异的耐局部腐蚀性能,如在海水介质中有很好的耐点蚀和耐缝隙腐蚀的能力,在许多环境中耐均匀腐蚀的性能也较好,是一个在多种介质中适应性强、应用范围很宽的钢种。

255 合金最早用于铸钢,经成分调整后已大量用于变形材,铜加入量在用于铸钢时不大于 3%,用于变形材不大于 2.5%。

03Cr25Ni6Mo3Cu2N 钢通过成分控制可以获得 α 相和 γ 相含量接近的组织,

两相的比例对温度的敏感性较小,加热至 1200℃时,仍保留 37%的 γ 相。该钢铬、钼含量较高,因而易于在 700～900℃区间高温时效时析出 σ 相,最敏感的析出温度在 800～850℃,5min 时效后即在 α/γ 相界及个别 α/α 相界上发现由 α 相分解转变的 σ 相,随时效时间的延长,σ 相含量增多。该钢在 450℃较长时间时效后,将出现 475℃脆性区,在 3h 时效后,A_k 值降至 68J,至 50h 时效后已降至 8J。该钢长时间使用温度不允许超过 260℃。

03Cr25Ni6Mo3Cu2N 钢经 1050℃固溶处理和水冷后和随后进行的 500℃时效后,其高温力学性能见表 9.51。500℃时效的强化是铜的析出强化所致。固溶处理后再经 500℃时效处理适用于要求耐磨蚀的用途。

表 9.51　03Cr25Ni6Mo3Cu2N 钢的室温和高温力学性能[51]

状态	温度/℃	σ_b/MPa	$\sigma_{0.2}$/MPa	δ/%	A_k/J	硬度 HRC
1050℃,水冷	室温	≥750	≥500	≥25	≥120	～20
1050℃+500℃时效	室温	≥850	≥550	≥18	≥70	～24
固溶处理	100	740	505	33	—	—
固溶处理	200	710	460	30	—	—
固溶处理	300	700	450	30	—	—

03Cr25Ni6Mo3Cu2N 的耐点蚀指数 $PREN_{16}$＝37.8,远高于 316L 钢的 25.9,其耐缝隙腐蚀的性能显著优于一般 18Cr-8Ni 奥氏体不锈钢,以及一些 Cr-Ni-Mo 不锈钢,耐腐蚀疲劳性能亦优于常用 Cr-Ni 奥氏体不锈钢。由于该钢优良的耐蚀性和时效后的高硬度及双相结构,其耐磨蚀性能也比较高。该钢的冷热加工性能良好,但由于含铜,其热加工性能较不含铜者稍差。该钢的焊接性能与一般双相不锈钢没有明显的差别。

03Cr25Ni6Mo3Cu2N 钢的应用范围很宽,适用于制作多种工业上的设备和部件,是海上环境中的理想用材,适于制作舰船上的螺旋推进器、轴、方向舵、潜艇密封件等,以及其他海洋工业零部件。该钢还用于化工、石油化工、石油和天然气、纸浆和造纸、湿法磷酸等工业领域,多用于制作洗涤器、干燥器、旋风分离器、搅拌器、离心机、泵、阀、紧固件等。

9.6.3.4　超级双相不锈钢

这类钢是指点蚀指数大于 40,含 25%Cr 和高 Mo(大于 3.5%)、高 N(0.22%～0.30%)的钢,主要牌号 UR52N+、SAF 2507 和 Zeron 100 分别为法国、瑞典和英国有关公司开发出的,其变形材约在 1990 年和 1991 年先后问世。三种钢的成分相近,区别在于镍、钨和铜含量的差别,UR52N+ 钢含镍、铜、氮,不含钨(与过去生产的

UR52N 钢的区别在于氮含量较高),另外两种钢已列入我国国家标准。这三种钢列入美国标准后的牌号分别为 S32550、S32750 和 S32760。

瑞典近年还开发出 SAF 2707 HD、SAF 2906、SAF 3209 HD 三种超级双相不锈钢,UR52N⁺ 和上述三种钢的化学成分见表 9.52。

表 9.52　国外一些超级双相不锈钢的牌号和化学成分[27,78]　　(单位:%)

商品牌号	相应国内牌号	C	Si	Mn	P	S	Cr	Ni	Mo	其他
UR52N⁺	022Cr25Ni6.5Mo3.5CuN	≤0.03	≤0.80	≤1.50	≤0.035	≤0.02	24~26	5.6~8.0	3.0~4.0	0.5~2.0Cu 0.20~0.35N
SAF 2707 HD	022Cr27Ni7Mo5N	≤0.03	≤1.0	≤1.5	≤0.035	≤0.02	26~29	5.5~9.5	4~5	1.0Cu 0.3~0.5N
SAF 2906	022Cr29Ni6Mo2CuN	≤0.03	≤0.3	≤1.0	≤0.030	≤0.015	29	7	2.3	≤0.8Cu 0.35N
SAF 3209 HD	022Cr32Ni17Mo4N	≤0.03	≤1.0	≤1.5	≤0.035	≤0.01	29~33	6~9	3.5	0.5N

注:SAF 为瑞典 Sandvik 材料技术公司的产品牌号。

1) 022Cr25Ni7Mo4N[51]

022Cr25Ni7Mo4N 钢即瑞典的 SAF 2507 钢,主要用于苛刻的介质中,尤其是含氯的环境,如海水等。

022Cr25Ni7Mo4N 钢经固溶处理后,钢中的 γ 相呈岛状分布于 α 相的基体上, α/γ 约为 50/50,固溶温度在 1050℃ 以上时,两相的比例逐渐改变。由图 9.86 可以看出,氮元素更能有效地稳定两相组织,含高氮的钢的 α 相随温度的升高增长很缓慢,这对焊接 HAZ 有重要意义。

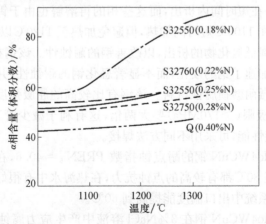

图 9.86　不同氮含量的 Cr25 型双相不锈钢的 α 相含量与加热温度的关系[57]
S32550 等系美国超级不锈钢牌号,Q 为试验钢号

022Cr25Ni7Mo4N 钢时效时有两个脆性区:600~900℃区间,由于 σ、χ、Cr_2N、R 等相存在而脆化;低于 500℃的 475℃脆化区。根据 SAF 2507 钢的 CCT 曲线,在 1060℃固溶后析出 1%的 σ 相的临界冷却速率为 0.4℃/s。

022Cr25Ni7Mo4N 钢的耐点蚀指数 $PREN_{16}$ = 42.5,而 $UR52N^+$ 钢的 $PREN_{16}$ = 39.7,因而该钢是双相钢中耐点蚀和耐缝隙腐蚀最好的钢。在高压釜含氧约 8ppm 氯化物溶液中,该钢具有比高钼的 904L(015Cr21Ni26Mo5Cu2)奥氏体不锈钢更高的应力腐蚀抗力。该钢的碳含量低,一般控制在 0.015%时,组织中未发现有碳化物的析出,敏化问题可以忽略。该钢在一些有机酸和无机酸中具有良好的耐均匀腐蚀性。该钢固溶处理后有较高的硬度($\leqslant$310HBW,表 9.15),较高硬度和高耐腐蚀性的良好结合使该钢在带有高磨损性固体颗粒的流动性介质或者是在高流速的介质中,有良好的耐磨损腐蚀性能。

该钢可焊性好,可用多种方法焊接,可冷成形后焊接,如冷弯,一般变形量不超过 20%,不需要进行随后的热处理,但在苛刻的介质中或冷变形量较大时,还是要进行 1050~1120℃加热,随后空冷或水冷处理。

该钢用于含氯化物的苛刻介质,如炼油厂的海水热交换器、海底输送管道、船用螺旋推进器等要求高载荷又耐海水腐蚀或其他含氯介质腐蚀的部件。

2) 022Cr25Ni7Mo4WCuN[51]

022Cr25Ni7Mo4WCuN 钢的牌号是 Zeron 100,英国开发此钢的目标是解决海底油田苛刻介质(含有氯化物、CO_2、H_2S 等)用材。目前该钢已在不少领域中应用,主要是利用其高强度和耐氯化物局部腐蚀及耐应力腐蚀的性能。

022Cr25Ni7Mo4WCuN 钢在固溶温度高于 1050℃时,α 相含量仍近 50%(图 9.86 中 S32760)。该钢的 CCT 曲线见图 9.80,由于钢中含较高的铬、钼和钨,金属间化合物更易在短时间内析出,而这些相的再溶解也由于钨的作用需要加热至更高的温度,可在 1100℃短时间加热,但避免加热至 1120℃以上,这样可限制铁素体中的氮含量,降低氮化物的析出,以改善钢的耐蚀性。该钢在 400℃以上加热时,铜和钨的加入加速了钢的硬化,而不显著恶化钢的耐蚀性,并可保持一定的韧性,因此该钢可用做耐磨损腐蚀材料。该钢有比较高的屈服强度($\geqslant$550MPa),较之 316L 钢的屈服极限($\geqslant$170MPa)要大两倍,这有利于减少管道和容器的壁厚。该钢有较好的焊接性能,可采用不同方法焊接。

022Cr25Ni7Mo4WCuN 钢的耐点蚀指数 $PREN_{16}$ = 40.6,在含氯化物、CO_2、H_2S 的介质中直至 80℃都有较高的点蚀抗力,在热海水中有很好的耐缝隙腐蚀的能力,在海水冷却系统中出口温度能提高到 60℃。

022Cr25Ni7Mo4WCuN 钢在 3%NaCl 溶液中产生应力腐蚀破裂的温度可达 250℃,而 316L 钢只有 60℃。该钢还具有良好的耐晶间腐蚀性能。由于钢中含有铜和钨,能提高该钢在 HCl、H_2SO_4 和 H_3PO_4 中的耐均匀腐蚀性。在燃气脱硫石灰浆液介质中,该钢的磨损腐蚀失重不随 pH 变化,适合于做燃气脱硫泥浆泵材料。

目前使用的双相不锈钢中大都含有较高的镍,为了节约资源紧张的镍,近年国内外一些学者和企业开展了节镍型双相不锈钢的研究并不断取得进展[79]。

3) UR52N$^+$(022Cr25Ni6.5Mo3.5CuN)[27]

UR52N$^+$ 钢与 022Cr25Ni7Mo4N(SAF 2507)相比,钼含量稍低,但加入了约 1.5% 的 Cu,使其耐还原性介质,如耐硫酸腐蚀等的性能有明显增加,在一些环境中,耐点蚀、耐缝隙腐蚀的性能也有改善。UR52N$^+$ 的 PREN≥40。

UR52N$^+$ 钢经适宜的固溶处理后的组织具有 α/γ 近于 1 的双相结构,从该钢的 CCT 曲线(图 9.80)可以看出,当冷却速率不超过 1000℃/h,会有 σ、χ 等金属间相析出。由于该钢中不含钨,故其金属间相析出的敏感性要低于 Zeron 100。该钢经固溶处理后的室温力学性能:R_m=840MPa、$R_{p0.2}$=650MPa、A=30%、HRC=25、KV_2=120J。

UR52N$^+$ 钢的耐全面腐蚀性能优于 SAF 2507 和 Zeron 100 等超级双相不锈钢,在工业磷酸中优于超级奥氏体不锈钢 UR B66,其耐点蚀和耐缝隙腐蚀的性能高于含氮较低的 UR52N 钢。UR52N$^+$ 钢耐应力腐蚀性能比奥氏体不锈钢 316L 要好得多。

UR52N$^+$ 钢的热加工性能较不含铜的这类钢稍差,热加工温度不宜太高,以 1000~1150℃为宜,热成形后一般需再经热处理。该钢的热处理工艺为 1100℃ 加热,保温后急冷。对于该钢厚度为 35mm 和 150mm 的中、厚板,中部的冷却速率要不低于 5000℃/h 才能获得-50℃时不低于 50J 的冲击功,且没有金属中间相的析出。

该钢主要用于石油化工、化肥、造纸及湿法冶金中,制造塔、槽、管线、容器、热交换器等,解决硫酸、磷酸、含氯化物介质的点蚀、缝隙腐蚀、磨蚀等问题。

4) SAF 2707 HD(022Cr27Ni7Mo5N,S32707)[27,78]

SAF 2707 HD 是一种特超级双相不锈钢,是为了解决超级双相不锈钢耐热氯化物局部腐蚀性能和强度的不足,于 2000 年以后问世的,其 PREN 可达 49。该钢的高氮、铬、钼含量和双相组织使其管材的 R_m=1000MPa、$R_{p0.2}$=800MPa,而且塑韧性也保持在工程应用所需要的较高水平上。该钢的问世拓宽了双相不锈钢的应用范围,提高了与超级奥氏体不锈钢和高镍耐蚀合金的竞争力。

一般双相钢的屈服强度为通用奥氏体钢的两倍,其使用可以大幅减薄材料厚度,降低设备重量,减低成本。SAF 2707 HD 钢的强度又较一般双相钢和超级双相钢高,更具有节约材料和降低成本的优势。双相钢的使用温度一般在-50~250℃(或 300℃,视使用寿命长短而异),使用温度的限制是由于 475℃脆性的限制。SAF 2707 HD 钢的强度随温度的升高而缓慢下降,在 300℃ 时 R_m 约为

880MPa、$R_{p0.2}$约为600MPa。SAF 2707 HD钢的韧性较高,但仍存在韧性的各向异性,其纵横向韧脆转变温度均在-50℃以下,-50℃时的纵向KV_2不低于200J,横向的KV_2不低于100J。SAF 2707 HD钢的冷热加工性能与SAF 2507钢相近,其可焊性良好。

SAF 2707 HD钢在氯化物环境中具有优异的耐点蚀、耐缝隙腐蚀和耐应力腐蚀的性能,特别适于制造以海水和含Cl^-为工作介质和冷却介质的热交换器设备,还可用于耐一些有机酸和无机酸的用途中。

5) SAF 2906(022Cr29Ni6Mo2CuN,S32906)[27,78]

SAF 2906钢是对SAF 2507钢的进一步改进,与之相比,钼含量有所降低,其耐点蚀的PREN略低,典型成分的PREN仍可达41,但成分更加平稳。该钢在固溶态具有α/γ近于1的比例,但经过各种高温处理后,在冷却过程中会有金属间化合物和氮化物的沉淀,但与SAF 2507钢比较,由于钼含量低、氮含量高,减缓了σ等相的形成,热稳定性有所改善。

SAF 2906钢的强度约为普通铬镍奥氏体不锈钢的3倍,表9.53为SAF 2906钢的室温和高温力学性能。SAF 2906钢有良好的冲击韧性,其韧脆转变温度约在-100℃,在-50℃时的冲击功仍可达到120J。

表 9.53　SAF 2906(022Cr29Ni6Mo2CuN)钢的室温和高温的力学性能[27]

温度/℃	管材厚度/mm	R_m/MPa	$R_{p0.2}$/MPa	A/%
室温	<10	≥800	≥650	≥25
	≥10	≥750	≥550	≥25
100	<10	≥750	≥550	≥25
	≥10	≥730	≥500	≥25
200	<10	≥720	≥470	≥25
	≥10	≥700	≥430	≥25
300	<10	≥710	≥450	≥25
	≥10	≥790	≥410	≥25

SAF 2906钢的铬含量高,因此在苛性介质中有优良的耐蚀性能,该钢还具有良好的耐氯化物应力腐蚀的性能,并具有良好的耐点蚀和耐缝隙腐蚀的性能。该钢的强度高,冷成形需要更大的外力。该钢的焊接性能良好,由于焊接热影响区有γ'相形成,故焊缝有良好的韧性、强度和耐蚀性。SAF 2906钢的固溶处理温度为1040~1080℃,保温后快冷,根据截面尺寸可水冷或空冷。

SAF 2906钢的主要用于苛性钠生产中包括蒸发器用管在内的管线系统用管,氧化铝生产中热交换器管和氧化锆厂中一些装置中的管路,以及对点蚀和缝隙腐蚀有高耐蚀需求的设备和构件。

6) SAF 3207 HD(022Cr32Ni7Mo4N,S33207)[27,78]

SAF 3207 HD 也是一种特超级双相不锈钢。该钢是为解决深海管道缆的苛刻需求而开发的。由于该钢中 Cr、N 含量的提高,使其具有更高的强度以承受更高的外加载荷,又具有更加优异的耐蚀性以适应更加苛刻的腐蚀介质的需求。该钢的化学成分保证了其组织结构的稳定性。该钢的正常显微组织中奥氏体和铁素体含量各占约 50%,其固溶态的纵向和横向的显微组织与图 9.85 相似。

SAF 3207 HD 钢的强度在双相不锈钢中是最高的。表 9.54 为 SAF 3207 HD 钢固溶处理后的室温和高温力学性能。温度升高时,随屈服强度的下降,钢的伸长率变化不大,这是由于该钢具有两相的微观结构所致。SAF 3207 HD 钢还具有良好的冲击韧性,其韧脆转变温度低于 −50℃,在 −50℃时,钢的冲击功达到 80J。由于该钢具有高的强度和良好的塑性,可使构件壁厚减薄,重量减轻,从而使设备总成本下降。

表 9.54   SAF 3207 HD(022Cr32Ni7Mo4N)钢固溶处理后的室温和高温的力学性能[78]

温度/℃	管材厚度/mm	R_m/MPa	$R_{p0.2}$/MPa	A/%	硬度 HRC
室温	<4	≥950	≥770	≥25	≤36
	≥4	≥850	≥700	≥25	≤36
50	—	≥923	≥696	—	—
100	—	≥850	≥657	—	—
150	—	≥811	≥609	—	—
200	—	≥784	≥585	—	—
250	—	≥785	≥582	—	—
300	—	≥791	≥572	—	—

注:伸长率 A 是基于 $L_0 = 5.96\sqrt{S_0}$ 的,其中 L_0 是试样的原始测量长度,S_0 是试样原始横截面积。

SAF 3207 HD 钢的 PREN 可达 50 以上,较超级双相不锈钢具有更加优良的耐点蚀和耐缝隙腐蚀性能。该钢用做深海管道缆能承受低周和高周疲劳。在低应变区,由于钢的疲劳寿命主要受强度控制,高强度的 SAF 3207 HD 钢的寿命高于 SAF 2507 钢,而在高应变区,钢的疲劳寿命主要受钢的塑性控制,与 SAF 2507 钢相比,该钢未显示出优越性,原因是两者的塑性相近。该钢在人工海水中的腐蚀疲劳寿命要低于在空气中的疲劳寿命,但相差不大,这是由于该钢具有高的耐海水腐蚀的性能。

SAF 3207 HD 钢的管件一般以热处理状态供货,其固溶处理温度为 1040~1140℃,保温一定时间后在空气、保护气氛或水中快冷。该钢具有良好的焊接性能。

SAF 3207 HD 钢的高强度和高腐蚀疲劳性能,以及优异的耐腐蚀性能,使其可以满足水深近 2500m,压力高于 15000psi(1psi≈6.89×10³Pa)的油田管道缆的需求(制造长度已达 2500m),并使其在海水和含 Cl⁻ 介质中的应用范围进一步扩大。

9.7　沉淀硬化不锈钢

沉淀硬化不锈钢最早是为满足军事需要而开发的,此类钢要求具有高的强度、足够的韧性和适宜的耐蚀性。1946 年发展了第一个马氏体沉淀硬化不锈钢 Stainless W,1948 年开发出第一个半奥氏体沉淀硬化不锈钢 17-7PH,20 世纪 50 年代初奥氏体沉淀硬化不锈钢 A286 等问世[80]。经过不断的发展,沉淀硬化不锈钢已形成一个体系和众多牌号的钢类,分为马氏体、半奥氏体和奥氏体三种类型。根据 6.7 节超高强度钢的定义:σ_b>1470MPa 或 $\sigma_{0.2}$>1350MPa,则此类钢中的许多钢种可称为超高强度沉淀硬化不锈钢。

9.7.1　马氏体沉淀硬化不锈钢

马氏体沉淀硬化不锈钢的 M_f 恰好在室温以上,采取适宜的固溶处理温度进行空冷可完全转变为马氏体,然后在 480～620℃进行单一时效即可达硬化的目的。对于有些不能完全转变成马氏体的钢种,可增加冷处理工序,然后再时效。这种钢有时称为马氏体时效不锈钢[4]。

表 9.55 为国外开发出的一些马氏体沉淀硬化不锈钢的化学成分,表 9.56 为这些钢经固溶处理和时效后的力学性能。根据各钢可能达到的抗拉强度,将其分为较高强度(<1379MPa)和高强度(>1379MPa)[4]。Stainless W 和 17-4PH 是早期开发的钢种,固溶处理后钢中可能有不到 10%的 $\alpha(\delta)$ 相,呈串状残存于马氏体基体中,经时效处理到不同强度水平后,均显示其对大截面钢材横向性能的不利影响。表 9.55 中所列其他钢种固溶处理后均为全马氏体组织[4]。

表 9.55　一些马氏体沉淀硬化不锈钢的化学成分[4]　　　(单位:%)

牌号	C	Mn	Si	Cr	Ni	Mo	Al	Cu	Ti	Nb
Stainless W	0.06	0.50	0.50	16.75	6.25	—	0.2	—	0.8	—
17-4PH	0.04	0.30	0.60	16.0	4.2	—	—	3.4	—	0.25
15-5PH	0.04	0.30	0.40	15.0	4.5	—	—	3.4	—	0.25
Costom 450	0.03	0.25	0.25	15.0	6.0	0.8	—	1.5	—	0.3
PH13-8Mo	0.04	0.30	0.03	12.7	8.2	2.2	1.1	—	—	—
Costom 455	0.03	0.25	0.25	11.75	8.5	—	—	2.5	1.2	0.3

注:Stainless W 为美国钢公司牌号,17-4PH、15-5PH 和 PH13-8Mo 为 Armco 钢公司牌号,Costom 450 和 Costom 455 为 Carpenter 技术公司牌号。

表 9.56　一些马氏体沉淀硬化不锈钢棒材的力学性能[4]

牌号	时效工艺	σ_b/MPa	σ_s/MPa	δ_4/%	ψ/%	硬度 HRC
Stainless W	(510±8)℃,4h,空冷	1345	1241	14	—	42
17-4PH	(496±8)℃,4h,空冷	1310	1207	14	54	42
15-5PH	(496±8)℃,4h,空冷	1310	1207	14	54	42
Costom 450	(482±8)℃,1h,空冷	1351	1269	14	60	42
PH13-8Mo	(510±8)℃,4h,空冷	1551	1448	12	50	47
Costom 455	(482±8)℃,1h,空冷	1689	1620	10	45	49

我国列入 GB/T 20878—2007 的马氏体沉淀硬化不锈钢的牌号有四个,分别是 05Cr17Ni4Cu4Nb、05Cr15Ni5Cu4Nb、022Cr12Ni9Cu2NbTi、04Cr13Ni8Mo2Al,其化学成分、热处理制度和力学性能分别见表 9.16、表 9.18、表 9.19 和表 9.20。这四种钢的化学成分基本上与表 9.55 中的 17-4PH、15-5PH、Costom 455、PH13-8Mo 钢相当。

17-4PH(05Cr17Ni4Cu4Nb)钢中含有较高的铬,使其具有较一般 Cr13 型马氏体不锈钢更高的耐蚀性和抗氧化性能,采用超低的碳含量而获得的淬火板条马氏体可保证钢的塑韧性、加工成形性和焊接性能。添加较高含量的铜在时效时可析出与基体共格沉淀的富铜相使钢强化,少量的铌形成稳定的 NbC,基本不参与强化而阻止晶粒长大。镍用以平衡 δ 铁素体组织,但由于添加量不足,如前面所述,在淬火组织尚存在不足 10% 的 δ 相。17-4PH 钢具有良好的综合力学性能,其不足之处是因少量 δ 相的存在,影响大截面锻材的横向力学性能[80]。17-4PH 钢的固溶温度为 1020~1060℃,空冷或油冷,硬度为 340HB 左右,时效温度范围为 470~630℃,在 480℃时效 1h 可以得到最高的强化效果,硬度达到 420HB。时效温度的选择则视所要求的性能而定。

固溶处理后 17-4PH 钢的机械加工性能不够好,为了改善其机械加工性能,需经 650℃的过时效处理以得到最大程度的软化,此时的硬度约为 300HB。

15-5PH(05Cr15Ni5Cu4Nb)钢较之 17-4PH 钢有略低的铬含量和略高的镍含量,可以克服其不足之处,可以消除钢中的 δ 相,在淬火后可以获得全马氏体组织。该钢的热处理制度与 17-4PH 钢相同,热处理后所获的力学性能也相同,但 15-5PH 钢大截面钢材的纵横向塑性的差别很小。15-5PH 钢经真空重熔后的大截面钢材可获得从表面到心部及纵向与横向之间更为均匀一致的力学性能。

PH13-8Mo(04Cr13Ni8Mo2Al)是一种高强度的马氏体沉淀硬化不锈钢,可用于制作大截面的构件。该钢含 13%Cr,可以使其具有良好的抗一般腐蚀性能,较高的镍含量可以平衡 δ 相;钼用以固溶强化,在较高温度时效时还可形成 Ni_3Mo 或 Ni_4Mo 提高抗软化能力;铝是主要的强化元素,时效时在低碳马氏体基体上析出均匀共格细小的 NiAl(β')质点。

这种钢的热处理工艺较简单,即固溶处理加时效。固溶处理温度为(927±15)℃,随后冷却至 60℃ 以下,可以得到全马氏体组织。时效时由于析出共格的 NiAl 相引起强化。NiAl 相是一种超点阵有序相,在基体上均匀分布着球形质点,其点阵常数与基体相近,错配度约为 0.002,因而共格很稳定,即使在 525℃ 长期时效仍保持与基体共格。625℃×4h 时效后 NiAl 相长大至 7nm,具有高的抗过时效能力。

625℃×4h 时效后还出现大块逆转变奥氏体(γ')和沿板条界面等处分布的细小的 Ni_3Mo 或 Ni_4Mo 相。γ' 相在 525℃ 时效后已发现,在 625℃×4h 时效后,γ' 相体积分数已达 15%。由于 γ' 相中富集碳、镍等元素,稳定性高,时效后冷却至室温也不转变为马氏体,也可起强化作用。

PH13-8Mo 钢经不同温度时效后的力学性能见表 9.57,可以看出,该钢具有比较高的强度、塑性和韧性及良好的低温性能。经过 H950～H1100 状态的时效处理后,随时效温度的增加,试样尺寸的收缩量增大,自 0.0004m/m 增至 0.0012m/m。

表 9.57 PH13-8Mo 沉淀硬化不锈钢棒材(直径 25.4～76.2mm)的力学性能[4,81]

状 态	处理工艺	σ_b/MPa	$\sigma_{0.2}$/MPa	δ_4/%	ψ/%	HRC	A_{kV}/J	K_{IC}/(MPa·m$^{1/2}$)
A	固溶处理(927±8)℃,15min	1103	827	17	65		81.4	—
RH950	−73℃冷处理,≥2h,空气中升至室温,(510±6)℃×4h,空冷	1620	1482	12	45	48	27	
H950	(510±6)℃×4h,空冷	1551	1448	12	40	47	27	82.4
H1000	(538±6)℃×4h,空冷	1482	1413	13	50	45	40.7	110
H1050	(565±6)℃×4h,空冷	1310	1241	15	55	43	67.8	165
H1100	(593±6)℃×4h,空冷	1102	1034	18	60	35	81.4	—
H1150	(620±6)℃×4h,空冷	1000	724	20	63	33	108.5	
H1150M	(760±6)℃×2h,空冷 (621±6)℃×4h,空冷	896	586	22	70	32	162.7	
H1100 (−79℃试验)	(593±6)℃×4h,空冷	1655	1586	—	—	—	—	54.9

注:RH950～H1150M 状态在处理前均经固溶处理(A),这些状态中的数字,如 950,均指华氏度(℉)。

表 9.58 列出大截面 PH13-8Mo 钢的力学性能,可以看出,该钢的纵向、横向及短横向的强度、塑性差别很小。

表 9.58　PH13-8Mo 沉淀硬化不锈钢大截面钢材的力学性能[80]

截面尺寸	处理工艺	方向和部位	σ_b/MPa	$\sigma_{0.2}$/MPa	δ_4/%	ψ/%	A_{kV}/J
300mm×300mm	990℃×1/2h,空冷,510℃×1h,空冷	纵向,1/2 半径	1530	1390	14	37	—
		横向,1/2 半径	1540	1410	13	31	—
		横向,中心	1490	1330	14	33	—
76mm×200mm	990℃×1/2h,空冷,510℃×1h,空冷	纵向,1/2 半径	1490	1300	16	66	24
		长横向,中心	1540	1380	14	63	
		短横向,中心	1530	1350	14	53	

　　PH13-8Mo 钢在 H-950 状态于 5％的盐雾中的抗蚀能力与 06Cr19Ni10 钢相似,其在强氧化性和还原性酸以及大气中的耐均匀腐蚀性能亦与 06Cr19Ni10 钢相似。该钢在固溶状态下的耐均匀腐蚀性能优于经过固溶处理加时效的状态,而且随时效温度的增加,其耐蚀性逐渐减弱。在海水中的试验表明,该钢无论是锻造还是焊接后,均具有高的耐应力腐蚀性能,经过固溶处理和 538℃时效后的耐应力腐蚀性能最佳[81]。

　　Costom 455(022Cr12Ni9Cu2NbTi)是一种超低碳的沉淀硬化马氏体不锈钢,具有高的强度和耐大气腐蚀性[82]。

　　Costom 455 钢在温度区间 900～1260℃极易锻造,适宜的锻造加热和均热温度为 1040～1150℃,终锻温度应控制在 815～925℃,可获得较细的晶粒尺寸,锻后空冷。锻后应进行固溶处理,固溶温度为 816～843℃,随后快冷,若截面较小可以水淬,组织为全马氏体组织,硬度为 30～35HRC。生产企业一般均以固溶状态的产品供货,用户加工后只需进行时效处理以获得最后的性能。时效温度可在 480～560℃选择,保温 4h,空冷,时效后的尺寸变化仅为－0.001mm/mm。固溶和时效处理后钢的力学性能见表 9.19 和表 9.20。

　　Costom 455 钢在固溶处理后可以立即进行冷作加工。对于深冲或胀形工艺,由于变形是局部的,加工后须进行二次固溶处理(退火)。其他冷加工,如冷拉、冷轧,因为在固溶状态的加工硬化率低,可进行较大变形量的冷加工,获得较高的强度,而不需二次固溶处理。最后进行时效处理。

　　Costom 455 钢可焊性优良,可采用同成分的焊接材料进行焊接,一般不需焊前预热和焊后热处理。

　　Costom 455 钢在通常的大气环境和淡水中有良好的抗蚀能力,在 35℃食盐水喷溅和室温下 5％FeCl₃ 水溶液中的耐点蚀性能良好。Costom 455 钢在包括海洋大气等多种腐蚀环境下的应力腐蚀性能是良好的,并随时效温度的提高而进一步得到改善。

　　继上述一些马氏体沉淀硬化不锈钢之后,一些研究者发现钴和钼同时加入 Cr13 型不锈钢中可以使马氏体的沉淀硬化效应特别强烈[83],从而开发出一些 Cr-

Mo-Co 系马氏体沉淀硬化不锈钢,其化学成分见表 9.59。

表 9.59　一些 Cr-Mo-Co 系马氏体沉淀硬化不锈钢的化学成分[84]　（单位:%）

牌　号	C	Cr	Ni	Co	Mo	Ti	V	Si	Mn
AFC-77	0.15	14.5	0.2	13.5	5	—	0.5	0.15	0.20
NASMA-164	0.025	12.5	4.5	12.5	5	—	—	0.15	0.10
Pyrometx-15	0.03	15	0.2	20	2.9	—	—	0.1	0.1
AM367	0.03	14	3.5	15.5	2.0	0.5	—	—	<0.10

　　从图 9.87 可看出,在 12%Cr 基础上加入钼和钴,随着它们含量的增加,经淬火后在 550~600℃时效时,沉淀硬化峰值强烈升高。钼的作用尤其显著,当钼含量超过 4%时,600℃时效后硬度值可超过 500HV,但当钼含量到 8%时,由于出现不能高温固溶的 χ 相而出现脆性。因此,Cr-Mo-Co 系马氏体沉淀硬化不锈钢中钼含量必须控制在一定范围内。钢中的钴含量对沉淀硬化效应也有很大影响,随钴含量增加,时效后的硬度显著增高(图 9.88)。钴在沉淀相中的含量很低,钴的加入增强沉淀硬化效应可能有两方面的作用,它除了本身增强了沉淀强化效应外,还可以减少钼在基体中的溶解度,使沉淀相增多[84]。钴还可以平衡因钼的增加导致的 δ 铁素体形成倾向。钴含量从 0%增至 8%时是升高 M_s 点的,钴含量再增高将逐渐降低 M_s 点,这类钢中钴含量一般控制在 10%~20%[84]。钒形成稳定的 VC,对钢的晶粒长大起抑制作用。

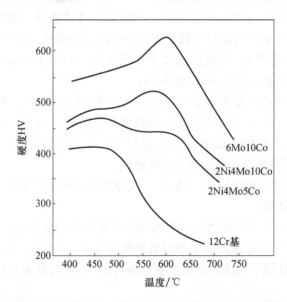

图 9.87　钼和钴对 12%Cr 马氏体不锈钢在时效时产生沉淀强化的影响[85]

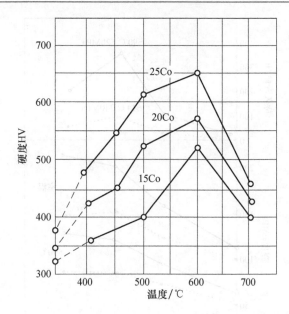

图 9.88 钴对 13%Cr-5%Mo-Co 钢在不同温度时效 0.5h 后的室温硬度[83]

目前应用的 Cr-Mo-Co 系马氏体沉淀硬化不锈钢有两种基本成分：一种是以 13%Cr-5%Mo-13%Co 为基的较高钼含量的钢；另一种是以 13%Cr-(2%~3%) Mo-(15%~20%)Co 为基的低钼高钴含量的钢，如表 9.59 所示。

由图 9.89、图 9.90 可见，5%Mo 和 13%Co 配合可以得到最好的室温和高温强度及韧性的配合。钼含量再增高，虽然短时强度有所增高，但持久强度反而降低。从组织上看，当钼含量超过 6% 就出现 δ 铁素体。钼含量在 0%~5% 时，随着钼含量增高，钢的室温强度、高温强度和持久寿命都增加。在 5%Mo 的基础上，钴含量若超过 14%，则室温强度和高温强度均降低，这是由于大量钴降低 M_s 点因而得到大量残余奥氏体所致。当钴含量由零增加到 13%，室温强度和高温强度都增加。由图 9.90 还可以看出，随着钴含量增加，钢中 δ 铁素体含量降低，到 13%Co 可得到全部奥氏体，消除了 δ 铁素体的有害作用。

Cr-Mo-Co 马氏体沉淀硬化不锈钢经固溶处理冷却到室温，组织中除马氏体外，还有大量残余奥氏体，经 −73℃ 冷处理，可使残余奥氏体大大减少。无碳的 Cr-Mo-Co 钢经冷处理后转变为无碳的合金马氏体，这种马氏体具有较低的硬度，以及较高的塑性和韧性，有较小的加工硬化倾向，其硬度在 30HRC 左右，可以直接进行冷变形，冷变形后的板材可直接进行时效处理，只有在高变形量下才需要中间退火。对碳含量在 0.15% 左右的 Cr-Mo-Co 钢，由于加入了起沉淀强化的合金元素和碳的固溶强化双重强化作用，其马氏体具有较高的硬度，如 AFC-77 (12Cr14Co13Mo5V) 钢硬度达 50HRC 左右，不能进行冷变形。

Cr-Mo-Co 钢的马氏体组织在时效加热过程中首先发生回复，同时还发生由马

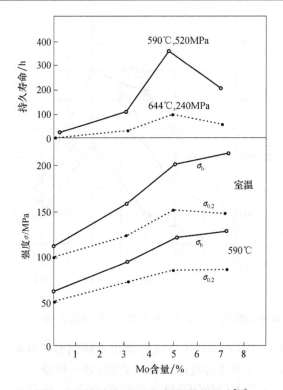

图 9.89   钼对 Cr-Mo-Co 钢性能的影响[83]

化学成分:0.15%C、14%Cr、0.4%V、13%Co;1093℃油淬,−73℃冷处理 0.5h,590℃时效,2 次,每次 2h

氏体用扩散方式形成铁素体加奥氏体的逆转变,所生成的奥氏体很稳定,冷却到室温也不转变。在一般时效温度下,这种转变进行得很缓慢,在较高温度下则较迅速,如 AFC-77 钢在 700℃以上加热,这种逆转变就容易发生。钼含量增高促使这种反应的发生,而钴的影响较小,故 AFC-77 钢容易发生这种反应,而采用低钼高钴的钢则可以降低这种倾向。

AFC-77 钢含有 0.15%C,有扩大 γ 相区的作用,使在高温下得到单一奥氏体,同时在时效过程中析出碳化物,有一定强化作用。这样的碳含量对韧性和可焊性没有很大的影响。加入 0.5%V 是因为钒对持久强度有有利作用。硅、锰、硫、磷的降低是为了进一步增加钢的韧性,减少钢的脆化倾向。

AFC-77 钢经 1093℃固溶处理后,油淬到室温得到马氏体和残余奥氏体组织,残余奥氏体含量约占 50%,经过−73℃冷处理后,残余奥氏体含量减少。它在高温时可转变成贝氏体或铁素体和碳化物,也可能因析出碳化物而提高 M_s 点,在随后冷却时转变成马氏体。比较图 9.91 中不同碳含量和钼含量对钢性能的影响可以看出,无碳的 AFC-77 钢在 400℃以上时效,随时效温度升高,硬度增加,到 565℃出现沉淀硬化高峰,硬度达 45HRC,在温度范围 500～600℃能保持高硬度,

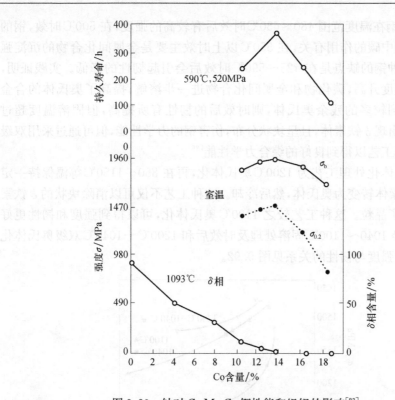

图 9.90 钴对 Cr-Mo-Co 钢性能和组织的影响[83]

成分:0.15%C、14%Cr、0.4%V、5%Mo;1093℃油淬,−73℃冷处理 0.5h,590℃时效,2 次,每次 2h

这主要是 Fe_2Mo 和 χ 相产生的。无钼钢时效在 480℃达到高峰,这主要是碳化物析出所产生的。AFC-77 钢时效在 565℃硬度达最高峰,超过 50HRC。由此看来,AFC-77 钢的沉淀强化主要是 Fe_2Mo 和 χ 相产生的。相分析证明,AFC-77 钢在时效过程中有 $Cr_{23}C_6$ 出现,它对沉淀强化作用较小,在 760℃以上时效时将出现 M_6C 型碳化物。

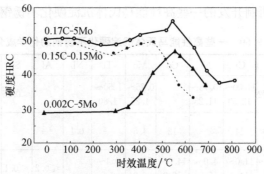

图 9.91 碳含量和钼含量对 AFC-77 钢沉淀硬化的影响[83]

1093℃油淬,−73℃冷处理 0.5h,590℃时效,2 次,每次 2h

AFC-77 钢在温度范围 480～650℃时效后有较高的强度,在 500℃时效,钢的强化主要与钢中碳的作用有关,在 550℃以上时效主要是金属间化合物的沉淀强化作用,但这种钢的缺点是在 425～590℃时效后会引起韧性的降低。实践证明,若固溶处理温度升高,碳化物和金属间化合物进一步溶解,提高了奥氏体的合金度,淬火后得到较多的残余奥氏体,则时效后的韧性有所提高,但固溶温度超过 1150℃后,将出现 δ 铁素体,且呈块状分布,伤害钢的力学性能,但可通过采用双级奥氏体化处理工艺以得到良好的综合力学性能[86]。

双级奥氏体化处理工艺为 1200℃奥氏体化,再在 850～1150℃等温保持一定时间,使 δ 铁素体转变为奥氏体,然后冷却。这种工艺不仅可以消除块状的 δ 铁素体,而且细化了晶粒。这种工艺较之 1100℃奥氏体化,可以得到强度和韧性更好的配合[86]。经 1040～1100℃固溶处理及时效后和 1200℃+1040℃双级奥氏体化及热处理后的强度与韧性的关系见图 9.92。

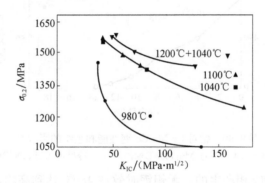

图 9.92　AFC-77 钢奥氏体化工艺与强度-韧性关系[86]

图中所示温度为奥氏体化温度,时效温度 370～595℃

近年国内外为适应航空、航天、海洋等高科技领域一些装置的承力、耐蚀、耐高温部件用材的需要,研究和开发出一些新的具有高性能的马氏体沉淀硬化不锈钢,表 9.60 为国内外研制开发的一些高性能马氏体沉淀硬化不锈钢的化学成分。

表 9.60　一些高性能马氏体沉淀硬化不锈钢的化学成分　　(单位:%)

牌号	C	Cr	Ni	Co	Mo	Ti	Nb	Al	Si	Mn	S	P
Custom 465[87]	≤0.02	11.00～12.50	10.75～11.25	—	0.75～1.25	1.50～1.80	—	—	≤0.25	≤0.25	≤0.01	≤0.015
0.1C-14Cr-12Co-4.5Mo-0.1Nb[88]	0.10	14	—	12	4.5	—	0.1	—	—	—	—	—
022Cr13Ni5Co15-Mo6Ti[89]	0.02～0.05	11.0～14.0	4.0～5.0	14.0～16.0	5.0～6.0	0.4～0.5	—	≤0.2	≤0.1	≤0.1	≤0.01	≤0.01

续表

牌号	C	Cr	Ni	Co	Mo	Ti	Nb	Al	Si	Mn	S	P
16Cr14Co12Mo5[90]	0.10~0.20	13.6~14.4	1.8~2.3	11.5~12.4	4.5~5.4	—	—	—	—	—	≤0.002	≤0.008
Ferrium S53[91]	0.21	10	5.5	14	2	1W	0.3V					

Costom 465 是一种无钴的马氏体沉淀硬化不锈钢,其时效峰值后的抗拉强度可达到 1800MPa。Costom 465 钢具有优异的缺口拉伸强度和断裂韧性,应力腐蚀抗力也比较好,其性能优于 Costom 455 和 PH13-8Mo 钢。该钢于 1997 年取得专利[92],已用于军用机的多个重要部件。

Costom 465 钢适宜的锻造温度区间为 1010~1093℃,锻后空冷,经固溶处理可以进行机械加工。推荐的 Costom 465 钢的固溶温度为(982±8)℃,保温一定时间,然后快冷,截面尺寸在 300mm 以下时可在适当的液体介质中冷却,更大尺寸时宜在空气中快冷。固处理后应在 24h 内进行−73℃ 冷处理,保持 8h,然后升至室温。

为获得最佳的切削加工性能,经上述处理后再加热至(760±8)℃ 保温 2h,空冷,再加热至(620±8)℃ 保温 4h,空冷,此工艺被称之为 H1150M 状态。加工后的部件应重新在 982℃ 进行固溶处理和−73℃ 冷处理。该钢的焊接性能良好。

Costom 465 钢经上述处理后应进行时效,可在 480~620℃ 进行,保温 4~8h,然后空冷或在适当的介质中冷却。该钢经 480℃ 时效后可以得到最高的强度,但韧性较低,适宜的时效温度应选择在 510℃ 以上,可以得到良好的综合力学性能。表 9.61 为 Costom 465 钢棒材经固溶处理和时效后的纵向力学性能。

表 9.61　Costom 465 钢棒材(直径 108mm)经固溶处理和时效后的纵向力学性能[87]

状态	时效温度/℃	试验温度/℃	σ_b/MPa	$\sigma_{0.2}$/MPa	δ_4/%	ψ/%	σ_{bN}/MPa	NSR	HRC	A_{kV}/J	K_{IC}/(MPa·m$^{1/2}$)
A	—	室温	951	683	20	80	—	—	—	28	—
H950	510	23	1765	1669	13	62	2565	1.5	49.5	30	105
		−54	1875	1779	12	53	1655	0.9	—	8	58
H975	524	23	1703	1620	13	61	2565	1.5	48.0	37	120
		−54	1800	1717	14	58	2103	1.2	—	11	81
H1000	538	23	1593	1510	15	63	2461	1.5	47.5	56	142
		−54	1689	1606	15	63	2503	1.5	—	20	96
H1050	565	23	1482	1366	17	66	2275	1.5	45.5	71	153
		−54	1593	1448	18	63	2365	1.5	—	38	121

注:A 为固溶处理和冷处理后,H950 状态下的数字单位为华氏度(°F),缺口强度比 NSR=σ_{bN}/σ_b,缺口应力集中系数 K_t=10。

将 Costom 465 钢经 980℃固溶处理和在－73℃冷处理 8h 后,再进行不同温度下保温 4h 的时效处理,研究其组织的变化和性能的关系[93]。当时效温度高于 300℃时,Costom 465 钢强度随温度的升高而迅速提高,495℃时达到峰值强度,时效温度超过 495℃后,发生过时效。Costom 465 钢在时效过程中,其塑性和冲击韧性的谷值出现在 450℃时效时,时效温度超过 450℃后,钢的塑性和韧性迅速提高。

Costom 465 钢在温度范围 200～300℃时效,钢中的少量残余奥氏体(约 5%)未发生变化,时效温度在 400℃左右时,钢中开始出现逆转变奥氏体。在 400～590℃时效,钢中奥氏体含量呈上升趋势,时效温度为 510℃时,钢中的奥氏体含量为 10%左右。时效温度在 590℃时,钢中已形成的逆转变奥氏体已不稳定,时效后降至室温时,部分逆转变奥氏体又转变成马氏体。Costom 465 钢在时效过程中出现硬化峰则与析出相的特性有关。研究表明,基体的析出相为针状的具有六方晶体结构 Ni_3Ti 相,析出时与母相马氏体存在共格或半共格关系,使钢得到有效的强化。在高于 510℃时效时,析出相逐渐聚集,540℃时效时析出相直径小于 20nm,而 590℃时效时已长大到约 70nm。

综上所述,510℃时效后,可以获得高的强度,而同时逆转变奥氏体的形成可使钢具有比较高的韧性[94]。

Costom 465 钢经固溶处理后,其强度较低,可以直接进行冷变形,冷变形量可达 70%,然后进行时效处理,可以得到高的强度(表 9.62)。

表 9.62　Costom 465 钢棒材(直径 12.7～31.8mm)冷变形和时效后的纵向力学性能[87]

状态	时效温度/℃	冷变形量/%	σ_b/MPa	$\sigma_{0.2}$/MPa	δ_4/%	ψ/%	HRC	A_{kv}/J
A	—		951	683	20	80	28	—
H950	510	0	1841	1779	11.5	63.5	—	—
		60	1944	1902	11.5	61.5	—	—
		70	2020	1972	11.0	58.5	—	—
H975	524	0	1641	1572	13.5	67.0	—	—
		60	1772	1717	13.0	64.0	—	—
		70	1872	1765	12.5	61.0	—	—
H1000	538	0	1606	1517	15.0	68.5	—	54
		60	1703	1627	14.5	64.5	—	71
		70	1765	1675	14.0	61.5	—	75
H1050	565	0	1517	1407	15.5	68.5	—	—
		60	1627	1524	15.0	65.0	—	—
		70	1661	1544	14.5	62.5	—	—

注:A 为固溶处理和冷处理后,H950 状态下的数字单位为华氏度(℉)。

0.1C-14Cr-12Co-4.5Mo-0.1Nb 是一种用于制作齿轮的超高强度马氏体沉淀硬化不锈钢。该钢经 1000～1100℃淬火后硬度值较低，回火温度为 540℃时，出现硬度峰值。在经 1050℃淬火和 540℃回火后测得的钢的力学性能为：σ_b = 1868MPa、$\sigma_{0.2}$ = 1422MPa、δ_5 = 15.2%、ψ = 67.0%、K_{IC} = 120～140MPa·$m^{1/2}$、A_{kU} = 87J。观察了该钢经 1050℃淬火和 540℃、570℃、600℃回火 4h 后的 TEM 组织，其淬火组织为细的板条马氏体，以及少量孪晶马氏体、板条界上的残余奥氏体和粗大的未溶 NbC 质点。在 540℃回火后，在马氏体板条内和界面上有均匀分布的、细小弥散的沉淀相，570℃回火后，沉淀相有所长大，其中有细小球状颗粒相和针状相，细小球状颗粒相为拉弗斯相 Fe_2Mo，针状相为 M_2C 型碳化物。该钢在 540℃附近回火时出现的硬度峰是这两种相在马氏体基体的共格沉淀造成的[88]。

022Cr13Ni5Co15Mo6Ti 是一种超低碳的 Cr-Mo-Co 系马氏体沉淀不锈钢，该钢采用双真空冶炼（真空感应炉＋真空自耗炉）。经试验确定，该钢的适宜的固溶温度为 1050℃，保温 60min，再进行－73℃保温 8h 的冷处理。经 535℃×4h 时效后，钢的强度达到峰值。试制的 ϕ200mm 棒材经上述工艺处理后的力学性能为：σ_b = 1940MPa、δ_5 ≈ 12%、ψ = 58%、K_{IC} = 104MPa·$m^{1/2}$、A_{kU2} = 55J[89]。

16Cr14Co12Mo5 是一种新研制的耐热耐蚀轴承钢，采用低碳马氏体相变强化和沉淀强化相叠加方式获得高的强度和良好的综合力学性能。该钢采用双真空冶炼，处理工艺为：1050℃×1h 固溶处理，经－84℃×2h 冷处理，进行 500℃×2h 时效，再重复进行－84℃×2h 的冷处理加 500℃×2h 时效。该钢的抗拉强度可达 1900MPa，屈服强度可达 1400MPa[90]。

Ferrium S53 是 20 世纪末由美国 Qust Tak 公司基于计算的材料设计技术研发出的一种马氏体沉淀硬化不锈钢，Carpenter 技术公司提供产品，用以满足美国航母舰载机用的高强、高韧且在海洋大气环境下使用的超高强度不锈钢[95]。航母舰载机关键结构件常用 300M、Aermet 100 等超高强度钢制作，但这类钢很容易受腐蚀，都必须采用严重危害环境且费用昂贵的氰化镀镉工艺，还需长期维修，而 Ferrium S53 的力学性能等于或优于传统的超高强度钢，如 300M 和 SISI4340（表 9.63），且耐蚀性能显著高于 300M 和 SISI4340。

表 9.63　Ferrium S53 和一些超高强度钢的力学性能对比[91]

牌 号	σ_s/ MPa	σ_b/ MPa	δ/ %	ψ/ %	K_{IC}/ (MPa·$m^{1/2}$)	K_{ISCC}/ (MPa·$m^{1/2}$)	回火温度/℃	耐蚀性
Ferrium S53	1551	1985	15	57	72	20～44	482	高
300M	1688	1878	11	57	55	17	300	低
SISI4340	1516	1902	11	35	55	11	204	低
C250	1723	1827	12	35	101	50	482	低

　　Ferrium S53 钢采用双真空冶炼,以保持高的纯洁度。该钢一般使用精锻机开坯,部件则使用模锻成形。

　　Ferrium S53 钢的热处理工艺采用真空淬火和真空回火以防止表面脱碳,推荐的淬火加热温度为(1085±15)℃,保温时间为 1h,在油中淬火,冷至室温后进行 −73℃或更低温度的冷处理,时间为 1~3h,冷处理后在空气中回温至室温,目的是使马氏体尽可能转变完全。实际上经过上述处理后,钢中仍存在少量残余奥氏体,然后回火 2 次。

　　Ferrium S53 钢的二次强化主要依靠回火时析出与基体共格的纳米级 M_2C 型碳化物,这主要依靠钼、钨、钒含量的合理设计;钴和镍的含量可以控制 M_s 点的温度,使钢在淬火后获得尽可能多的高位错密度的板条马氏体组织。

　　第一次的回火温度为 500℃(3h),油中冷却,再在 −73℃或更低温度进行冷处理,时间为 1~3h,冷处理后在空气中回温至室温。回火过程中在 430℃以上开始析出强化相 M_2C 型碳化物,强度和硬度在回火温度为 490℃左右达到峰值。在回火过程中残余奥氏体逐渐分解和减少并转化为细小的薄膜状,在 490℃以上开始,逆转变奥氏体薄膜在马氏体板条间形成,更高温度回火时将出现 $M_{23}C_6$ 型碳化物,钢的强度下降。第二次回火的目的是使组织稳定,回火温度为 482℃(12h),在空气中冷却。

　　Ferrium S53 钢不但有高的强度和韧性,其疲劳性能和缺口疲劳性能也优于 300M 钢。该钢的成分设计可使其在腐蚀环境下生成结构为尖晶石的钝态氧化膜中富集尽可能多的铬,析出的 M_2C 型碳化物的尺寸应小于钝化膜的厚度。Ferrium S53 钢在海水和海洋大气中具有高的耐蚀性和耐应力腐蚀性能,其耐蚀性能相当于 15-5PH H900 钢。

　　Ferrium S53 钢已用于包括飞机起落架在内的多种重要部件。

9.7.2　半奥氏体沉淀硬化不锈钢

　　半奥氏体沉淀硬化不锈钢亦称奥氏体-马氏体沉淀硬化不锈钢、控制相变沉淀硬化不锈钢或过渡型不锈钢。这种钢是由于航空工业的需要而发展起来的。高速飞机表面要求能在 200℃以上工作的高强钢,要求具有良好的加工性能和焊接性能,并在焊接条件下使用的温度高到 400℃时能保持抗拉强度不低于 1100MPa;还要求这种钢的板材比较软并具有良好的延性,在加工后能均匀地硬化。这种钢在成分和组织设计时应能满足上述要求。

　　自最早开发的半奥氏体沉淀硬化不锈钢 17-7PH 问世后,国外已发展了多种牌号[96],并广泛用于高速飞机蒙皮、火箭壳体、发动机压气机转子、紧固螺栓、轴、弹簧,以及各种民用机械零件。表 9.64 为国外开发出的一些半奥氏体沉淀硬化不锈钢的化学成分。

表 9.64　国外开发出的一些半奥氏体沉淀硬化不锈钢的化学成分[4,96]　　（单位：%）

牌号	C	Cr	Ni	Mo	Si	Mn	Al	N
17-7PH	0.07	17.0	7.1	—	0.30	0.50	1.2	0.04
PH15-7Mo	0.07	15.2	7.1	2.2	0.30	0.50	1.2	0.04
PH14-8Mo	0.04	15.1	8.2	2.2	0.02	0.02	1.2	0.005
AM-350	0.10	16.5	4.25	2.75	0.35	0.75	—	0.10
AM-357	0.21~0.26	13.5~14.5	4.0~5.0	2.5~3.25	≤0.5	0.5~1.2		0.07~0.13

注：17-7PH、PH15-7Mo、PH14-8Mo 系 Armco 钢公司开发，AM 系列系 Allegheny Ludlum 钢公司开发。

　　为了保证在室温下有较好的塑性和压力加工性，要求这类钢在固溶处理和空冷后在室温下为奥氏体组织，其 M_s 点应在室温以下，低的相变温度可使其在加工时不致发生较大程度的马氏体相变，但 M_s 点也不能过低，否则用一般的处理方法不能得到足够的马氏体组织。为了保证可焊性，碳含量一般应控制在比较低的水平。

　　为能在固溶温度至室温获得单相的奥氏体组织，应平衡奥氏体形成元素和铁素体形成元素的含量。前者主要有镍、锰、钴、铜，后者主要有铬、铝、钛、铌等。在平衡两类元素的含量时，可使室温下的单相奥氏体组织易于冷加工和焊接，而在随后的冷处理时还要尽可能多地转变成马氏体，所以这种奥氏体组织应该是不稳定的，所以降低 M_s 点最强烈的元素碳和氮的含量必须很低。这种不稳定的奥氏体组织可以 Cr17Ni4 钢作为半奥氏体钢的基础钢来分析，表 9.65 列出一些元素对 Cr17Ni4 钢 M_s 点的影响。

表 9.65　加入 1%元素对 Cr17Ni4 中 δ 铁素体含量和 M_s 的影响[85]

参　数	合金元素											
	C	N	Ni	Co	Cu	Mn	W	Mo	Si	Cr	V	Al
δ 铁素体含量变化/%	−180	−200	−10	−6	−3	−1	+8	+11	+8	+15	+19	+38
M_s 点的变化/℃	−450	−450	−20	+10	−35	−30	−36	−45	−50	−20	−46	−53

　　Cr18Ni9 钢中的碳含量自 0.10% 降至 0.01% 后，其 M_s 点从 −195℃ 以下升高至 10℃ 左右，这使人们可以利用碳化物的析出控制奥氏体中的实际溶解碳量以调节钢的 M_s 点。

　　Cr17Ni4 钢加热至 1050℃ 空冷后可得到 5% 的 δ 铁素体和 95% 的奥氏体组织。半奥氏体钢在室温的奥氏体中有 5%~20% 的 δ 铁素体是有益的，可以有良好的冷变形能力和可焊性，并有利于用碳化物的析出来调节 M_s 点控制奥氏体的转变。实验证明，纯奥氏体组织在 600~800℃ 碳化物析出缓慢，而奥氏体加少量 δ 铁素体这种复相组织在 600~800℃ 加热时，$Cr_{23}C_6$ 比较快地在 δ/γ 相界面优先析出，然后在 γ/γ 晶界析出（图 9.49）。δ 铁素体含量如超过 30% 将不利于热加工和钢的强化。表 9.65 列出一些元素对 Cr17Ni4 钢中 δ 铁素体含量的影响。

半奥氏体沉淀硬化不锈钢和马氏体时效钢一样,为了提高钢的强度,必须发生马氏体相变,而这种马氏体为保证其可焊性,不能用碳来强化,只能用在马氏体的基体上产生沉淀硬化的方法来提高强度。这种低碳的经过时效的马氏体,可以保持高的塑性和韧性,同时又具有较高的强度。

半奥氏体沉淀硬化不锈钢的一个重要特征是多种多样的处理状态,通过这些处理方式可以调整各种相变过程以得到预期的性能[4,80,85]。

1) 固溶处理

固溶处理后称为 A 状态(austenization),通常加热至 1050℃,使碳及合金元素全部溶入奥氏体中以充分发挥它们的作用,冷至室温后的组织为奥氏体加少量 δ 铁素体。固溶处理有时称为退火处理。固溶处理后钢的强度最低,可进行成形加工,是这类钢的一种主要供货状态。固溶处理温度直接影响钢的 $M_s \sim M_f$ 范围的位置,降低固溶温度使 $M_s \sim M_f$ 位置升高。调整固溶处理温度可以做到精确调整 $M_s \sim M_f$ 位置。

2) 冷处理

半奥氏体沉淀硬化不锈钢在成分设计时将 $M_s \sim M_f$ 位置控制在略低于零度的温度,冷却至 $-70℃$ 以下($-73℃$)便可完成奥氏体向马氏体的转变。成分一定时,可通过改变固溶温度调整 $M_s \sim M_f$ 位置。冷处理也称为 R 处理(Refrigeration)。

3) 奥氏体调整处理

半奥氏体沉淀硬化不锈钢处于 A 状态后可通过调整处理(conditioning)使自奥氏体中析出碳化物等,降低奥氏体中的碳及合金元素含量,升高 $M_s \sim M_f$ 位置,使之在冷至室温或经冷处理后得到完全马氏体转变。调整处理可分为较低温度调整处理(或称一次回火处理)和高温调整处理。调整处理又称 T 状态处理。

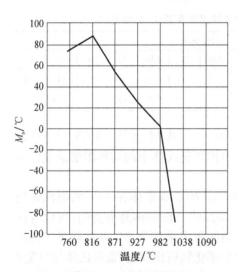

较低温度调整处理采用加热 A 状态的钢降至较低的温度来调节 M_s 点,使钢在室温下获得必要的马氏体含量,然后通过时效进一步强化。图 9.93 为调整处理温度对这类钢 M_s 点的影响示例。在 700 $\sim$800℃温度范围内,碳化物析出孕育期很短,析出速率和析出量最大,冷却时 M_s 点升高最有效。经调整处理后,17-7PH 和 PH15-7Mo 钢的 M_s 点从低于 $-100℃$ 增高至 70℃ 以上,冷至室温得到 $M+\gamma+$

图 9.93 调整处理温度对半奥氏体沉淀硬化不锈钢 M_s 点的影响[4]

δ 组织,钢中的残余奥氏体在随后加热到 500℃ 以上时效才完全分解。这种工艺较简单,但在较低温调整处理时,沿晶碳化物的析出降低了钢的塑韧性。为弥补这一缺点,一般采用较高的时效温度。

应指出,自较低温度调整处理后冷至室温的过程应在 1h 内连续冷却完成,缓慢冷却或途中保温都会导致奥氏体的稳定化和最终马氏体相变不完全。

高温调整处理的温度选择应使钢的 M_s 点在室温附近,而以略低于室温为宜。例如 17-7PH 钢,经 1065℃ 固溶处理后,M_s 点约低于室温,M_f 点低于 −120℃,由于 M_s 和 M_f 点过低,只有经过 −130℃ 甚至更低温度的冷处理才能得到足够含量的马氏体。经固溶处理后采取 950℃ 高温调整处理,此时有一定数量的碳化物析出,$M_s \sim M_f$ 范围升高,M_s 点约为 60℃,M_f 点约 −80℃,冷到室温时得到部分马氏体,不影响零件的冲压加工,然后进一步冷却到 −73℃ 就可以得到主要是马氏体的组织。这种方法处理后,由于晶界上只有少量碳化物析出,时效后仍能保证良好的塑性和较高的强度。此外,由于调整处理的加热温度较高,奥氏体(以后的马氏体)中的碳及合金元素含量增加,也增加了钢的强度。

4)冷变形

冷变形明显提高 M_s 点,促进马氏体的转变。通常 10%～25% 冷轧变形可使 M_s 点升至室温以上,高变形量还可以使钢的强度达到超高强度钢的水平。冷变形起到调整处理的作用,随后无须再进行冷处理而直接进行时效处理。冷变形也称为 C 状态(cold work),这种方法适用于板材生产。

5)时效处理

时效处理也称为 H 状态(hardening),是最终一道热处理工序,并由此获得预期的力学性能。当钢发生马氏体相变,时效温度高于 400℃ 后,视钢中添加合金元素的不同而析出各种强化相,大多在 400～500℃ 达到时效硬化峰值,继续提高回火温度将产生过时效。

上述各种状态的组合可使这类钢获得所要求的力学性能和使用性能。表 9.66 为一些半奥氏体沉淀硬化不锈钢的力学性能。

表 9.66　一些半奥氏体沉淀硬化不锈钢板材的力学性能[4]

牌　号	处理状态	时效温度/℃	σ_b/MPa	σ_s/MPa	δ_4/%	硬度 HRC
17-7PH	TH1050	565±5	1397	1276	9	43
PH15-7Mo	RH950	510±5	1655	1551	6	48
PH15-7Mo	CH900	482±5	1827	1793	2	49
PH14-8Mo	SRH950	510±5	1586	1482	6	48
AM-350	SCT850	455±5	1420	1207	12	46

注:各钢均先进行固溶处理。TH1050 为先经 750℃ 调整处理,再进行 1050℉ 时效处理。RH 为先经 950℃ 调整处理和 R 处理,再时效。CH 为冷轧变形 60%,再时效。SRH 为固溶(930℃)+冷处理(−78℃)+时效。SCT 为固溶(930℃)+冷处理(subzero cooling)+回火。

我国列入 GB/T 20878—2007 的半奥氏体沉淀硬化不锈钢的牌号有五个,分别是 07Cr17Ni7Al、07Cr15Ni7Mo2Al、07Cr12Ni4Mn5Mo3Al、09Cr17Ni5Mo3N 和 06Cr17Ni7AlTi,其化学成分见表 9.16。表 9.16 中的 07Cr17Ni7Al、07Cr15Ni7-Mo2Al、09Cr17Ni5Mo3N 等钢与表 9.64 中的 17-7PH、PH15-7Mo、AM350 等钢相当。

17-7PH(07Cr17Ni7Al)与 PH15-7Mo(07Cr15Ni7Mo2Al)系最先开发的半奥氏体沉淀硬化不锈钢,其力学性能见表 9.18~表 9.20。这两种钢有三种热处理工艺[4]:

(1) 固溶处理(1063±15)℃+较低温调整处理(760℃)+时效。时效温度为 510℃,若需要较高的塑性和韧性,时效温度可提高至 565℃。

(2) 固溶处理(1063±15)℃+高温调整处理(955℃)+时效(510℃)。必须指出,当 M_s 点高于室温时,热处理过程中应注意室温停留对奥氏体稳定化的影响,调整处理后不得在室温停留过长时间才进行冷处理,应使马氏体转变开始与结束的时间不超过 1h,否则在随后的时效处理时得不到应有的力学性能。

(3) 固溶处理(1063±15)℃+冷变形+时效(482℃)。

第(2)种热处理制度可以获得良好的综合力学性能,并且有较高的高温持久强度,这是因为采用了较高的调整温度和控制了较低的时效温度。第(1)种热处理制度采用较高的时效温度,有较高的塑性和韧性。采用第(3)种热处理制度由于综合应用了马氏体相变强化、冷作硬化和沉淀强化,可得到最高的室温和高温短时强度,但塑性和韧性较低,由于冷变形组织稳定性较低,高温下持久强度下降较迅速。PH15-7Mo 钢由于含有钼,在高温下持久强度比 17-7PH 钢高。

17-7PH 和 PH15-7Mo 钢具有高的强度并得到较广泛的应用,但它们存在明显的缺点,即在 σ_b 超过 1380MPa 时,钢的缺口敏感性增加,经热处理后在 315~425℃长期使用时产生脆化倾向。表 9.67 为三种半奥氏体沉淀硬化不锈钢的抗拉强度与缺口敏感性,这三种钢经 510℃时效后的抗拉强度相近,但其缺口敏感性却大不相同,17-7PH 和 PH15-7Mo 这两种钢的缺口敏感性远高于 PH14-8Mo 钢。当三种钢处理成具有相同的缺口敏感性时,PH15-7Mo 钢可以利用的强度水平高于 17-7PH 钢 117MPa 钢,远低于 PH14-8Mo 钢。缺口敏感性这一指标可以直接反映这些钢在海洋大气环境条件下的抗应力腐蚀性。

表 9.67　三种半奥氏体沉淀硬化不锈钢的抗拉强度(横向)与缺口敏感性[4]

牌号	冶炼方法	处理状态	时效温度/℃	σ_b/MPa	σ_{bN}/MPa	NSR
17-7PH	电弧炉,大气	RH950	510	1627	827	0.51
PH15-7Mo	电弧炉,大气	RH950	510	1703	756	0.44
PH14-8Mo	真空感应	SRH950	510	1655	1551	0.94

续表

牌号	冶炼方法	处理状态	时效温度/℃	σ_b/MPa	σ_{bN}/MPa	NSR
17-7PH	电弧炉,大气	RH1100	593	1207	1083	0.90
PH15-7Mo	电弧炉,大气	RH1100	593	1324	1200	0.91

注:缺口强度比 NSR$=\sigma_{bN}/\sigma_b$,缺口试样根部半径为 0.018mm。RH 固溶处理为先经 950℃调整处理和 R 处理,再时效。SRH 为固溶(925℃×1h,实为高温调整处理)+冷处理+时效。

试验研究证明,17-7PH 和 PH15-7Mo 钢在时效或加热时,相界和晶界上有碳化物或其他杂质元素的析出物,引起钢的塑性降低,导致缺口敏感性增高。PH15-7Mo 钢虽加入 2.25%Mo,但并未完全改善在 315~425℃的回火脆性倾向,在这个温度范围长时间保温仍然会产生缺口敏感性。

为克服 17-7PH 和 PH15-7Mo 钢的上述缺点,发展了高强度和高韧性的 PH14-8Mo 钢,可以在保持高比强度的条件下,兼有优良的韧性和中温下的稳定性。

PH14-8Mo 钢保持了与 PH15-7Mo 钢相同的 Mo 和 Al 含量。Mo 可以保持钢的回火抗力和热稳定性,Al 是主要的时效硬化元素,用以获得高的强度。获得高韧性的基本方法,一是降低碳含量,减少晶间网状碳化物的析出,二是降低硫、磷杂质含量(S 含量不大于 0.01%、P 含量不大于 0.015%)。由于成分上严格控制,在 PH14-8Mo 钢中相界和晶界不存在碳化物的析出或杂质元素的富集。这样钢的缺口敏感性和断裂韧性大大改善。PH14-8Mo 钢还略降低 Cr 含量,略增加 Ni 含量。PH14-8Mo 钢抗应力腐蚀的能力比 PH15-7Mo 及其他一些半奥氏体沉淀硬化不锈钢优越很多。

PH14-8Mo 钢的固溶(退火)工艺为加热至 975~1000℃,空冷。固溶状态的力学性能为:$\sigma_b=870$MPa、$\sigma_{0.2}=380$MPa、$\delta_4=25\%$。在固溶状态下,钢的强度,特别是屈服强度低,有利于成形和加工。

钢的硬化工艺(SRH)为:固溶处理(930℃×1h 空冷)+冷处理(−78℃×8h)+时效(500℃×1h 空冷)。该钢固溶处理状态下,组织中有 92%的 γ 相和 8%的 δ 相,经−78℃冷处理和时效后的组织为 80%回火马氏体+8%δ 相+12%γ 相,沉淀相为 NiAl 相,晶界和相界上基本上不存在碳化物和其他沉淀相。该钢在硬化状态下,具有与 PH15-7Mo 钢相当的高强度和更好的韧性,在 350℃×1000h 保持后,韧性降低很少或不降低,而 PH15-7Mo 钢却显著降低。该钢在−78~340℃区间,具有较高的强度和缺口强度性能[80]。

AM350(09Cr17Ni5Mo3N)钢是在 PH15-7Mo 钢的基础上调整成分而研制成的。该钢与 PH15-7Mo 钢相比,碳含量提高,添加氮,以增加间隙固溶的效果,增加碳化物和氮化物的析出和提高形变硬化效果,稍提高钼含量以适应碳含量的增加,形成碳化物,提高铬含量以适应碳含量的增加保持抗腐蚀性能。

　　AM350 钢的热处理工艺为:固溶处理 1065℃,空冷,速冷。经固溶处理后 AM350 钢中含有 5%～20%δ 相,其余为 γ 相。该钢冷处理后的组织由 70%～ 90%马氏体、5%～20%δ 相及 5%～15%γ 相组成。该钢经回火(时效)后的沉淀 相为 $M_{23}C_6$ 和 M_2X 相。该钢各种工艺处理后的力学性能见表 9.68。

表 9.68　AM350 钢不同处理状态下的力学性能

处理状态	处理工艺	σ_b/MPa	σ_s/MPa	δ_4/%	硬度 HRC
固溶处理 A[97]	1065℃,快冷	1035	480	30	20
SCT(450)[97]	A,932℃×2h,−73℃×3h,454℃×3h	1520	1380	9	46
DA[97]	A,745℃×3h,454℃×3h	1310	1100	10	42
CR30[96]	A,30%冷加工	1564	1372	15	—
CR50[96]	A,50%冷加工	1882	1715	13	—
CR70[96]	A,70%冷加工	2421	2209	11	—
CRT30[96]	CR30+454℃×3h	1557	1468	18	—
CRT50[96]	CR50+454℃×3h	1866	1771	12	—
CRT70[96]	CR70+454℃×3h	2298	2209	11	—

注:DA 表示双重时效。

　　AM350 钢在大多数介质中的抗蚀性与 316 钢相似,其耐蚀性优于其他沉淀硬 化不锈钢。该钢在惰性气体保护下有较好的焊接性[97]。

　　07Cr12Ni4Mn5Mo3Al(亦称 69111)是我国在 20 世纪 70 年代为满足宇航工 业的需要而开发出的一种节镍型半奥氏体沉淀硬化不锈钢,钢中加入 5%的锰代 替部分镍。该钢的高温塑性良好,可在 850～1120℃温度区间进行加工[98]。

　　07Cr12Ni4Mn5Mo3Al 钢适宜的固溶温度为 1050℃,固溶状态中的 δ 相为 5%～10%,M_s 点约为−10℃。表 9.69 为 07Cr12Ni4Mn5Mo3Al 钢不同处理状态 下的力学性能。

表 9.69　07Cr12Ni4Mn5Mo3Al 钢不同处理状态下的力学性能[80]

处理工艺	σ_b/MPa	σ_s/MPa	δ_4/%	ψ/%	a_{kU}/(J/cm²)	硬度
1065℃,30min,空冷(A)	1155	—	24.0	63	>180	88HRB
A+−78℃×4h	1425	1050	15.7	56.3	117	44.5HRC
A+−78℃×4h+520℃×2h	1635	1440	15.7	62.7	860	50.5HRC
A+900℃×60min 空冷+ −78℃×4h+530℃×2h	1670	—	14.0	54.5	19.5	48.7HRC
A+750℃×2h+560℃×2h	1360	1097	13.2	45.5	57	40.5HRC
A+14%变形量	1230	525	14.9	—	—	—
A+24%变形量	1340	995	9.9	—	—	—
A+71%变形量	1610	1540	—	—	—	—

07Cr12Ni4Mn5Mo3Al 钢经 1050℃固溶，−70℃冷处理后的组织为马氏体、δ 相和残余奥氏体。该钢 400～600℃时效 2h，在马氏体中析出点状和片状沉淀物，而在 δ 相中析出的片状沉淀物要比马氏体中沉淀物尺寸粗大。TEM 分析证明，片状相为 J 相，点状相为 (Ni,Mn)Al 化合物，530℃时效出现硬度峰值。时效反应是在马氏体和 δ 相中进行的，530℃时效 6h，组织中出现逆转变奥氏体[80]。J 相是由纯 Fe 层和纯 Cr 层交替组成的一种新相[50]。7Cr12Ni4Mn5Mo3Al 钢在固溶状态下具有良好的加工成形性能和焊接性能。经过适量的冷变形、冷处理和时效处理后，可获得超高强度，适合于制造 350℃以下工作的飞行器构件、弹性元件等[99]。

06Cr17Ni7AlTi 是在 07Cr17Ni7Al 基础上适当降低铝含量并添加钛而开发出的钢种，加入钛可以防止钢的晶间腐蚀。该钢的热处理工艺和力学性能见表 9.19 和表 9.20。

半奥氏体沉淀硬化不锈钢的组织和性能对于钢的化学成分的波动很敏感，因此对冶炼工艺的要求十分严格。钢中要求含有 5%～20% δ 铁素体，用于控制奥氏体的 M_s 点。如果铸锭偏析严重，在板材上会出现 δ 铁素体分布极不均匀的现象，影响调整处理后各处的 M_s 点，因而马氏体含量的差别，会造成板材性能的波动。因此，冶炼时必须控制好奥氏体形成元素和铁素体形成元素含量之间的平衡，控制好 δ 铁素体的含量。从性能上考虑，δ 铁素体的含量宜控制在下限。在冶炼方法上采用电渣重熔和真空自耗等方法有利于改善铸锭的质量。

9.7.3 奥氏体沉淀硬化不锈钢[100]

A-286 钢是最早开发出的奥氏体沉淀硬化不锈钢，该钢的基体为非常稳定的奥氏体，即使使用大的冷变形、冷处理也不会发生转变。我国列入 GB/T 20878—2007 的奥氏体沉淀硬化不锈钢的牌号有一个，即 06Cr15Ni25Ti2MoAlV（表 9.16），其化学成分与 A-286 钢相同。

A-286 钢经固溶处理和时效后，有高的强度和韧性，同时具有良好的抗氧化性能和耐蚀性，使用温度可达 700℃，属于铁基高温合金，常以锻件和铸件用于航空发动机的受力件，如叶片、导向叶片、轴、框架等。该钢在低温时也有良好的韧性和抗蚀性。

A-286 钢一般采用两种固溶温度：980℃和 900℃，采用油冷或水冷，以避免冷却过程中发生析出。980℃固溶时得到大的晶粒，可以得到良好的抗蠕变性能；900℃固溶处理得到细晶粒，可获得瞬时强度和塑韧性均好的综合力学性能。该钢在热处理过程中产生的尺寸变化小。

A-286 钢的时效温度为 650～760℃，时效时在基体均匀析出的 γ'-Ni$_3$(Ti,Al) 相是主要的强化相，具有面心立方点阵。γ' 相的溶解温度为 860℃，因此时效温度均在 860℃以下。A-286 钢长期时效或高温长期使用会发生 $\gamma' \rightarrow \eta$-Ni$_3$Ti（六方点阵）转变，η 相的强化效果差，并减低钢的韧性。

A-286 钢的室温强度不如其他一些沉淀硬化不锈钢，但其高温强度高，在经980℃×1h 油冷＋720℃×16h 处理后，在 20℃、540℃、650℃和 760℃下的 σ_b 分别为1007MPa、903MPa、718MPa 和 441MPa。A-286 钢的主要缺点是焊接性能差，易产生焊接裂纹。

奥氏体沉淀硬化不锈钢的钢种少，应用不广泛，已逐渐被以后不断发展的 Fe-Ni 基高温合金所代替。

9.8 其他不锈钢

9.8.1 高氮不锈钢

9.8.1.1 高氮不锈钢的生产

近年来，氮用做合金元素日益受到重视，特别是对于不锈钢加氮问题，已进行了大量研究。氮对不锈钢基体组织的影响和作用，主要是在对其组织、力学性能和耐蚀性方面，其有益作用在本章前面部分已有阐述。目前控氮型和中氮型不锈钢在常压冶炼技术条件下就可以完成，成本优势显著。主要方法是：①在熔炼过程中将 FeCrN、CrN、MnN 或 Si_3N_4 等中间合金加入到熔池中，以调整合金成分；②向 AOD 熔池底吹氮。

20 世纪 80 年代以来，随着冶金技术的进步及人们深入研究了 Cr、Mn 等主要元素对氮溶解度的影响规律之后，才逐渐开发出各种高氮奥氏体不锈钢。近年来，超导技术的发展对低温无磁材料需求的升温，以及作为化工和能源开发材料用高强度不锈钢需求量的不断增长，进一步促进了高氮高强度不锈钢的研制和发展。虽然人们对高氮钢（包含高氮不锈钢，以下同）已有大量研究，但"高氮钢"的定义尚无统一认识。许多学者认为，奥氏体基体的氮含量大于 0.4%或铁素体基体中的氮含量大于 0.08%的钢是高氮钢[46]。

制备高氮钢的主要技术问题是如何使熔体中得到高质量分数的氮，以及如何防止其在凝固过程中的逸出问题。

目前，制备高氮钢大体分为氮气加压熔炼法、粉末冶金法和表面渗氮法。氮气加压熔炼法经过多年发展，现已成功开发出的高氮钢加压技术，主要有加压感应熔炼法（PIM）、加压电渣重熔法（PESR）、加压等离子熔炼法（PARP）、加压电弧渣重熔（ASRP）等[101,102]。

加压感应熔炼法是把真空感应炉变成高压感应熔炼设备，一般熔化时压力达到大约 1MPa，这对于分批生产 100kg 金属是合适的。

加压电渣重熔法是目前商业生产高氮钢的有效方法。1980 年德国 Krupp 公司建成世界第一台 16t 高压电渣炉。1988 年德国 VSG 公司又建成 20t 高压电渣炉，如

图 9.94 所示,熔炼室运行压力可达 4.2MPa,生产铸锭的直径为 430～1000mm[103]。炉子有密封滑动导电系统,固定圆柱铜模位于下部,氮以氮化物粒子形式与脱氧剂连续加入。该炉已成功生产了用做发电机转子护环的 P900N 钢。

乌克兰、俄罗斯、德国等国家的一些研究所及公司开发了工业化的加压等离子电弧重熔技术。在等离子弧中,氮被分离成原子供给液态金属,提高了金属的吸氮率。研究表明,在含氮气氛中进行等离子弧重熔是冶炼高氮钢时用氮合金化的一种有效的方法,已稳定地生产出锭重达 3.4t 的高氮奥氏体不锈钢锭[104,105]。

国内外采用粉末冶金法生产高氮不锈钢的主要方式:①先制取高氮不锈钢

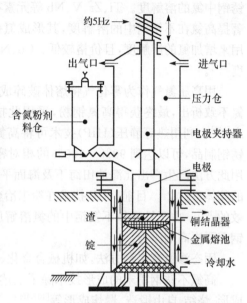

图 9.94 生产 20t 锭的 PESR 炉[103]

粉末,然后采用模压烧结、粉末轧制、热等静压等粉末冶金成形方式制备高氮不锈钢制品;②将一般不锈钢粉通过模压成形、注射成形等方式加工成生坯后,在烧结过程中进行渗氮处理[106]。

在 0.101MPa(1atm)下,氮在 α-Fe、δ-Fe、γ-Fe 及液态铁中的溶解度如图 9.95 所示。氮在 α-Fe、δ-Fe 中的溶解度远低于在 γ-Fe 中的溶解度。在 1873K 时,氮在液态铁中的溶解度只有 0.045%。根据 Sievert 规律,钢液中的氮含量与氮气压力的平方根成正比,钢液中氮的溶解度随氮气压力的增加而增加。因此,商业用高氮不锈钢粉末首先在氮气气氛中进行高压熔炼,以提高钢液中的氮含量。在纯铁、Fe-Cr 合金、Fe-Mn-Cr 合金凝固期间会形成 δ-Fe,在其形成范围内,氮的溶解度降低到低于液态的平衡溶解度,成为钢锭产生缩孔的原因。增加压力,有可能避免 Fe-Mn-Cr 合金中形成 δ-Fe 相区,可以保证钢中的氮含量且不会出现缩孔。在一般 Cr-Ni 不锈钢中没有 δ-Fe 相区,采用氮合金化没有缩孔问题,凝固期间也不需要压力。

根据不同合金元素对氮在钢液中溶解度的研究表明,Ti、Zr、V、Nb、Cr、Mn、Mo 等元素(按由强到弱顺序)可以用来增加不

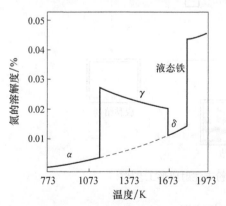

图 9.95 0.101MPa(1atm)下,氮在 α-Fe、δ-Fe、γ-Fe 及液态铁中的溶解度[107]

锈钢中氮的溶解度。Ti、Zr、V、Nb 等元素有很强的形成氮化物的趋势,Cr 也能显著提高氮在不锈钢中的溶解度,其形成氮化物的趋势较小。Mn 在许多不锈钢中用来增加氮的溶解度,且价格较低。Cu、Ni、Si、B 等元素则降低氮在钢液中的溶解度[108]。

用高压氮气作为雾化气将熔体破碎成粉末,通过快速凝固使熔融金属液中的氮不致析出,最终获得高氮钢粉,采用此技术可制备氮含量达 1.0% 的不锈钢粉末[106]。利用热等静压(HIP)技术可将高氮奥氏体钢粉末制成高氮奥氏体耐蚀不锈钢制品,可以达到 99%~100% 的相对密度,具有良好的力学性能和耐蚀性能。用此方法已生产出北海油田海下及海面平台上的部件,如法兰盘、接头、阀体等,有的阀体重达 2t。目前,HIP 技术在粉末冶金高氮不锈钢中的应用是非常广泛和有效的[106]。由于铁素体不锈钢中的氮溶解度低,用 HIP 方法生产高氮铁素体不锈钢需要更高的压力。

固态渗氮有多种方法,如机械合金化、烧结渗氮等[106]。

高氮不锈钢粉末的成形技术除了上述热等静压技术外,还可以采用粉末注射成形、烧结-自由锻造、爆炸成形等[106,108]。

粉末注射成形(metal injection moulding,MIM)工艺是把金属粉与有机黏结剂混合,把混合物喷入模中,再在 110℃ 酸性含氮气氛中进行电解分离去除黏结剂。去除黏结剂后,粉粒很弱地结合在一起,在合金中保留开放的空隙通道。在烧结氮化处理期间,烧结进行得慢而骨架氮化很快,其工艺如图 9.96 所示[109]。最后将产品进行固溶处理。该工艺适于处理小型零件。

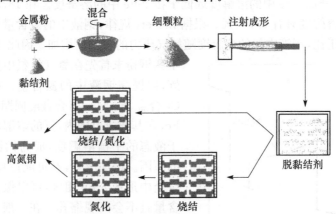

图 9.96　应用于高氮钢生产的粉末注射成形工艺[109]

9.8.1.2　高氮奥氏体不锈钢的化学成分与性能

表 9.70 和表 9.71 分别列出了一些典型高氮奥氏体不锈钢的化学成分及其力学性能。

表 9.70　一些高氮奥氏体不锈钢的化学成分　　　（单位：%）

牌号	生产厂	C	Cr	Mn	Mo	N	Ni	其他
AL4565 (URANUS B46)	Allegheny Ludlum(美)	0.01	24	6	4.5	0.45	17	—
URANUS B66	Creusot-Loire(法)	<0.025	24.0	3.0	6.0	≥0.40	22.0	1.50Cu、2.0W
Cromanite	Columbus Stainless(南非)	≤0.08	18.~ 20	9.50~ 11.00	—	0.4~ 0.6	≤1.00	≤1.00Si, ≤0.045P, ≤0.015S
Amagnit 600	Thyssen Krupp Materials France (法)	≤0.05	16.5~ 19.5	18~ 22	≤1.0	0.45~ 0.60	≤0.20	—
Dataalloy 2	ATI Allvac(美)	0.03	15.3	15.1	2.1	0.4	2.3	0.30Si
Staballoy AG17	ATI Allvac(美)	0.03	17.0	20.0	0.05	0.50	—	0.30Si
NMS 140	Jorgensen Forge Corporation(美)	0.02	18.75	19.50	1.00	0.62	1.75	0.35Si, 0.035P, 0.005S
P900	Krupp-VSG(德)	<0.12	18.50	18.50	—	0.50		1.00Si
P900N	Krupp-VSG(德)	<0.12	18.50	18.50	—	1.00	<1.00	1.00Si
P2000	Energietechnik Essen(德)	≤0.15	16.00~ 20.00	12.00~ 16.00	2.50~ 4.20	0.75~ 1.00	≤0.30	≤1.00Si, ≤0.05P, ≤0.10Al, ≤0.20V, ≤0.25Nb

注：各钢的化学成分均来自各生产厂提供的技术资料及参考文献[110]。

表 9.71　一些高氮奥氏体不锈钢的力学性能

牌号	状态	σ_b/MPa	$\sigma_{0.2}$/MPa	δ_5/%	ψ/%	硬度	A_{kv}/J
AL4565 (URANUS B46)	固溶处理	903	469	47	—	180HB	—
URANUS B66	固溶处理	≥750	≥420	≥50	—	220~260HV	≥100
Cromanite	固溶处理	850	550	50		250HB	250
Amagnit 600	加工态	1031	893~961	20	50	300HB	
Dataalloy 2	固溶处理,直径≤240mm	756	689	20	50	300HB	150
	加工态,直径≤240mm	1068	965	20	50	250HB	140
Staballoy AG17	固溶处理,钻杆外径<174mm	824	755	18	60	277HB	—
NMS 140	加工态,直径≤254mm	1113	1017	22	60	341HB	136
P900	固溶处理	820	500	60	75		300
	固溶处理+20%冷变形	1040	940	36	68	—	228
	固溶处理+40%冷变形	1250	1225	23	64		188

续表

牌号	状态	σ_b/MPa	$\sigma_{0.2}$/MPa	δ_5/%	ψ/%	硬度	A_{kv}/J
P900N	固溶处理	890	600	48	72	—	280
	固溶处理＋20％冷变形	1170	1065	22	58		128
	固溶处理＋40％冷变形	1410	1380	16	50		82
P2000	固溶处理	930	615	56	78	—	＞300
	固溶处理＋20％冷变形	1290	1070	25	69		175
	固溶处理＋30％冷变形	1570	1220	16	56		77
	固溶处理＋40％冷变形	1800	1440	10	56		33

注：各钢的力学性能数据均来自各生产厂提供的技术资料及参考文献[110]。

在固溶处理或退火状态下，高氮奥氏体不锈钢的屈服强度和抗拉强度超出传统钢200％～300％。氮增加强度的原因有固溶强化、对层错能的影响、沉淀析出强化、有序强化等[108,111]。

高氮钢晶体结构一个主要特点是自由电子浓度的增加，提高了原子间金属键键合，使电子在晶体结构中的分布更均匀。因此，位错滑移时并不减弱或者破坏原子间结合，使材料具有高的强度和高的断裂韧性，但氮含量高于0.5％时，因原子间金属键键合下降而不利于韧性。

在奥氏体钢中，氮原子与位错的结合能高于碳原子与位错的结合能，而且这种结合能随氮含量的增加而增加，因此氮原子比碳原子更能有效地阻塞位错。

实验证明，氮与碳不同，其在晶界的偏析倾向不明显，氮和晶界的亲和力很弱。这可以解释高氮钢为何具有良好的耐晶间腐蚀性能和高温力学性能。

在铁基固溶体中，氮原子与邻近置换型合金元素倾向于金属键结合，有助于短程有序，这有利于合金元素更均匀地分布，增加了奥氏体的稳定性，抑制了沉淀析出和发生腐蚀。

大多数试验结果认为，奥氏体钢中添加氮会降低层错能。在含氮奥氏体不锈钢的形变过程中，氮促进平面滑移，这是由于层错能低，能阻止位错攀移出滑移面。

添加氮之后，会对奥氏体不锈钢的沉淀析出行为产生很大的影响。通常，氮使$M_{23}C_6$型碳化物析出的时间变得更长，因为氮在这类碳化物中通常是不可溶的，从而推迟碳化物的形核，降低其形成速率。氮也降低碳原子和铬原子的扩散能力，推迟碳化物的过时效，但钢中的氮含量太高会导致氮化物Cr_2N的沉淀析出。

含碳的奥氏体不锈钢在温度降至−269℃时，其屈服强度升高不多，而高氮钢的屈服强度则随温度的降低而显著提高。如果在23℃时含氮钢的屈服强度较含碳钢高出23％，则在−269℃时含氮钢的屈服强度则较含碳钢高出300％。因此，高氮奥氏体不锈钢可用于制作超导磁体的外壳，但应注意，高氮奥氏体不锈钢在低温时会出现韧脆转变温度，如果高氮奥氏体不锈钢中加入适量的Mo和Ni则可以改善低温时钢的韧性，同时降低钢的屈服强度[112]。

　　冷变形是提高奥氏体不锈钢强度的有效手段,其效果远高于固溶强化。冷变形对于高氮奥氏体不锈钢的强化效果尤为显著。例如,在 Fe-18Cr-(7~18)Mn-N 合金中,在含氮 1.07% 和冷变形量为 50% 时,可使钢的屈服强度超过2000MPa。氮还增加钢的形变强化率,但对钢的形变强化指数 n 的影响较小。

　　在奥氏体不锈钢中加入氮可以显著地提高奥氏体的稳定性,有效地抑制在变形过程中 α' 和 ε(hcp)马氏体的形成,甚至在低温时也不会出现 α' 马氏体。

　　在高氮奥氏体不锈钢中的固溶氮含量可以高达约 1%,当加热温度达到 600~1050℃时,钢变得不稳定而析出氮化物。如果钢中不含强氮化物形成元素 Ti、Nb、V 时,主要析出的是 Cr_2N,有时还析出其他金属间化合物。图 9.97 为一种高氮奥氏体不锈钢的 TTP 曲线。

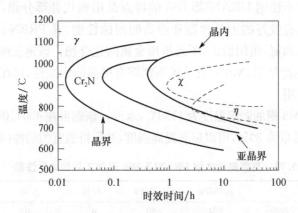

图 9.97　固溶状态高氮奥氏体不锈钢(Fe-19Cr-5Mn-5Ni-3Mo-0.024C-0.69N)
的氮化物(晶界、亚晶界、晶内)和金属间化合物的 TTP 曲线[112]

　　当全部氮原子间隙固溶于奥氏体中时,钢显示出良好的强度和韧性,但当有氮化物析出时,将导致钢的脆性出现,特别是在晶界和亚晶界析出的氮化物对钢的冲击韧性和动态应变的塑性十分有害,但对钢的屈服强度和抗拉强度的影响较小[112]。

　　关于氮元素对不锈钢耐蚀性能的影响在 9.5.2、9.6.2.3 等节中已有论述,但高氮奥氏体不锈钢中氮对耐蚀性能的影响报道较少[112]。

　　下面介绍表 9.70 中各钢的性能和应用。

　　AL4565(URANUS B46)是一种高氮超级奥氏体不锈钢,在多种含氯化物的环境中具有高的耐蚀性,如洗涤塔、海上油气装备、海水淡化设备等。

　　AL4565 钢具有很高的耐点蚀和耐缝隙腐蚀的能力,在多种介质中具有出色的腐蚀抗力。表 9.72 为 AL4565 钢与其他奥氏体不锈钢的点蚀指数对比。

表 9.72　高氮奥氏体钢 AL4565 钢与其他奥氏体不锈钢的点蚀指数对比

不锈钢的类型	PREN$_{16}$	CPT/℃
316 型	24.2	15
317 型	29.7	19
含 6%Mo 类	43.2	60
AL4565	46.1	＞90

注:数据来源于 Alleghehy Ludlum 公司的资料。CPT 是指 ASTM G48A(6%FeCl$_3$,72h)测定的。

AL4565 钢经固溶处理后有高的力学性能,适宜的固溶处理温度为 1120～1170℃,加热时间为 1～2min/mm,快冷或水冷。该钢有较高的高温力学性能,焊接性能也良好。

高氮奥氏体不锈钢 URANUS B66 的特点是用钨代替部分钼,并加入一定量的铜。这种钢具有较好的力学性能和很高的耐蚀性能,其 PREN$_{16}$≥54。由于钢中含有较高的镍和氮,组织稳定,不易析出金属间化合物。该钢在海水和用氯处理过的海水中较一般含 6%Mo 的奥氏体不锈钢有更高的耐蚀性,可在腐蚀环境非常恶劣的情况下使用。

URANUS B66 钢的固溶温度为 1150℃,水冷。该钢可在 400℃的温度下进行温加工,适宜的变形量为 30%,可以显著提高强度,并保持适宜的塑性(表 9.73)[113]。

表 9.73　高氮奥氏体钢 URANUS B66 温加工后的力学性能[113]

状　态	σ_b/MPa	$\sigma_{0.2}$/MPa	δ/%	ψ/%	硬度 HV30
固溶处理(1150℃,水冷)	924	490	65	80	210
固溶处理+30%温轧(400℃)	1160	1050	16	50	370
固溶处理+60%温轧(400℃)	1500	1300	9	50	445
固溶处理+85%温轧(400℃)	1680	1590	6	27	470

Cromanite 是一种高强度的奥氏体不锈钢。该钢含有比较高的铬和锰,可在大气熔炼的条件下生产,并获得高的氮含量。由于用氮替代了绝大部分的镍,并获得稳定的奥氏体组织,可得到高的强度、很高的韧性,并有较好的耐蚀性,且在价格上具有优势。该钢热轧并经固溶处理后的力学性能见表 9.71。

Cromanite 钢具有很好的加工硬化能力,这是由于该钢有较高的锰含量和氮含量且具有较低的层错能的缘故。该钢经过变形量为 50%的冷变形,σ_b 可达 1720MPa,$\sigma_{0.2}$可达 1700MPa,δ 为 10%。该钢在冲击载荷下具有类似 Hadfield 高锰钢的加工硬化能力[114]。

Cromanite 钢具有高的强韧性和良好的耐蚀性,使其适用于在湿的滑动磨蚀和很高的冲击磨损条件下工作。例如,金矿中的溜槽和传送带的衬板,煤清洗槽,糖厂的切碎机、甘蔗切刀和杆锤,机车保险杠等。

Cromanite 钢在某些应用情况下,需进行焊接,焊接时应保证氮能保留在钢中,并且不致过多而损害钢的力学性能[114]。

Amagnit 600 钢具有较高的强度,用于制作无磁性的油井钻杆,具有抗应力腐蚀、抗点蚀和抗擦伤的良好性能。

Dataalloy 2 是一种无磁性 Cr-Mn-N 奥氏体不锈钢,采用电渣重熔方法生产。该钢具有高的耐一般腐蚀和较好的耐点蚀的能力(PREN$_{16}$＝37～30),适用于要求无磁性钻具的部件和耐压钻井钢管等。

Dataalloy 2 钢具有高的组织稳定性,组织均匀,偏析小,纯洁度高,其最大的磁导率为 1.005H/m。该钢有较高的抗应力腐蚀能力和抗擦伤的能力。

Staballoy AG17 和 Dataalloy 2 钢是同一生产厂的产品。Staballoy AG17 钢具有高的屈服强度和疲劳抗力,通过冷变形可以获得高的力学性能(表 9.71)。Staballoy AG17 还具有高的组织稳定性,其磁导率低于 1.005H/m。

Staballoy AG17 钢特别适用于恶劣钻井的条件。该钢在极具侵蚀性的钻井条件下具有出色的抗氯化物引起的应力腐蚀能力,在高的扭转载荷下具有优异的抗擦伤的能力,是一种适用于制作要求无磁性的钻具部件和耐压钻井钢管等的高强度不锈钢。

NMS 140 是一种高强度奥氏体不锈钢,用于制作无磁性钻杆材料,有良好的抗点蚀能力,其 PREN$_{16}$＝32。如有需要,通过冷变形,可使直径为 175mm 的钢材的屈服强度达到 1100MPa。当温度为 150℃时,该钢的屈服强度约降低 20%。

P900、P900N 系德国 Krupp-VSG 公司陆续开发出的发电机组使用的护环用钢。护环热装在转子本体端部,用于防止线圈在离心作用下脱离本体,而热装能防止护环转动和轴向窜动。护环是发电机组强度要求最高的部件,所承受的应力值约为 $\sigma_{0.2}$ 的 2/3,做超速检测时,其所承受的应力值为 $\sigma_{0.2}$ 的 80%。较大容量机组(300MW 以上)护环的屈服强度要求在 1000MPa 以上。因此,护环材料应满足的要求为:高的 σ_b,足够的加工成形性能,一定的热膨胀系数,高的抗腐蚀能力特别是抗应力腐蚀能力,低的导磁性能以避免涡流导致的能量损耗,130℃工作条件下稳定运行性能。护环的尺寸取决于发电机组的尺寸、容量及设计要求,其尺寸范围为:直径范围在 500～2000mm,壁厚范围在 40～120mm,长度达 1250mm[115]。Krupp-VSG 公司在 1975 年成功地利用加压电渣重熔炉生产出高氮无磁性 P900 护环用钢,1981 年又开发出含氮更高的 P900N 护环用钢。P900、P900N 钢已为许多国家采用。

P900、P900N 钢制造工艺如下:经加压电渣重熔的钢,先进行热锻,再进行热冲孔,对锻后的毛坯进行粗加工,固溶处理,在 6000t 的压力机上进行冷扩以达到要求的冷变形量,进行消除应力的热处理,精加工。P900、P900N 钢经上述工艺处理后的力学性能见表 9.71。P900、P900N 钢在潮湿的条件下工作可以避免应力腐蚀开裂。

P2000 钢是 Essen 公司于 1996 年推出的高氮 Cr-Mn-N 奥氏体不锈钢,用加压电渣重熔炉生产。该钢具有高的强度和韧性、高的应变强化能力、优异的腐蚀抗力、低的磁导率及生物相容性[116]。

P2000 钢的热成形温度为 1220~1020℃,具有较一般奥氏体不锈钢高的变形抗力,可以空冷或水冷,固溶处理温度为 1120~1150℃,在惰性气体中加热,水冷。该钢固溶处理后及固溶处理后经不同程度冷变形后的室温力学性能见表 9.71。该钢的疲劳强度 σ_{-1} 约为 320MPa,经过冷变形后的磁导率为 1.0018H/m。

我国于 1993 年制定出 JB/T 7029—1993《50MW 以下汽轮发电机无磁性护环锻件技术条件》、JB/T 1268—1993《50~200MW 汽轮发电机无磁性护环锻件技术条件》和 JB/T 7030—1993《300~600MW 汽轮发电机无磁性护环锻件技术条件》系列标准。JB/T 7029—1993 纳入 3 个钢号 50Mn18Cr5、50Mn18Cr5N、50Mn18Cr4WN,各钢号的锻件按其强度要求,分为 3 个级别。JB/T 1268—1993 纳入 4 个钢号,除上述 3 个钢号外还纳入了 1Mn18Cr18N 钢,各钢号的锻件按其强度要求分为 5 个级别。JB/T 7030—1993 只纳入 1 个钢号 1Mn18Cr18N,其锻件按强度要求分为 3 个级别。

2004 年和 2002 年对上述 3 个标准分别进行了修订,成分和强度要求略有调整。2014 年将上述 3 个标准重新组合,将前 2 个标准中共有的 3 个钢号 50Mn18Cr5、50Mn18Cr5N、50Mn18Cr4WN 纳入 JB/T 1268—2014《汽轮发电机 Mn18Cr5 系无磁性护环锻件　技术条件》,而将后 2 个标准中共有的 1Mn18Cr18N 钢更名为 Mn18Cr18N,颁布了 JB/T 7030—2014《汽轮发电机 Mn18Cr18N 无磁性护环锻件技术条件》。Mn18Cr18N 钢的化学成分是参考 P900 钢制定的。

表 9.74 为无磁性护环用 Mn18Cr5 系锻件用钢的牌号和化学成分。表 9.75 为 Mn18Cr5 系锻件用钢的强度级别。

表 9.76 和表 9.77 分别为 Mn18Cr18N 钢的化学成分和力学性能。

表 9.74　无磁性 Mn18Cr5 系护环锻件用钢的牌号和化学成分(JB/T 1268—2014)

(单位:%)

牌号	C	Mn	Si	P	S	Cr	N	W
50Mn18Cr5	0.40~0.60	17.00~19.00	0.30~0.80	0.060	0.025	3.50~6.00	—	—
50Mn18Cr5N	0.40~0.60	17.00~19.00	0.30~0.80	0.060	0.025	3.50~6.00	0.08	—
50Mn18Cr4WN	0.40~0.60	17.00~19.00	0.30~0.80	0.060	0.025	3.00~5.00	0.08	0.70~1.20

表 9.75 Mn18Cr5 系护环锻件用钢的力学性能(JB/T 1268—2014)

锻件强度级别	R_m/MPa	$R_{p0.2}$/MPa	A/%	Z/%	推荐材料
Ⅰ	≥735	≥585	≥25	≥35	50Mn18Cr5 50Mn18Cr5N
Ⅱ	≥785	≥640	≥20	≥35	
Ⅲ	≥835	≥735	≥18	≥30	
Ⅳ	≥885	≥785	≥16	≥30	
Ⅴ	≥895	≥760	≥25	≥30	
Ⅵ	≥965	≥825	≥20	≥30	50Mn18Cr4WN
Ⅶ	≥1035	≥900	≥20	≥30	

注:试验的温度为 20~27℃,同一试环上,$R_{p0.2}$ 测得的结果波动值均不应超过 $R_{p0.2}$ 标准要求的 10%。

表 9.76 Mn18Cr18N 锻件用钢的化学成分(JB/T 7030—2014)(单位:%)

C	Mn	Si	P	S	Cr	Al	N	B
≤0.12	17.50~20.00	≤0.80	≤0.050	≤0.015	17.5~20.00	≤0.030	≥0.047	≤0.001

注:Ni、Mo、V、W、As、Bi、Sn、Pb、Sb、Cu、Ti 的分析只作参考。

表 9.77 Mn18Cr18N 锻件用钢的力学性能(JB/T 7030—2014)

锻件强度级别	切向力学性能				
	R_m/MPa	$R_{p0.2}$/MPa	A/%	Z/%	KV_2/J
1	≥830	≥760	≥25	≥60	≥95
2	≥860	≥830	≥23	≥58	≥88
3	≥930	≥930	≥19	≥56	≥81
4	≥965	≥965	≥17	≥55	≥79
5	≥1000	≥1000	≥15	≥54	≥75
6	≥1030	≥1030	≥14	≥53	≥72
7	≥1070	≥1070	≥13	≥52	≥68
8	≥1140	≥1140	≥10	≥51	≥54
9	≥1170	≥1170	≥10	≥50	≥47

注:拉伸和冲击试样均取自同一护环上。拉伸试验的温度为 95~105℃,测冲击功的试验温度为 20~27℃,表中 KV_2 值为同组试样的最低值。同一试环上,R_m 和 $R_{p0.2}$ 测得的结果波动值均不应超过 100MPa。

JB/T 1268—2014 规定,锻件用钢应采用电炉加炉外精炼方法冶炼。锻件应在热成形后和变形强化前进行固溶处理。变形强化后锻件应以不超过 40℃/h 的速率加热到 320~350℃保温 10~12h,然后以不超过 40℃/h 的速率缓冷至 100℃以下出炉,以消除残余应力。锻件的残余应力值不得超过规定的 $R_{p0.2}$ 下限的 10%。锻件在制造过程中不得焊接。锻件的晶粒度应为 GB/T 6394—2017 规定的 2 级或更细。在磁场强度为 100Oe(1Oe=79.58A/m)时,锻件的相对磁导率 μ_r

应不大于 1.05。

这类钢国内外主要用于制作汽轮发电机无磁性护环锻件,还可用于制作电子工业中的无磁模具、在 700～800℃ 工作的热作模具、无磁的冷作模具等。20 世纪 70 年代后期以来,世界各地相继出现这类材料制作的护环发生应力腐蚀开裂的事故,这是由于这类材料对潮湿空气非常敏感,其抗腐蚀的能力较差。在 20 世纪 70 年代后期,德国和美国开发出 Mn18Cr18N 钢,极大地提高了抗应力腐蚀的能力,现已为各国普遍采用[117]。

JB/T 7030—2014 规定 Mn18Cr18N 锻件用钢应用电炉加电渣重熔炉冶炼。锻件应在热成形后和变形强化前进行固溶处理,固溶处理温度为 1050～1060℃,采用水冷以防碳化物析出[118]。固溶处理后进行粗加工。锻件的晶粒度应为 GB/T 6394—2017 规定的 2 级或更细。变形强化应在室温或稍高于室温下采用适当的强化方法,如楔块扩孔、液压胀形方法等。

变形强化后应进行消除应力处理。消除应力的退火工艺应以不大于 40℃/h 的速率加热到 340～360℃,在此温度保持 10～12h,然后以不大于 40℃/h 的速率冷却,以保证尺寸的稳定性。锻件残余应力不应超过表 9.77 规定的屈服强度下限的 10%。在磁场强度为 100Oe 时,锻件的相对磁导率 μ_r 应不大于 1.05。

9.8.1.3　高氮马氏体不锈钢

马氏体不锈钢一般含有 11.5%～19%Cr 和低于 1.20% 的碳,有时加入一定量的强碳化物形成元素 Mo、V 等,以进一步提高强度和高温性能。如果钢中加入氮元素代替碳或部分碳,将会影响马氏体的形态,形成碳氮化物及氮化物,从而影响钢的性能。氮在 α-Fe 中,590℃时的最大溶解度为 0.1%;在 γ-Fe 中,650℃时的最大溶解度为 2.8%(图 2.11)。

含氮马氏体 M_s 点随氮含量的增高而减低,但氮降低 M_s 点的作用小于碳,实际上氮稳定奥氏体的作用较碳为高。Fe-N 马氏体的正方度 c/a 较 Fe-C 马氏体的正方度要高。当含氮马氏体中的氮含量与含碳马氏体中的碳含量相同时,氮马氏体的 c 大于碳马氏体,a 亦然,但碳马氏体的 a 降低幅度更高。因此,氮马氏体的 c/a 值要高些。这可能与氮合金化引起的高浓度自由电子和短程有序有关[102]。

低氮和高氮马氏体形态与碳马氏体相似。以下分述各类 Fe-N 马氏体的形态特点[119]:

(1) 块状马氏体。含 0.08%～0.17%N 马氏体呈现等轴状、边界光滑的块状形态,少数区域显示不规则的锯齿状边界,其中氮含量较高的近似于四边形。这类马氏体形态称为块状马氏体,是切变型马氏体的转变产物。

(2) 条状马氏体。含 0.2%～0.7%N 的马氏体呈条状,具有高密度位错的亚结构,多个条平列而集结为束,条宽度范围为 $0.3\sim3\mu m$,平均宽度约为 $1\mu m$,条间以小位向差边界相隔。

(3) 片状马氏体。氮含量提高到 $0.7\%\sim2.4\%$ 的 Fe-N 马氏体形态呈现凸透镜状的片型位错或孪晶亚结构,随着氮含量的增高,孪晶量增高,它带有中脊,在光学显微镜下呈现在残余奥氏体的基体上多向分布的针状组织。

(4) 薄板马氏体。在 Fe-$(2.6\%\sim2.7\%)$N 马氏体组织中观察到一种薄板马氏体,这种薄板马氏体为全 $(211)_{\alpha'}$ 孪晶,无中脊。

在 Fe-N 马氏体组织中残存着较 Fe-C 马氏体组织更多的残余奥氏体。残余奥氏体的体积分数影响回火转变程序和回火组织的硬度值。

含氮马氏体(α')时效和回火转变过程如下[119]:

(1) 在时效阶段,含氮马氏体产生调幅分解的氮原子局部聚集和有序化,构成在 α' 基体上共格 α''-$Fe_{16}N_2$ 薄片。

(2) 第一回火阶段,共格 α''-$Fe_{16}N_2$ 继续长大,含氮马氏体转变为 α' 基体上分布着层片状半共格或非共格的 α''-$Fe_{16}N_2$ 组织。

(3) 第二回火阶段,淬火组织中的残余奥氏体 γ_R 转变为 $\alpha+\gamma'$-Fe_4N,构成在 α 基体上分布着的 γ' 薄片组织。

(4) 第三回火阶段,过渡氮化物 α''-$Fe_{16}N_2$ 转化为 α 基本上分布着的稳定氮化物 γ'-Fe_4N。

Fe-N 马氏体 α' 经过时效和回火阶段转变后形成在 α 基本上分布着的 γ'-Fe_4N 片组织。

低温回火含碳马氏体产生复杂结构共格的 ε 及 χ 碳化物,产生较大的应力,与含量相同的含氮马氏体比较,其硬度较高[102]。

在淬火条件下,含碳马氏体硬度随回火温度升高而单调降低,不出现二次硬化,而含氮马氏体在淬火态硬度较低,但随回火温度的提高,硬度一直在提高,450℃时达最大值。当碳和氮同时存在时,回火温度为 100℃ 时有一次硬化,然后降低直至 300℃,随后升高,在 450℃ 出现最大的二次硬化。此时,钢中形成很细小均匀的氮化物 γ'-Fe_4N 和渗碳体[102]。

回火含氮马氏体位错具有较高的迁移性,因此回火含氮马氏体的韧性高于回火含碳马氏体[102]。

含氮马氏体不锈钢在 100℃ 以下回火不改变马氏体的结构;200℃ 回火,会形成很细的密排六方结构的 ε-$(Fe,Cr)_2N$ 及 ε-$(Fe,Cr)_2C$;300℃ 时,细小的 ε-$(Fe,Cr)_2N$ 含量提高并转变成 ξ-$(Fe,Cr)_2N$;之后在 500℃ 之前 ξ-$(Fe,Cr)_2N$ 氮化物粗化。含氮马氏体在 $600\sim650℃$ 回火,会形成片状的 $(Fe,Cr)_2N$ 及一些球状 $(Cr,Fe)_2N$。对于含碳马氏体,在 $600\sim650℃$ 回火,ε 碳化物粗化成渗碳体。含碳马氏体 $600\sim650℃$ 回火还有 $(Fe,Cr)_7C_3$ 析出,长时间回火则转变为 $(Cr,Fe)_{23}C_6$[102]。

在马氏体不锈钢中,除 Cr 元素外,常加入 Nb、V 等强碳化物形成元素。在含氮马氏体不锈钢中,氮化物与碳化物相比细小而分布均匀,因此回火后改善了氮合金化马氏体钢的力学性能。在 600~700℃回火,氮与 Nb、V 形成(Nb,V)X 型氮化物及 Cr_2N,因此二次硬度提高至更高水平。在某些情况下,500℃回火时会析出(Nb,V)(C,N)及纳米尺寸的(Fe,Cr,V)(C,N),从而提高了强度。氮合金化钢使残余奥氏体更加稳定而且保留了固溶的铬以提高耐蚀性,延迟了 $M_{23}C_6$ 及 M_6C 型碳化物的析出。

表 9.78 为国外生产的一些高氮马氏体不锈钢的成分、性能和应用。

表 9.78　国外生产的一些高氮马氏体不锈钢的成分、性能和应用[102]

主要成分/%	生产技术	微观结构和性能	应用
0.30C,0.40N, 15Cr,1.0Mo,≤1.00Si, ≤1.00Mn,≤0.50Ni (CRONIDUR 30)	加压电渣重熔	有好的加工工艺性能,有高的硬度和良好的冲击韧性,有良好的耐蚀性	工具,食品和塑料工艺机械
0.17C,0.34N,16Cr,1Mo	粉末冶金	—	轴承寿命提高
0.15C,0.38N,15Cr,1Mo	—	能在液态 H_2、O_2 下使用,抗 SCC 性能好	往复回转轴承
0.30C,0.33N,15Cr,1Mo	—	在 300℃ 的流动空气中保持完好	飞机引擎轴承
0.8N,15Cr,1Mo	气化氮化物粉末	2.3%(体积分数)0.35μm 尺寸的氮化物,淬火硬度 543HV30,回火硬度 671HV30	好的耐磨性
1.6N,15Cr,1Mo,5Nb,0.7V	气化氮化物粉末	15%(体积分数)1μm 尺寸的氮化物,淬火硬度 608HV30,回火硬度 70	非常好的耐磨性
3.2N,15Cr,1Mo,6.5V	混合粉末+热等静压工艺	22%(体积分数)1μm 尺寸的氮化物,淬火硬度 648HV30,回火硬度 698HV30	好的耐磨性

注:含 1.6%N,15%Cr,1%Mo,5%Nb,0.7%V 钢的回火硬度原译文为70。

商业牌号为 CRONIDUR 30 的钢系 Essen 公司的产品[120],采用加压电渣重熔炉生产,热加工温度为 1200~1000℃。该钢具有高的淬透性,其 TTT 曲线与图 9.16 所示的 13Cr 钢相似,但更稳定,最短孕育期约为 10^3s(720℃),临界点:Ac_1=829~866℃,M_s=66℃。热处理时为保持钢中氮含量的稳定,应控制炉内的气氛,保持一定的氮分压。

CRONIDUR 30 钢的退火温度为 780~820℃,6~8h,炉冷或空冷,退火后的硬度为 200~240HB。该钢的淬火加热温度为 1000~1030℃,油冷或空冷;淬火温度超过 1000℃后,残余奥氏体含量迅速增加;淬火温度超过 1010℃时,其后应进行−80～−196℃的冷处理,以消除残余奥氏体;1000℃淬火后,回火温度应选择发生二次硬化的温度 475℃,保温 2h;回火后的硬度为 58～60HRC,冲击功为 62J。

CRONIDUR 30 钢在淬火和消除应力退火(2×(150～220℃))后可以显著改善其抗腐蚀性能,或者淬火后经不高于 500℃的回火后亦可具有良好的耐蚀性能。

CRONIDUR 30 钢可用于制作轴承、切削刀具、滚动螺旋齿轮轴、钻具、塑料挤压机零件、紧固件等。

9.8.2 生物医用不锈钢

生物医学材料(biomedical material)指的是一类具有特殊性能、特种功能,用于人工器官、外科修复、理疗康复、诊断、治疗疾患,而对人体组织不会产生不良影响的材料。

生物医用不锈钢是最先开发应用的生物医用合金之一,因其价格较低廉且易于加工,而得到较广泛的应用,其中应用最多的是超低碳奥氏体不锈钢[121]。

我国在 1984 年即制定了外科植入用不锈钢的国家标准,1994 年经过修改,2003 年又重新修改为 GB 4234—2003《外科植入物用不锈钢》。该标准列入了两个钢号,其化学成分见表 9.79。

表 9.79 外科植入物用不锈钢的化学成分(GB 4234—2003) (单位:%)

牌号	C	Si	Mn	P	S	N	Cr	Mo	Ni	Cu
00Cr18Ni14Mo3	≤ 0.030	≤ 1.00	≤ 2.00	≤ 0.025	≤ 0.010	≤ 0.10	17.00～19.00	2.25～3.50	13.00～15.00	≤ 0.50
00Cr18Ni15Mo3N	≤ 0.030	≤ 1.00	≤ 2.00	≤ 0.025	≤ 0.010	0.10～0.20	17.00～19.00	2.35～4.20	14.00～16.00	≤ 0.50

注:按 GB/T 20878—2007,00Cr18Ni14Mo3 钢应标为 022Cr18Ni14Mo3,00Cr18Ni15Mo3N 钢应标为 022Cr18Ni15Mo3N。Cr 含量和 Mo 含量按下式计算出 C 值:$C = 3w_{Mo} + w_{Cr}$,C 值应不小于 26。

表 9.79 中所列钢号的钢棒的力学性能应符合表 9.80 的规定,这些牌号的钢丝、钢板和钢带的力学性能规定见 GB 4234—2003《外科植入物用不锈钢》。

表 9.80 外科植入物用不锈钢棒的力学性能(GB 4234—2003)

交货状态	牌号	公称直径 d/mm	R_m/MPa	$R_{p0.2}$/MPa	A_5/%
固溶	00Cr18Ni14Mo3	全部	490～690	≥150	≥40
	00Cr18Ni15Mo3N		590～800	≥285	≥40
冷拉	00Cr18Ni14Mo3	<19	860～1100	≥690	≥12
	00Cr18Ni15Mo3N				

2017 年我国制定了 GB 4234—2017《外科植入物　金属材料》,该标准力求与国际标准保持一致。该标准预计分为 14 个部分,其中第 1 部分为锻造不锈钢,第 9 部分为锻造高氮不锈钢,其余为其他类金属材料。目前只发布了 GB 4234.1—2017《外科植入物　金属材料　第 1 部分:锻造不锈钢》,代替了 GB 4234—2003。

在 GB 4234.1—2017 中保留了 GB 4234—2003 列入的 00Cr18Ni14Mo3,其化学成分除 Mo 含量调整为 2.25%～3.0%以外,其他均与表 9.79 中所列相同。对该钢的显微组织的要求:固溶处理后钢中不得有残余 δ 铁素体、χ 相和 σ 相存在;热轧处理后的钢材中非金属夹杂物的细系均不得大于 1.5 级,粗系不得大于 1.0 级;检查最终热处理后及最终冷变形前的晶粒度级别不应粗于 5 级。

00Cr18Ni14Mo3 钢的棒材、丝材、板材和带材的力学性能应符合表 9.81 的规定。

表 9.81　外科植入物用锻造不锈钢 00Cr18Ni14Mo3 的力学性能(GB 4234.1—2017)

	状态	公称直径 d/mm	R_m/MPa	$R_{p0.2}$/MPa	A_5/%
棒材	退火	全部	490≤R_m≤690	≥190	≥40
	冷加工	≤22	860≤R_m≤1100	≥690	≥12
	超硬	≤8	≥1400	—	—
丝材	退火(固溶处理)	0.025≤d≤0.13	≥1000		≥30
		0.13<d≤0.23	≥930		≥30
		0.23<d≤0.38	≥890		≥35
		0.38<d≤0.5	≥860		≥40
		0.5<d≤0.65	≥820		≥40
		d>0.65	≥800		≥40
	冷拉	0.2<d≤0.7	1600≤R_m≤1850	—	—
		0.7<d≤1	1500≤R_m≤1750	—	—
		1<d≤1.5	1400≤R_m≤1650	—	—
		1.5<d≤2	1350≤R_m≤1600	—	—
板材和带材	退火(固溶处理)	—	490≤R_m≤690	≥190	≥40
	冷加工	—	860≤R_m≤1100	≥690	≥10

不锈钢中的铬可形成钝化膜改善钢的抗腐蚀能力,镍起到稳定奥氏体组织的作用,降低 Si、Mn 等杂质元素和非金属夹杂物,可进一步提高钢的抗腐蚀能力。

材料的制造和加工工艺也在比较宽的范围内影响材料的力学性能和耐蚀性能。对于低纯度医用不锈钢,一般采用真空或非真空熔炼工艺生产,而高纯度的医用不锈钢应采用双真空冶炼工艺力求钢的高纯净。临床应用较多的是高纯度医用不锈钢。冷加工后采用机械抛光或电解抛光可提高器件表面光洁度,可增加植入器件的使用寿命。医用不锈钢在骨外科和齿科中应用较广泛,在其他方面也有不少应用[121]。

医用不锈钢的生物相容性与其在肌体内的腐蚀行为及其所造成的腐蚀产物所引起的组织反应有关。其腐蚀行为涉及均匀腐蚀、点蚀、缝隙腐蚀、磨蚀和疲劳腐蚀。常见的是点蚀是由于钼含量不足及外力擦伤、划伤所致。缝隙腐蚀、磨蚀也是常见的腐蚀,常因设计不合理导致应力及磨损。由于腐蚀会造成金属离子或其他化合物进入周围组织和整个肌体,引起某些不良组织学反应,在多数情况下,人体只能容忍微量浓度的金属腐蚀物存在。医用不锈钢的腐蚀造成其长期植入的稳定性差,其密度和弹性模量与人体硬组织相距较大,导致力学相容性差,本身无生物活性,难以和生物组织形成牢固的结合,溶出的镍离子有可能诱发肿瘤的形成。上述原因造成医用不锈钢应用比例呈下降趋势[121]。

2007 年我国制定的医药行业标准 YY 0605.9—2007《外科植入物 金属材料 第 9 部分:锻造高氮不锈钢》中引进的一种高氮不锈钢,在长期临床应用中表明,如果应用适当,其预期的生物学反应水平是可以接受的。现该标准已为 YY 0605.9—2015 代替。表 9.82 为该钢的化学成分。YY 0605.9—2015 规定该钢的力学性能:直径或厚度小于 80mm 的钢棒经退火(固溶处理)后为 $R_m \geqslant 740MPa$、$R_{p0.2} \geqslant 430MPa$、$\delta_5 \geqslant 35\%$,还规定了在中等硬化或硬化状态的直径不大于 20m 的钢棒、钢丝、冷拉棒、钢板和钢带的力学性能要求。该钢有较高的力学性能,特别是有高的屈服强度。这种钢的熔炼方式建议采用真空熔炼或电渣熔炼。

表 9.82 外科植入物用锻造高氮不锈钢的化学成分(YY 0605.9—2007) (单位:%)

C	Si	Mn	Ni	Cr	Mo	Nb	S	P	Cu	N	其他元素
≤ 0.08	≤ 0.75	2~ 4.25	9~11	19.5~ 22	2~3	0.25~ 0.8	≤ 0.01	≤ 0.025	≤ 0.25	0.25~ 0.5	单个≤0.1 总和≤0.4

注:其他元素由供需双方共同确定后进行检验。

对这种锻造高氮不锈钢的显微组织的要求(YY 0605.9—2015):奥氏体晶粒度不粗于 4 级;钢的组织中应没有残余 δ 铁素体存在;对非金属夹杂物的要求是 A 型的细系应不大于 1.5 级,B 型和 C 型的细系应不大于 2 级,D 型细系应不大于 2.5 级,各类非夹杂物的粗系均不得大于 1.5 级。该钢经 675℃加热 1h 并空冷,应能通过规定的晶间腐蚀试验。

世界上有些人因为与金属的接触而导致过敏,一旦发生过敏,即可引起接触周围的皮肤红肿、瘙痒、湿疹、接触性皮炎等表现。最常见的致敏金属是镍。在日常生活合金制品中,很多都包含了镍,如硬币、各种合金制品、电镀物件、眼镜架、金属制的手表带、皮带扣、人造首饰、内衣扣等,直接和皮肤接触都会让镍过敏的人出现过敏现象,这是镍离子的释放带来的不良反应[122]。据报道,在欧洲有超过 20％的青年男性和超过 6％的青年女性对镍过敏,且有上升趋势[109]。近年我国发现镍过敏已占成人过敏的第一位。因此,很需要开发出一类植入人体或与人接触的无镍不锈钢或具有高耐蚀性的不锈钢,以尽量减少镍释放引起的过敏。

瑞士苏黎世联邦高等工业大学(ETH)开发出一种无镍高氮无磁性高耐蚀性的奥氏体不锈钢,牌号为 PANACEA,对于植入人体或制作与人体接触的物品不会引起过敏,钢的化学成分和力学性能见表 9.83。

表 9.83　PANACEA 钢和 316L 钢的化学成分及固溶处理后的力学性能对比[109]

牌号	主要化学成分/%						力学性能						
	Cr	Mo	Ni	Mn	N	C	HV10	$R_{p0.2}$/MPa	R_m/MPa	A_5/%	Z/%	A/J	R_{mf}/MPa
PANACEA	17.3	3.2	< 0.05	12	0.9	—	280~310	610~720	980~1120	55~65	65~75	220~280	480
316L	17	2.5	12	≤2.00	—	≤0.03	130~160	220~260	500~540	55~65	65~75	>300	240

注:PANACEA 的含义为 protection against nickel allergy, corrosion erosion and abrasion。R_{mf}表示疲劳强度,试验条件:$R=-1, N_f=10^7, 23℃$,空气。

PANACEA 钢在成分设计时,参照图 9.13,应使钢处于奥氏体区域,使钢无铁磁性,铬当量应尽量取高值以保证高的耐蚀性,镍当量选取适当值,使其具有良好的韧性。

图 9.98 为 17Cr-10Mn-3Mo 铁基合金与氮的伪二元状态图,可以看出,含氮0.9％的合金有很宽的 γ 相区(1050~1300℃),加热至此温度范围,通过快速冷却可以得到单一的奥氏体组织。如果固溶温度过低或冷却速率较慢,将会析出 Cr_2N型的氮化物(图 9.99)。Cr_2N 首先沿晶析出,然后在晶内析出,晶界析出的氮化物将严重损坏钢的韧性和耐蚀性。对于一些小型部件,如医用、牙科用、珠宝用及制表工业用的半成品,在技术上是没有什么问题的,甚至某些大的锻件也可以做到,但其焊接则不如含镍奥氏体不锈钢那样容易。

这种可以得到完全奥氏体的无镍奥氏体不锈钢(PANACEA)具有良好的力学性能,见表 9.83,其屈服强度是常用 316L 钢的 2~3 倍,进一步的冷变形可使其强度超过2000MPa,同时可以保持单一的奥氏体组织和没有铁磁性,其磁导率低于 1.001H/m。

在 6％$FeCl_3$ 溶液中进行耐缝隙腐蚀试验,以 $w_{Cr}+3.3w_{Mo}+20w_N+20w_C$ 作为缝隙腐蚀当量,则 PANACEA 钢的耐缝隙腐蚀临界温度 T_{ccc} (critical crevice corrosion temperature)远高于常用的 316L、304 等奥氏体不锈钢。因此该钢用做外科植入材料时具有较常用的骨科生物材料好得多的耐蚀性,在用于与人类皮肤接触的珠宝或手表时也具有较常用的不锈钢优越得多的耐蚀性。PANACEA 钢具有良好的生物相容性,已通过标准的细胞毒性试验[109]。

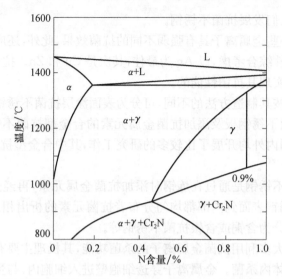

图 9.98 计算机模拟绘制的 17Cr-10Mn-3Mo 铁基合金与氮的伪二元状态图[109]

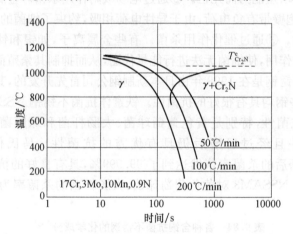

图 9.99 冷却速率对 PANACEA 钢 Cr_2N 析出的影响[109]
为避免 PANACEA 钢中 Cr_2N 的析出,固溶处理后应采用足够的冷却速率

PANACEA 钢可以使用加压电渣重熔炉生产,也可以采用粉末注射成形(MIM)生产(图 9.96),其致密度可以达到 96%~97%,其力学性能与熔炼方法制取的钢基本相同(表 9.83)。

9.8.3 抗菌不锈钢

有害细菌的传播与蔓延严重威胁着人类的健康,因而抗菌材料越来越受到人们的重视。不锈钢在食品工业、餐饮业和家庭生活中的应用越来越广泛,人们希望不锈钢器皿和餐具除具有不锈、光洁的特点外,最好还具有防霉变、抗菌和杀菌的功能,从而促使人们发展抗菌不锈钢。

　　研究表明,一些金属离子具有强弱不同的抗菌效果,此外,还应考虑其安全性。就安全性和抗菌性综合考虑,以 Ag 为最佳,其次是 Cu 和 Zn。抗菌不锈钢就是利用加入这些元素实现其抗菌性能的。

　　抗菌不锈钢按其制造方法的不同,可分为表面涂层抗菌不锈钢、表面改性抗菌不锈钢、复合抗菌不锈钢板及添加抗菌金属元素的合金型抗菌不锈钢。对上述各种抗菌不锈钢,国内外均开展了比较多的研究工作,其中合金型抗菌不锈钢的研究和应用最广泛[123,124]。

　　合金型抗菌不锈钢是通过在炼钢时添加抗菌金属元素,再经过特殊的热处理加工,使抗菌不锈钢表面到内部都均匀分布着抗菌元素的析出相。按照加入抗菌元素的不同可以分为含铜或含银抗菌不锈钢等。

　　抗菌不锈钢大多利用抗菌金属离子的杀菌功能,其机理主要有以下几种假说:①直接进入细菌体内杀菌。金属离子穿透细胞壁进入细胞内,与蛋白质发生作用,使细胞丧失分裂增殖能力而死亡。②通过电场吸附作用杀菌。金属离子带有正电荷,而细菌的细胞壁带有负电荷,由于异性电荷相吸,约束了细菌的活动,使其生存环境紊乱而死亡。③通过催化作用杀菌。有些金属离子,如银和钛的离子能起到催化活动中心的作用,使细菌无法进行能量代谢,从而抑制其繁殖而死亡[123]。

　　含铜抗菌不锈钢是在 1998 年由日本新制钢公司首先开发的,其化学成分如表9.84 所示。这些钢均具有很好的抗菌性。铁素体抗菌不锈钢 NSSAM1 对各种细菌都有很好的抗菌性,特别是黄色葡萄球菌、大肠杆菌和绿膜菌的杀菌率高达99%~100%,并且经过研磨后仍具有优秀的抗菌性。马氏体抗菌不锈钢NSSAM2 经研磨后的杀菌率依然达到了 99.999%,具有良好的抗菌稳定性。奥氏体抗菌不锈钢 NSSAM3 对黄色葡萄球菌、大肠杆菌的杀菌率为 100%,具有稳定的抗菌性。

表 9.84　各种含铜抗菌不锈钢的化学成分[125]　　　　　(单位:%)

钢种	C	Si	Mn	Ni	Cr	Cu	N
铁素体系 NSSAM1	0.01	0.30	0.20	—	17.0	1.50	0.01
马氏体系 NSSAM2	0.30	0.50	0.50	—	13.0	3.00	0.02
奥氏体系 NSSAM3	0.04	0.50	1.80	9.0	18.0	3.80	0.03

　　含铜抗菌不锈钢需要经过抗菌热处理,这是由于铜在不锈钢中的溶解度较高,多以原子形式固溶于基体中,不锈钢表面容易形成连续的钝化膜,固溶的铜原子较难穿透钝化膜,因此基本上表现不出抗菌功能。经过抗菌热处理后,大部分铜原子会从基体中析出,形成富铜的较大尺寸的析出相,富铜相从表面到内部呈均匀分布。较大尺寸的富铜相析出于钢的表面,造成钝化膜不连续,能与外界接触,在潮湿的环境中析出铜离子,起到杀菌作用。

我国制定了黑色冶金行业标准 YB/T 4171—2008《含铜抗菌不锈钢》,表 9.85 为我国含铜抗菌不锈钢的化学成分。这类钢一般采用初炼钢水加炉外精炼等工艺。这类钢的钢板(带)、钢管一般以热处理或热处理加酸洗状态交货,钢板(带)、钢管的力学性能应符合表 9.86 的规定。

表 9.85　含铜抗菌不锈钢的化学成分(YB/T 4171—2008)　(单位:%)

类型	牌号	C	Si	Mn	P	S	Ni	Cr	Cu
奥氏体	06Cr18Ni9Cu2[a]	≤0.07	≤1.00	≤2.00	≤0.035	≤0.030	8.00~11.00	17.00~19.00	1.50~2.50
	06Cr18Ni9Cu3[a]	≤0.07	≤1.00	≤2.00	≤0.035	≤0.030	8.00~11.00	17.00~19.00	2.50~4.00
铁素体	06Cr17Cu2	≤0.08	≤0.75	≤1.00	≤0.035	≤0.030	≤0.60	16.00~18.00	1.00~2.50
	022Cr12Cu2	≤0.030	≤0.75	≤1.00	≤0.035	≤0.030	≤0.60	11.00~13.50	1.00~2.50
马氏体	20Cr13Cu3	0.16~0.25	≤1.00	≤1.00	≤0.035	≤0.030	≤0.60	12.00~14.00	2.50~4.00
	30Cr13Cu3	0.26~0.35	≤1.00	≤1.00	≤0.035	≤0.030	≤0.60	12.00~14.00	2.50~4.00

a 相对于 GB/T 20878—2007 调整化学成分的牌号。

表 9.86　含铜抗菌不锈钢钢板(带)、钢管的力学性能(YB/T 4171—2008)

类型	牌号	推荐的热处理制度	力学性能(不小于)			硬度(不大于)		
			R_m/MPa	$R_{p0.2}$/MPa	A_5/%	HBW	HRB	HV
奥氏体	06Cr18Ni9Cu2	固溶 1010~1150℃ 快冷	205	520	35	187	80	200
	06Cr18Ni9Cu3							
铁素体	06Cr17Cu2	780~850℃ 空冷或缓冷	205	450	22	183	83	200
	022Cr12Cu2		170	360	22	183	83	200
马氏体	20Cr13Cu3	800~900℃缓冷	225	530	18	223	97	234
	30Cr13Cu3		255	540	18	235	99	247

注:根据钢板(带)、钢管的尺寸和状态任选一种硬度试验方法检验。

表 9.87 为推荐的表 9.85 所列含铜抗菌不锈钢的抗菌热处理制度。众多的研究均表明,含铜的抗菌不锈钢只有在经过抗菌热处理以后才能具有明显的抗菌特性。未经抗菌热处理的抗菌不锈钢,或仅做了固溶处理和时效的样品,都没有明显的抗菌性能。抗菌热处理的条件对析出相的数量、形貌都有明显的影响,从而影响杀菌率[126]。

表 9.87　推荐的含铜抗菌不锈钢的抗菌热处理制度(YB/T 4171—2008)

类　型	牌　号	推荐的热处理制度
奥氏体	06Cr18Ni9Cu2	500~800℃,快冷或缓冷
	06Cr18Ni9Cu3	550~900℃,快冷或缓冷
铁素体	06Cr17Cu2	500~800℃,快冷或缓冷
	022Cr12Cu2	
马氏体	20Cr13Cu3	600~800℃,缓冷
	30Cr13Cu3	

　　YB/T 4171—2008 规定经过抗菌热处理的不锈钢板(带)和钢管的抗菌率应符合以下要求:对大肠杆菌抗菌率不小于 90%,对金黄色葡萄球菌抗菌率不小于 90%。

　　含铜奥氏体抗菌不锈钢在抗菌热处理时,最初析出的 ε-Cu 相在晶界成核,随着抗菌热处理过程的进行,析出相向晶内生长成长度约为 30nm 的棒状,其生长方向是沿着钢材加工方向的。脱溶析出的 ε-Cu 相为含 Cr、Ni、Fe 的 Cu 固溶体,其结构为面心立方,随着脱溶过程的进行,富 Cu 相中的 Cu 含量增加,其他元素的含量减少,ε-Cu 相中的 Cu 含量最高可达约 90%[127]。许多文献指出,较佳的抗菌热处理工艺为 750℃左右保温 3h 以上。奥氏体抗菌不锈钢的生产工艺流程一般为:冶炼→热轧→退火→冷轧→固溶处理→抗菌热处理。该工艺流程不足之处是:在 750℃时效 3h,相当于对奥氏体钢进行了敏化处理,会降低其耐蚀性,而为了保证不锈钢高的表面质量,最后的抗菌热处理必须在真空下进行,这在生产上难以实现,亦不适应现在的不锈钢生产线。为此,一些研究者尝试在热轧后先进行抗菌热处理,冷轧后再固溶热处理的工艺,为了保持抗菌性能,对 2mm 厚的钢板的固溶时效时间控制在 2min。试验结果表明,采用热轧→抗菌热处理→冷轧→固溶处理,仍具有良好的抗菌效果。钢中的铜含量自 1.54% 增至 3.64% 时,随铜含量的增加,抗菌效果逐步提高,当铜含量达到 3.5% 时,杀菌率达到 99%。随铜含量的增加,钢的耐点蚀性也有所提高。含铜抗菌不锈钢随铜含量的增加,其强度先减后增,而塑性则先增后减,但变化幅度不大[128]。

　　对含铜铁素体抗菌不锈钢中抗菌相析出行为的研究表明,在 750℃×1h 时效后,抗菌相为面心立方结构,与基体存在位向关系,但其取向关系存在多样性。抗菌相的成分接近单质铜,临界析出温度达到 900℃,抗菌相的最佳时效温度范围为 750~800℃,在铜含量为 1.56% 时的析出量在 0.6% 以上,抗菌相呈杆状,且温度越高,其长度方向的平均尺寸越大[129]。抗菌不锈钢的杀菌率和其与细菌作用时间有关,铁素体抗菌不锈钢与大肠杆菌作用 150min 左右后,杀菌率才会达到 99.9% 以上[130]。

　　对含铜马氏体时效钢的研究发现,在 500~600℃时效处理时,大量细小的富铜原子团析出,对不锈钢起到沉淀强化作用,但杀菌率不高;在经过 700℃时效

1~4h 后,表现出优秀的抗菌性能[131]。含铜不锈钢经固溶和时效后的析出相 ε-Cu 相呈棒状,长度约 100nm,析出相中铜含量达到 91.9%。试验发现,抗菌马氏体不锈钢与对比钢 3Cr13 比较,其耐点蚀性能下降,这是由于 ε-Cu 相与钝化膜形成电偶腐蚀造成[132]。比较奥氏体抗菌不锈钢和马氏体抗菌不锈钢,前者的抗菌性能优于后者,这是由于奥氏体抗菌不锈钢的析出相细小,分布弥散,比面积大,与细菌接触的概率大[133]。

根据研究和工业生产经验,合金型抗菌不锈钢产品有如下优点[123,126]:①抗菌性广谱,对多种常见病菌均具有良好的杀菌效果;②抗菌功效具有长效性,不会因表面磨损或长期浸泡而丧失;③抗菌不锈钢对人体是安全的,在与菌液接触时,铜离子溶出量很小,抗菌的作用主要通过与细菌的直接接触来实现;④不锈钢的基本性能,如力学性能、耐腐蚀性、冷热加工性、焊接性能与原钢种基本相当;⑤成本增加有限,含铜抗菌不锈钢的成本增加 10%~20%,含银抗菌不锈钢的成本增加 20%~40%。

据报道,日本生产的铁素体、奥氏体和马氏体抗菌不锈钢已分别在家电、厨房用具、刀具等领域得到推广和应用。我国一些钢铁企业已可以提供各类抗菌不锈钢。

日本川崎制铁公司于 1998 年开发出含银抗菌不锈钢,其典型成分如表 9.88 所示。Ag 不能固溶于不锈钢的组元中,很容易在晶界析出,影响钢的成形。该公司通过控制浇注速率来控制 Ag 粒子、Ag 氧化物和 Ag 硫化物在不锈钢基体中的分布,以获得均匀弥散分布的具有抗菌作用的抗菌相。经过试验,Ag 离子的抗大肠杆菌的能力是 Cu 离子的 100 倍[123,134]。含银抗菌不锈钢不需要特殊的抗菌热处理就能保持其抗菌性。Ag 的加入不影响钢的耐蚀性。该钢已工业生产,应用于洗涤槽、西餐餐具和厨房用具等[132]。我国对含银抗菌不锈钢已进行了不少研究,并通过添加银铜二元中间合金的方法有效解决了含银抗菌不锈钢冶炼问题[134]。

表 9.88 含 Ag 抗菌不锈钢的化典型成分[131] (单位:%)

钢 种	C	Si	Mn	P	Cr	Ni	Ag
AgSUS304	0.05	0.30	1.00	0.03	18.2	8.1	0.042
AgSUS430	0.06	0.25	0.65	0.03	16.2	—	0.039
AgSUS430LX	0.01	0.25	0.45	003	17.7	—	0.040

参 考 文 献

[1] 陆世英,张廷凯,康喜范,等. 不锈钢[M]. 北京:原子能工业出版社,1995.

[2] 肖纪美. 不锈钢的金属学问题[M]. 2 版. 北京:冶金工业出版社,2006.

[3] 干勇,田志凌,董瀚,等. 中国材料工程大典 第 3 卷:钢铁材料工程(下)[M]. 北京:化学工业出版社,2006.

[4] Peckner D, Bernstein I M. Handbook of Stainless Steels[M]. New York:McGraw-Hill

Book Company,1977.

[5] 章守华,吴承建. 钢铁材料学[M]. 北京:冶金工业出版社,1992.

[6] Бабаков А А. Нержавеющие Стали[M]. Москва:Госхимиздат,1956.

[7] 黄淑菊. 金属腐蚀与防护[M]. 西安:西安交通大学出版社,1988.

[8] Colombier L,Hoghmann J. Aciers inoxydables,Aciers rèfractaires[R]. 1955;俄译本,Нержавеющие и жаропрочные стали. 1958.

[9] 褚武扬,林实,王桄,等. 断裂韧性测试[M]. 北京:科学出版社,1979.

[10] Lin J C,Chuang Y Y,Hsieh K C,et al. A thermodynamic description and phase relationships of the Fe-Cr system:Part II the liquid phase and the fcc phase[J]. Calphad,1987,11(1):73.

[11] Monypemy J H G. Stainless Iron and Steel[M]. London:Chapman & Hall Ltd,1951.

[12] Binder W O,Franks R,Thompson J. Austenitic chromium-manganese-nickel steels containing nitrogen[J]. Transactions of ASM,1955,47:231.

[13] Schaeffler A L. Constitution diagram for stainless steel weld metal[J]. Metal Progress,1969,56:680.

[14] Pryce L,Andrews K W. Practical estimation of composition,balance and ferrite content in stainless steels[J]. Journal of the Iron and Steel Institute,1960,195:145.

[15] Гольдштейн М И,Грачер С В,Векслер Ю Г. Специальные Стали[M]. Москва:Металлугия,1985.

[16] Химушин Ф Ф. Нержавеющие Стали[M]. Москва:Металлугия,1967.

[17] Baerlecken E,Fischer W A,Lorenz K. Investigations concerning the transformation behavior,the notched impact toughness and the susceptibility to intercrystalline corrosion of iron-chromium alloys with chromium contents to 30%[J]. Stahl und Eisen,1961,81(12):768.

[18] 陈德和. 不锈钢的性能与组织[J]. 北京:机械工业出版社,1977.

[19] 李炯辉,施友方,高汉文. 钢铁材料金相图谱[M]. 上海:上海科学技术出版社,1981.

[20] 金永华. 5Cr15MoV 马氏体不锈钢的热处理[J]. 五金科技,2005,(4):31.

[21] Krauss G. Steels:Processing,Structure,and Performance[M]. Russell:ASM International,2005.

[22] Williams R O. Further studies of the iron-chromium steels[J]. Transactions of ASME,1958,212:497.

[23] 孟繁茂,付俊岩. 现代含铌不锈钢[M]. 北京:冶金工业出版社,2004.

[24] 康喜范. 铁素体不锈钢[M]. 北京:冶金工业出版社,2012.

[25] 刘振宇,江来珠. 铁素体不锈钢的物理冶金学原理及生产技术[M]. 北京:冶金工业出版社,2014.

[26] 赵昌盛,孙桂良,闵令平,等. 不锈钢的应用及热处理[M]. 北京:机械工业出版社,2010.

[27] 陆世英. 超级不锈钢和高镍耐蚀合金[M]. 北京:化学工业出版社,2012.

[28] Hammond C M. ASTM Spec. Tech[R]. 1965,369:48.

[29] Schumann H. Arch Eisenhuettenwes[R]. 1970,12:1170.

[30]　Eichelmann G J, Hull F C. The effect of composition of spontaneous transformation of austenite to martensite in 18-8-type stainless steel[J]. Transactions of ASM, 1953, 45: 77.

[31]　Angel T. Formation of martensite in austenitic stainless steel[J]. Journal of the Iron and Steel Institute, 1954, 177: 165.

[32]　Bressanelli J P, Moscowitz A. Effect of strain rate, temperature and composition on tensile properties of metastable austenitic stainless steels[J]. Transactions of ASM, 1966, 59: 23.

[33]　Stickler R, Vinckier A. Morphology of grain-boundary carbides and its influence on intergranular corrosion of 304 stainless steel[J]. Transactions of ASM, 1961, 54: 362.

[34]　Cihal V. Prot. Met. (USSR)[R]. 1968, 4(6): 564.

[35]　ASTM Committee A-10, Subcommittee Ⅵ. American Society for Testing Materials Proceedings[C]. 1939, 39: 203.

[36]　Weiss B, Stickler R. Phase instabilities during high temperature exposure of 316 austenitic stainless steel[J]. Metallurgical Transactions, 1972, 3: 851.

[37]　Cihal V, Jezek J. Some observations on the nature of precipitating phases in 18/9/Nb steels[J]. Journal of the Iron and Steel Institute, 1964, 202: 124.

[38]　Scharfstein L R, Maniar G N. The effect of increased nickel content on the intergranular corrosion of alloy 20Cb[J]. British Corrosion Journal, 1965, 1(1): 36.

[39]　Masumoto T, Imai Y. Structural diagrams and tensile properties of the 18Cr-Fe-N quaternary system alloys[J]. Journal of Japan Institute of Metals, 1969, 33: 1364.

[40]　Grot A S, Spruiell J E. Microstructural stability of titanium-modified type 316 and type 321 stainless steel[J]. Metallurgical and Materials Transactions A, 1975, 6: 2023.

[41]　Spaeder C E, Brickner K G. Paper presented at Pet. Mech Eng Pressure Vessels Piping Conf[R]. Denver, September, 1970.

[42]　Henthorne M. Localized Corrosion[R]. ASTM STP 516, 1972: 66.

[43]　Dulieu D, Nutting J. Metallurgical Developments in High Alloy Steels[R]. Iron Steel Ins, London, Spec. Rept. 86, 1966, 204: 623.

[44]　Hong I T, Koo C H. Antibacterial properties, corrosion resistance and mechanical properties of Cu-modified SUS 304 stainless steel[J]. Material Science and Engineering A, 2005, 393: 213.

[45]　Defilippi J D, Brickner E M, Gilbert E M. Ductile-to-brittle transition in austenitic chromium-manganese-nitrogen stainless steels[J]. Transactions of the Metallurgical Society of AIME, 1969, 245: 2141.

[46]　Speidel M O. Properties and applications of high nitrogen steels[C] // Fost J, Hendry A. High Nichogen Steels, HNS 88. London: Institute of Metals, 1989.

[47]　Thier H, Baumel A, Schmidtmann E. Einfluss von stickstoff auf das ausscheidungsverhalten des stahles X5CrNiMo 1713[J]. Archiv fuer das Eisenhuettenwesen, 1969, 40(4): 333.

[48]　Kamachi M U, Ningshen S. 含氮不锈钢的腐蚀性能[M] // Kamachi M U, Baldev R. 高氮钢和不锈钢: 生产、性能和应用. 李晶, 黄运华译. 北京: 化学工业出版社, 2006: 100.

[49]　Brick R M,Gordon R B,Phillips A. Structure and Properties of Alloys[M]. 3rd Ed. New York:McGraw-Hill Book Company,1964.

[50]　Habraken L, et Brouwer J L. de Ferri Metallographia Ⅰ [M]. Bruxelles: Pesses Académiques Europènnes S. C. ,1966.

[51]　吴玖,等. 双相不锈钢[M]. 北京:冶金工业出版社,2000.

[52]　Charles J. Duplex 94 Stainless Steels[C]. Proceeding of Conference,1994:KI.

[53]　Сокол И Я. Двухфазные стали. Москва,1974[M]. 李丕钟,王欣增译. 北京:原子能出版社,1979.

[54]　Lo K H,Shek C H,Lai J K L. Recent development in stainless steels[J]. Material Science and Engineering R,2009,65:39.

[55]　吴玖,陈荣仙,李雪缘,等. 00Cr18Ni5Mo3Si2 双相不锈钢组织稳定性及其对脆性影响的研究[J]. 金属学报,1982,18(1):95.

[56]　Nilsson J O,Liu P. Aging at 400-600℃ of submerged arc welds of 22Cr-3Mo-8Ni duplex stainless steel and its effect on toughness and microstructure[J]. Materials Science and Technology,1991,7(9):853.

[57]　Charles J. Super duplex stainless steels:structure and properties[C]//Proceeding of Conference Duplex Stainless Steels,Beaune,France,1991,1:151.

[58]　姜世振,吴玖,韩俊媛,等. 双相不锈钢热塑性的研究[J]. 钢铁,1995,30(7):55.

[59]　赵科巍. 2205 双相不锈钢的高温变形过程及其机理的研究[D]. 兰州:兰州理工大学,2010.

[60]　Clivt Tuck. Stainless Steel World[R]. 2006, (9) :63.

[61]　Hochnann J,et al. Stress corrosion cracking and hydrogen embrittlement of iron base alloys[R]. NACE,Houston,1977:987.

[62]　Cihal V. On the resistance of duplex steel to stress corrosion cracking[J]. Werkstoffe und Korrosion,1992,43(11):532.

[63]　陆世英,王欣增,李丕钟,等. 不锈钢应力腐蚀事故分析与耐应力腐蚀不锈钢[M]. 北京:原子能出版社,1985.

[64]　小若正伦. 防蚀技术[J]. 1981,30:218.

[65]　铃木隆志,等. 日本金属学会志[J]. 1968,32:1171.

[66]　Devine T M J. Influence of carbon content and ferrite morphology on the sensitization of duplex stainless steel[J]. Metallurgical and Materials Transactions A,1980,11(5):791.

[67]　Herbsleb G,Schwaab P. Duplex stainless steels[C]//Lula R A. Conference Proceedings of ASM,St Louis,1982:15.

[68]　童德清,吴玖. 00Cr18Ni5Mo3Si2 双相不锈钢晶间腐蚀性能的研究[J]. 钢铁研究学报,1991,3(增刊):1.

[69]　邓增杰,周敬恩. 工程材料的断裂与疲劳[M]. 北京:机械工业出版社,1995.

[70]　路新春,姜晓霞,李诗卓,等. 双相不锈钢腐蚀磨损机理探讨[J]. 中国腐蚀与防护学报,1994,14(3):201.

[71]　李诗卓,姜晓霞. 耐磨蚀合金设计原则的探讨[J]. 腐蚀科学与防护技术,1995,7(2):122.

[72]　Lippold,J C,Lin W,Brandi S,et al. Heat-affected zone microstructure and properties in commercial duplex stainless steels[C]//International Conference,DSS'94,Glasgow,Scotland,November,1994,(2):116.

[73]　长野博夫,小若正伦. 430ステンス钢の凝固组织微细化[J]. 铁と钢,1980,66(8):96.

[74]　Honeycombe J,Gooch T G. The Welding Institute Research Report[R]. 1985:286.

[75]　刘廷材. 铁素体-奥氏体双相不锈钢的焊接性[J]. 焊接学报,1988,9(4):213.

[76]　刘廷材,田立娟,韦克林. 00Cr25Ni7Mo3WCuN 双相不锈钢的焊接性及焊接材料的研究[J]. 钢铁,1988,23(6):38.

[77]　Kivineva E I,Hannerz N E. The properties of Gleeble simulated heat affected zone of SAF 2205 and SAF 2507 Duplex stainless steels[C]//International Conference,DSS'94,Glasgow,Scotland,November,1994:7.

[78]　Sandvik material datasheet,SAF2707 HD、SAF 2906、SAF 3209 HD[R]. 2017.

[79]　杜春峰,詹风,杨银辉,等. 节镍型双相不锈钢的研究进展[J]. 金属功能材料,2010,17(5):63.

[80]　赵振业. 合金钢设计[M]. 北京:国防工业出版社,1999.

[81]　Carpenter Technology Corporation. Carpenter 13-8 Stainless,Technical Datasheet[OL]. https://www. carpentertechnology. com. [2004-05-12].

[82]　Carpenter Technology Corporation. Costom 455 Stainless,Technical Datasheet[OL]. https://www. carpentertechnology. com. [2006-06-14].

[83]　Kasak A,Chandhok V K,Dulis E J. Development of precipitation hardening Cr-Mo-Co stainless steels[J]. Transactions of ASM,1963,56:455.

[84]　章守华. 合金钢[M]. 北京:冶金工业出版社,1981.

[85]　Pickering F B. Physical Metallurgy and Design of Steels[M]. London:Applied Science Publishers Ltd,1978.

[86]　Webster D. Optimization of strength and toughness in two high-strength stainless steels[J]. Metallurgical and Materials Transactions B,1971,2(6):1857.

[87]　Carpenter Technology Corporation. Costom 465 Stainless,Technical Datasheet[OL]. https://www. carpentertechnology. com. [2008-12-01].

[88]　赵振业,李春志,李志,等. 一种超高强度不锈齿轮钢强化相的研究[J]. 航空材料学报,2003,23(1):1.

[89]　刘振宝,杨志勇,雍岐龙,等. 1900MPa 级超高强度不锈钢的研制[J]. 机械工程材料,2008,32(3):48.

[90]　王康,杨卯生,樊刚,等. 16Cr14Co12Mo5 耐热耐蚀轴承钢强韧化机制的研究[J]. 钢铁,2011,46(10):75.

[91]　Carpenter Technology Corporation. Ferrium S53 Carpenter Data Sheet[OL]. https://www. carpentertechnology. com. [2015-04-10].

[92]　Martin J W,Dahl J M. High strength stainless alloy resists stress corrosion cracking[J].

Advanced Materials and Processes,1998,(3):37.

[93]　陈嘉砚,杨卓越,宋维顺,等.时效温度对 Costom 465 钢力学性能的影响[J].钢铁研究学报,2008,20(12):31.

[94]　李楠,陈嘉砚,龙晋明.Costom 465 马氏体时效不锈钢的强韧化特征及工艺优化[J].物理测试,2005,23(6):4.

[95]　张晓蕾.二次硬化型超高强度钢 Ferrium S53 组织和力学性能研究[D].昆明:昆明理工大学,2010.

[96]　魏振宇.某些沉淀硬化不锈钢的金属学问题[J].钢铁,1980,15(1):59;1880,15(2):45.

[97]　Allegheny Ludlum. Stainless Steel AM 350TM Alloy Precipitation Hardening Alloy. Technical Data Blue Shee[OL]. http://www. alleghenytechnologies. com. [2006-08-21].

[98]　69111 专题组.Cr12Mn5Ni4Mo3Al 半奥氏体沉淀硬化不锈钢[J].上海钢研,1975,(21):1.

[99]　李志,贺自强,金建军,等.航空超高强度钢的发展[M].北京:国防工业出版社,2012.

[100]　臧鑫士.沉淀硬化不锈钢的组织与性能[J].材料工程,1992,(2):51.

[101]　李花兵,姜周华,申明辉,等.氮气加压熔炼高氮钢技术的研究进展[J].中国冶金,2006,16(10):9.

[102]　Balach G.高氮不锈钢生产的发展[M]//Kamachi M U,Baldev R.高氮钢和不锈钢:生产、性能和应用.李晶,黄运华译.北京:化学工业出版社,2006:33.

[103]　Stein G,Menzel J,Dörr H. Industrial manufacture of massively nitrogen-alloyed steels [C]. // Proceedings of the International Conference on High Nitrogen Steels HNS 88 London:The Institute of metals,1989:32.

[104]　Rashev T V.高氮钢和高氮不锈钢生产[M]//Kamachi M U,Baldev R.高氮钢和不锈钢:生产、性能和应用.李晶,黄运华译.北京:化学工业出版社,2006:9.

[105]　余蓉.高氮不锈钢的开发进展[J].世界钢铁,2010,(1):37.

[106]　钟海林,况春江,况星,等.粉末冶金高氮不锈钢的研究与发展现状[J].粉末冶金工业,2007,17(3):44.

[107]　Fast J D. Interaction of Metals and Gases. Vol. 1[R]. Philips Technical Library,1965.

[108]　Tschiptschin A P.高氮钢在粉末冶金方面的发展[M]//Kamachi M U,Baldev R.高氮钢和不锈钢:生产、性能和应用.李晶,黄运华译.北京:化学工业出版社,2006:74.

[109]　Speidel M O,Uggowitzer P J. Biocompatible nickel-free steels to avoid nickel-allergy. Materials in Medicine[M]//Speidel M O,Uggowitzer P J. Department of Materials ETH Zürich,1998.

[110]　刘海定,王东哲,魏捍东,等.高氮奥氏体不锈钢的研究进展[M].特殊钢,2009,30(4):45.

[111]　Mathew M D,Srinivasan V S.含氮钢的力学性能.高氮钢和不锈钢:生产、性能和应用[M]//Kamachi M U,Baldev R.高氮钢和不锈钢:生产、性能和应用.李晶,黄运华译.北京:化学工业出版社,2006:141.

[112]　Simmons J W. Overview:high-nitrogen alloying of stainless steels[J]. Materials Science and Engineering A,1996,207:159.

[113] Frèchard S, Redjaïmia, Lach E, et al. Mechanical behaviour of nitrogen-alloyed austenitic atainless steel hardened by warm rolling[J]. Materials Science and Engineering A, 2006, 415:219.

[114] du Toit M. The microstructure and mechanical properties of Cromanite welds[J]. Journal of The South African Institute of Mining and Metallurgy, 1999:333.

[115] 周维志, 孙晓洁, 李子凌, 等. 奥氏体护环钢的发展历程[J]. 大型铸锻件, 1999, (4):43.

[116] Essen 能源技术有限公司. P2000 钢材料数据[OL]. https://www. essen. de/aktuell/PortalAktuell_E. en. jsp. [2003-09-01].

[117] 周维智, 孙晓洁, 徐国涛. Mn18Cr18N 钢护环生产工艺研究概况[J]. 大型铸锻件, 2001, (1):32.

[118] 杨兵, 曲东方, 郭宝强, 等. 600MW 1Mn18Cr18N 护环的制造[J]. 大型铸锻件, 2010, (6):31.

[119] 俞德刚. 铁基马氏体时效:回火转变理论及其强韧性[M]. 上海:上海交通大学出版社, 2008.

[120] Essen 能源技术有限公司. CRONDUR® 30 钢材料数据[OL]. https://www. essen. de/aktuell/PortalAktuell_E. en. jsp. [2003-10-01].

[121] 李世普. 生物医用材料导论[M]. 武汉:武汉工业大学出版社, 2000.

[122] 李娜, 巩江, 高昂, 等. 金属过敏研究进展[J]. 宁夏农林科技, 2011, 52(4):63.

[123] 林钢, 沈继程, 王如萌. 抗菌不锈钢的发展与应用[J]. 腐蚀与防护, 2011, 32(3):210.

[124] 易蓉, 叶峰, 张果戈, 等. 抗菌不锈钢的研究现状[J]. 电镀与涂饰, 2015, 34(11):635.

[125] 大久保直人. 抗菌ステソレス"NSSZAMスシリース"の抗菌性能と材料特性[N]. 日新制钢技报, 1998:77.

[126] 杨柯, 陈四红, 董家胜, 等. 铁素体抗菌不锈钢的抗菌特性[J]. 金属功能材料, 2005, 12(6):6.

[127] 李恒武, 张体宝, 张体勇. 含 Cu 奥氏体抗菌不锈钢中 ε-Cu 相的观察分析[J]. 金属学报, 2008, 44(1):39.

[128] 邱文军, 林钢, 江来珠, 等. 铜对奥氏体抗菌不锈钢性能的影响[J]. 钢铁, 2009, 44(3):81.

[129] 张志霞, 林钢, 徐州. 含铜铁素体抗菌不锈钢中抗菌相的析出行为[J]. 材料热处理学报, 2008, 29(5):93.

[130] 南黎, 刘永前, 杨伟超, 等. 含铜抗菌不锈钢的抗菌特性研究[J]. 金属学报, 2007, 43(10):1065.

[131] 于杰, 陈敬超, 杜晔平, 等. 抗菌不锈钢的研究进展[J]. 材料导报, 2008, 22(12):48.

[132] 刘永前, 南黎, 陈德敏, 等. 含铜马氏体抗菌不锈钢的研究[J]. 稀有金属材料与工程, 2008, 37(8):1380.

[133] 张安峰, 乔继英, 张斯玮. 两种含铜抗菌不锈钢的显微组织及抗菌性能[J]. 机械工程材料, 2010, 34(2)39.

[134] 王志广, 张伟, 李宁, 等. 金属离子型抗菌不锈钢组织及其抗菌性能的研究[J]. 铸造技术, 2006, 27(5):499.